Quantum Generations

20世紀物理学史

Helge Kragh
ヘリガ・カーオ【著】

岡本拓司【監訳】 有賀暢迪・稲葉肇 他【訳】

理論・実験・社会

A History of Physics in the Twentieth Century

名古屋大学出版会

QUANTUM GENERATIONS
A History of Physics in the Twentieth Century
by Helge Kragh

Copyright © 1999 by Princeton University Press
Japanese translation published by arrangement with
Princeton University Press
through The English Agency (Japan) Ltd.

20世紀物理学史
上

目　　次

はしがき　I

第Ⅰ部　地固めから革命へ

第1章　世紀末の物理学——揺らぐ世界像 …………………………… 8

第2章　物理学の世界 ……………………………………………………… 21
　　　　ヒトとカネ　21／物理学の学術誌　28／ある日本人の見たヨーロッパの物理学　32

第3章　気体中の放電と、それに続いたもの ………………………… 39
　　　　新種の光線　41／ベクレル線から放射能へ　43／ニセ放射線もろもろ　48／トムソン以前の電子　53／最初の素粒子　55

第4章　原子構造 ………………………………………………………………… 61
　　　　トムソン原子　61／別の初期原子モデルたち　66／ラザフォードの原子核　70／原子構造の量子論　73

第5章　量子論のゆるやかな出現 …………………………………………… 80
　　　　黒体輻射の法則　80／量子仮説についての初期の議論　86／アインシュタインと光子　89／比熱と1913年までの量子論の状態　93

第6章　低温物理学 ……………………………………………………………… 100
　　　　零度へのレース　100／カメルリング・オネスとライデン研究所　103／超　伝　導　108

第7章　アインシュタインの相対論と、ほかの人々の相対論 ……… 116
　　　　ローレンツ変換　116／アインシュタイン相対論　120／特殊相対論から一般相対論へ　125／受　　容　131

第 8 章　失敗に終わった革命……………………………………… 139

　　　電磁質量の概念　139／世界観としての電子論　143／質量変化の実験　147／一つの世界観の凋落　151／統一場の理論　154

第 9 章　産業と戦争における物理学……………………………… 158

　　　工業物理　158／働く電子，その 1 ——長距離電話　162／働く電子，その 2 ——真空管　166／化学者の戦争の中の物理学　171

第 II 部　革命から地固めへ

第 10 章　ヴァイマル共和国における科学と政治………………… 180

　　　科学政策と財政支援　180／国際関係　185／物理学者のコミュニティ　192／時代精神と物理学的世界観　196

第 11 章　量子跳躍………………………………………………… 201

　　　量子の変則事例　201／ハイゼンベルクの量子力学　208／シュレーディンガーの方程式　212／普及と受容　217

第 12 章　原子核物理学の興隆…………………………………… 225

　　　電子-陽子モデル　225／量子力学と原子核　230／天体物理学への応用　236／1932 年，奇跡の年　239

第 13 章　二つの粒子から多くの粒子へ………………………… 247

　　　反粒子　247／宇宙線のもたらした驚き　251／量子論の危機　257／湯川の重量子　261

第 14 章　量子力学の哲学的含意………………………………… 267

　　　不確定性と相補性　267／コペンハーゲン解釈に抗して　275／量子力学は完全か？　279

第 15 章　エディントンの夢，その他の異端 …………………………… 284

   エディントンの本源主義　285／宇宙数秘術，その他の思弁　289／ミルンと宇宙物理学　291／現代のアリストテレス主義者たち　295

（下巻内容）

      第 II 部　革命から地固めへ（承前）

第 16 章　物理学と新たなる独裁政権
第 17 章　頭脳の流出・頭脳の流入
第 18 章　ウランの謎からヒロシマまで

      第 III 部　進歩と問題

第 19 章　核にまつわる話題
第 20 章　軍事化と巨大潮流
第 21 章　粒子の発見に次ぐ発見
第 22 章　基礎理論あれこれ
第 23 章　宇宙論と相対論ルネサンス
第 24 章　固体物理学の諸要素
第 25 章　物理工学と量子エレクトロニクス
第 26 章　攻撃される科学――危機にある物理学？
第 27 章　統一と思弁

      第 IV 部　回　　顧

第 28 章　ノーベル物理学賞
第 29 章　物理学の世紀を回顧する

日本語版によせて――15 年後から振り返る

参考文献
人名索引
事項索引

凡　例

- 本書の底本は，Helge Kragh, *Quantum Generations : A History of Physics in the Twentieth Century* (Princeton : Princeton University Press, 1999) である．
- 〔　〕は原著者による補足，［　］は訳者らによる補足である．
- 【　】は，原著者により日本語版で追加された部分である．
- 人名などの固有名詞の表記は，原則として原音になるべく近いものを選択したが，一部慣例に従ったところがある．人物が移住した場合は，基本的にはより長い経歴を過ごした国における発音を原音とみなしたが，これも一部慣例に従ったところがある．
- 原書に注はなく，脚注はすべて訳者らによる．
- 引用されている文献に邦訳が存在する場合には，参考のため当該箇所の頁数を記した．ただし訳文そのものは，既存の訳を参考にした場合もあるが，基本的には原書から訳出した．
- 文献案内は，原書では最終章と巻末の参考文献リストのあいだに一括して「付録」として収められているが，本書では各章末に配した．
- 参考文献は，原著者により日本語版で追加されたものも含めて，すべて下巻末にまとめた．
- 原則として，登場する書籍や論文の原題は示さなかったが，当該の文献からの引用がある場合には文献に関する書誌情報を注として加えた．原著者による引用文の中に，現在から見れば不適切な表現がある場合でも，特に断らずそのまま訳出した．

はしがき

　この著作は，1996 年から 1998 年にかけ，プリンストン大学出版局の提案を受けて執筆したものである．私は当初，20 世紀の物理学の発展に関する本を書くという提案を了承したとき，それを比較的やさしいことだと考えていた．すぐに私は少し賢くなった．20 世紀の物理学について，バランスよく，ほどほどに包括的な一巻もので記述するなどということは，端的に言って不可能であるということを，私は認識しておくべきだったのだ．以下の記述は一つの代用品である．つまり，物理学的な思考と実験の 1 世紀――物理学のもっとも重要な世紀と言えるだろう――におけるもっとも重要な発展だと私が判断したものについての，相当に簡潔で，かなり凝縮した，選択的な記述である．

　この本は，おおむね時系列順の 3 部から構成される［最後の第 IV 部は総括的な内容］．第 I 部では 1890 年代からおおよそ 1918 年，すなわち第一次世界大戦の終結までの発展を扱う．第 II 部は戦間期（おおよそ 1918 年から 1945 年）の発展に焦点を当てる．そして第 III 部ではこの世紀の残りの部分における発展を取り上げる．このように時代区分を選択したことに異論はないだろうし，したがって，1900 年ではなく 1890 年代中盤から始めるという決定にも異論はないだろう．「現代物理学」が始まったのは 1890 年代の偉大な発見とともにであって，1900 年のプランクによる量子的な非連続性の導入とともにではない，ということは一般に受け入れられているのである．

　私は，完全に現在に至るまでの，したがって通常は「まだ歴史ではない」と考えられるような，ごく最近の発展に関する要素も含めた記述をしようと努めた．最近の発展について歴史的に書くことには問題もあるが，そのような問題は実際的なものであり，現代科学は歴史的分析ができないなどということに起因するのではない．この本の形式や規模は，完全であろうとすることはもとより，包括的であろうとする野心も排除するものである．いずれにせよ，20 世紀物理学の「完全な」歴史とは的外れなものであり，実際的な観点からも書くのは不可能であろう．ほとんどの歴史的著作と同様に，この著作は範囲と内容に関して選択的かつ限定的である．選択［の仕方］に批判が可能なのは疑いようもないことであ

I

る．私が扱った題材の選択理由はさまざまだが，そのうちの一つは，歴史的な記述と分析が可能だからだというものである．この本の目標は，100年という期間にわたる物理学の発展の，有益かつこなれた，そしてそれなりに代表的な記述を与えることである．もちろん，私が扱わなかった興味深い話題や物理学の諸領域もたくさん存在する．それは部分的には，紙幅の不足のためであり，部分的には二次資料の不足のためでもある．私がもともと扱おうと考えていたが，最終的には除外せざるをえなかった話題の中には，光学，材料科学，化学物理学，地球物理学，医学物理学，第三世界における物理学，1950年以後の量子力学の解釈に関する議論などがある．しかし，扱われているものは，その多かれ少なかれ恣意的な選択基準にもかかわらず，現代物理学の発展の一般的な傾向を代表する上で深刻なほどに誤っているものではない，と私は信じている．

バランスの取れた記述という問題は，物理学の諸領域や分量に関してのみならず，国家に関しても難しいものである．物理学は国際的であり，また常に国際的だったのだが，もちろん，科学の進歩により多く貢献してきた国もあれば，そうでない国もある．私の記述は本質的にはヨーロッパと北米における物理学の歴史であり，日本からの貢献についてもいくらか言及している．これは単純に，物理学に対する重要な貢献が国ごと，地域ごとにどのように分布していたのかを反映したものにすぎない．好むと好まざるとにかかわらず，世界の大多数の国家は現代物理学の発展においてほとんど何の役割も果たしてこなかったのである．戦後期の重要な傾向の一つは，もともとヨーロッパのものだった科学における，アメリカの物理学者の優位であった．この優位のために，また科学史においてアメリカの学者が有していた強力な立場のために，現代のアメリカの物理学に関する歴史的知識は，ヨーロッパをはじめとするほかの地域（かつてのソヴィエト連邦も含む）よりもはるかに豊かである．アメリカの物理学に関する記述が相対的に優位を占めているために，私の記述があまりにもアメリカの状況に焦点を合わせすぎているということは十分にありえるが，このような状況においては私がそれに対してできることはほとんど何もなかった．

全29章を通じて，広範囲にわたる物理学が扱われる．話題や分野に関してのみならず，物理学のさまざまな次元に関してもそうである．我々は，物理学（あるいは物理科学）が豊かでさまざまな顔を持った領域であり，基礎物理学に関連した純粋に科学的な側面を超えた含意を持つ，ということを常に念頭に置くべき

である．私は広範囲にわたる本を書こうとしたが，広範囲と言っても，明確に物理学の世界であるようなものへの焦点を失ってしまうほど広くはない．本書は，物理学の科学的あるいは知的な側面にのみ集中しているのではないが，社会史あるいは制度史のみに集中しているのでもない．本書ではさまざまなアプローチを統合しようと，あるいは，少なくとも，さまざまなアプローチをそれなりにバランスの取れた仕方で含めようとしている．私はまた，応用物理学や物理工学に，通常よりも大きな注意を向けた．物理学と技術の接点を無視し，いわゆる基礎物理学のみに集中することが，物理学がどのように20世紀に発展したのかについて，歪んだ描像を与えることになるのは確実である．世界の物理学者の多くはその科学の応用的な側面に関心があり，この世紀のほとんどの期間にわたってそうだったのみならず，物理学が社会的変化の主要な力になったのは，大部分が技術的な応用を通じてなのである．

この本の読者として想定されているのは，物理学者や，科学史の専門家が第一というわけではない．この本がより広い読者層に訴えかけ，そして学際的な性格を持つ講義や，物理学と歴史学の入門講義の教科書として役立つことを望んでいる．わずかな例外を除いて，私は数式を避けた．そしてこの本は物理学に関する多少の知識を前提とするけれども，主には初歩的な水準で書かれている．いわゆる学術書の特徴としばしばみなされる注という装置を避けることに私はしたが，これはこの本を，より学術的な著作の（かなり大げさなこともある）注のシステムに慣れていない読者にとって，より容易に利用しやすくしようとする試みである．引用をするときには，ほとんどすべての場合において，（容易に見つけることができる）資料への参照を本文中に含めておいた．ほとんどの場合，私は，一次資料を参照するよりも，むしろ後の時代の二次資料（私がたまたまその引用を見つけた場所であることが多い）を参照した．この種の本では，『アナーレン・デア・フュジーク』や『フィロソフィカル・マガジン』の古い論文に対して参照を数多く行っても無意味である．一次資料を掘り起こしたいと考える読者は，私が引用した資料を通じてそれが可能だろう．この本全体は，かなりの程度，二次資料，特に，物理科学の歴史家たちによって書かれた多くのすばらしい本や論文に基づいている．また，現代の物理学，化学，技術，宇宙論を扱った私自身の以前の著作のうちいくつかにも，ふんだんに，また広範囲にわたって，依拠している．

資料の問題は，この世紀の第三・第四四半期における物理学に関してはかなり

異なる．物理学のかなり昔の発展を扱う二次資料は，歴史家によるものであれ当事者によるものであれ，大量に存在するが，他方では，1960年以降の物理学についての歴史的分析はごくわずかしか存在しない（高エネルギー物理学は例外である）．この部分の歴史記述については，私は自分の記述を，たまたま存在している便利な資料や，物理学者の多かれ少なかれ歴史的な情報を含む回想，そして私が科学論文や総説に見つけることができた，あまり体系的ではない概説に基づかせている．『フィジックス・トゥデイ』は有益な情報源だった．第III部におけるこの雑誌への参照は *PT* と略記される．「文献案内」や参考文献一覧には，かなり多くの文献を挙げており，読者は，この本で扱われている主題についてより深く分け入るために，それらにあたることができる．

　この本の仮の表題は，もともとは『伝統を通じての革命』（*Revolution through Tradition*）というものだった．この表題で私が示したかったのは，既存の理論と革命的な変化のあいだの弁証法だった．それは20世紀を通じて物理学に特徴的だったのである．実際，物理学の理論的な枠組みには革命が生じた．しかし，そうした革命は古典的な伝統を十把一絡げに否定するものではなかった．逆に，それらはニュートン，マクスウェル，ヘルムホルツの物理学の本質的な要素と固く結びついていたのである．相対性理論と量子力学は，疑いようもなく20世紀の物理学的思考における二つの重大な革命であるが，古典極限においては既存の理論と対応するように注意深く構築されたのである．

　伝統を尊重することは，量子力学が完成してから生じた多くの理論的変化のすべてにおける特徴的なテーマでもある．これらが革命的だと呼べるのであれば，それらは保守的な革命であった．変化は，認識的なレベルとは異なり，方法論的なレベルにおいてはまったく取るに足りないものであった．変化は生じたが，それは根本的な性格のものではなかった．基本的には，1990年代に受け入れられている科学の方法は，1890年代に受け入れられていた方法と同じである．真に劇的な変化を20世紀の後ろの75年において探そうと思うならば，方法や概念的構造，物理学の認識的な内容ではなく，むしろ世界の基本的な構造，すなわち物理学の存在論に目を向けるべきである．あるいは，社会的，経済的，政治的次元に目を向けるべきである．マンパワー，組織，資金，装置，政治的（そして軍事的）価値の観点から見ると，物理学は1945年以降の時期にいちじるしい変化を経験した．社会政治的な変化によって1960年の物理学は，1世紀前とは大いに

異なる科学になった．しかし，そうした変化は方法論的・認識的基準においてそれに対応する変化を引き起こしたのではなかった．いずれにせよ，ここはこうしたより広範囲な問題を長々と論じる場所ではない．以下この本では，私は1895年から1995年までの物理学の発展の重要な部分を（分析というよりは）記述した．大きな描像を描くこと——たとえば，革命的な変化を評価し，1世紀の長きにわたる比較をしたいというような——に興味のある読者は，ここに提示されている材料や情報をもっとよく身につけることが望ましい．

　草稿を読み，いくつかの改善を提案してくれた同僚のオーレ・クヌーセン (Ole Knudsen) に感謝したい．

　　オーフス（デンマーク）にて

　　　　　　　　　　　　　　　　　　　　　　　　　　ヘリガ・カーオ

第Ⅰ部

地固めから革命へ

第1章

世紀末の物理学
―― 揺らぐ世界像

　哲学者にして数学者でもあったアルフレッド・ノース・ホワイトヘッドはかつて，19世紀最後の四半世紀を指してこう呼んだ．「常識を大きく超える思考に煩わされることのない，科学の正統派全盛の時代」にして，「第一次十字軍の時代以来，思想のもっとも沈滞した時期の一つ」(Whitehead 1925, 148 ［邦訳 140 頁］)．今でも一般には，19世紀末の物理学というのはいささか退屈なものであって，ニュートンやその追従者たちの決定論的な力学的世界観の上にどっしりと，のんきに構えて建っていたと信じられている．我々の聞かされているところでは，二つの段階を経て起こった激変に対し，物理学者たちはまったく用意ができていなかった．激変というのはすなわち，まずX線と電子と放射能の予期せぬ発見，そして次に，プランクによる1900年の作用量子の発見とアインシュタインの1905年の相対性理論とからなる本物の革命である．一般に認められているこの見解によれば，新たな理論によって粉砕されるまではニュートン力学が君臨していたのだし，それだけにとどまらず，ヴィクトリア朝時代の物理学者は，無邪気にも，知る価値のあることはもう知られているか，既存の物理学の道筋に従えばまもなく知られるようになるだろうと信じていたとされる．アメリカの偉大な実験家，アルバート・マイケルソンは1894年に，「主だった根本原理の大部分はしっかりと確立されており，さらなる進展は主として，こうした原理を我々の目に留まる現象すべてに対して厳密に適用することでなされるのだろうと思われる」と述べた (Badash 1972, 52)．だとすると，レントゲン教授の新しい光線――既知の「主だった根本原理」による説明を受けつけなかったいくつもの発見のうち最初のもの――がわずかその1年後に発表されたとは，なんという皮肉だろう．そしてマイケルソンのような見解と比べてみるなら，20世紀初頭の新しい物理学は，どれほどずっと重要に見えることだろう．

一般に認められているそうした見解は，部分的には神話なのだが，たいていの神話と同様，事実に基づいている．たとえば，物理学は実質的に完成していて，残っているのは応用物理かいっそう精確な測定か比較的大したことのない発見のいずれかだ，という心情を 19 世紀最後の 10 年間に吐露していた物理学者は，マイケルソンだけではなかった．マックス・プランクは，1875 年にミュンヘン大学に入学したとき，物理学の教授から，君の選んだ分野はほとんど終わっていて，何か新しいことが発見されるなどとはまったく期待できないだろうと警告されたものである．だが，そうした気分が物理学者たちのあいだに確かに存在していたとはいえ，それがどれほど広がっていたかには疑問の余地がある．1890 年代の理論物理学者で，マイケルソンの見解に同意する者はほとんどいなかったように思われるし，レントゲンやアンリ・ベクレルや J・J・トムソンやキュリー夫妻の驚くべき発見の後では，もっとも保守的な実験家さえもがその誤りに気づかされたのだ．

　100 年前［19 世紀末］の物理学が権威ある通説に基づいていたという主張や，ニュートン力学がのんきに受容されていたということについてはどうだろうか？ 力学的世界観，あるいは何らかの一般に受け入れられていた世界観などというものがはたしてあったのだろうか？ 完全にそうなのかどうかは議論の余地があるとしても，1905 年にアインシュタインから（あるいは 1900 年にプランクから）教えられるまで，物理学者たちが力学的世界観に固執していたというのはまさしく神話である．もっとも重要な，非力学的なトレンドは電磁気学理論に基づいていた．だがこれは，力学的世界観に異議を唱え，新たな基礎を探し求めようとする，広く行きわたった意欲の一つの徴候にすぎなかった．新たな基礎とは，力学的世界観に対抗するかそれを根本的に修正するものである．古典力学的な世界像，すなわちラプラス版のニュートン主義（ニュートン自身の考えと混同してはならない）によれば，世界は原子からなっており，原子とは長短の射程距離を持つさまざまな力の座であると同時に，それに対して力が作用している．何もない空間を越えて遠隔的に作用する，そうした力の模範的な例が重力であった．場の理論の出現とともに力の伝播のメカニズムは変化したけれども，マクスウェルをはじめとする場の物理学者たちの大部分は，自分たちのモデルの力学的基礎を探し求め続けた．もっとも重要だった概念上の変化は次のことかもしれない．すなわち，力がその中を有限の速度で伝播し，連続的で至るところに浸透している半ば仮説的な

媒質としての普遍的な「エーテル」が，目立つようになってきた——実のところ，必要になってきた——ということである．

1902年にマイケルソンは，光学の教科書の最後の箇所で，「一見すると離れている多くの思考領域から出た複数の線がやがて収束し……共通の土台において出会うことになる日はそれほど遠くないように思われます」という信念を公表した．マイケルソンは続けてこう述べている．「そのときには，原子の性質や化学結合に使われる力，光や電気の現象に現れる……これらの原子間相互作用，分子構造や原子を単位とする分子系の構造，凝集・弾性・重力の説明——こうしたことすべてが，簡潔で首尾一貫した科学的知識の単一のまとまりへと組織化されるでしょう」(Michelson 1902, 163)．しかもこの人物は，物理学は終わりに近いと8年前に示唆していたのと同じマイケルソンであった[1]．態度の変化をもたらしたのは電子と放射能の発見だったのだろうか？　それとも，もしかすると，プランクによるエネルギー量子化の概念に基づく輻射法則の発見だろうか？　まったくそうではない．こうした最近の発見は，その本では言及されていなかった．マイケルソンの興奮は，「近代科学のきわめて偉大な一般化の一つ」に根差していた．すなわち，「物理的宇宙のあらゆる現象は，至るところに浸透している一つの実体——すなわちエーテル——がいろいろなモードで行う振動の，さまざまな表れにすぎないということ」である．

マクスウェルは，自分の電磁気学理論で重力が説明できるという可能性について考えてはみたものの，そうすると膨大な内部エネルギーをエーテルに帰さねばならないだろうと気づいてこの試みを放棄した．ヴィクトリア朝時代のほかの物理学者はそれほど容易にはくじけず，19世紀最後の四半世紀には，ニュートンの神聖な重力法則を説明するか，もしくは改訂しようとする多くの試みがあった．こうした試みには電気力学に基づくものもあれば，流体力学モデルに基づくものもあった．たとえば1870年代には，ノルウェーの物理学者カール・A・ビヤークネスが，無限に広がった非圧縮性流体中での物体の運動を研究し，パルス振動を行う二つの球のあいだにはその中心間距離に反比例して変化する力が生じるだろうという結論に至った．ビヤークネスはこれを，重力についての一種の流体力

---

[1] この部分の記述には若干不正確な点がある．マイケルソンの著書は1902年でなく1903年の出版であり，同書の内容は1899年に行われた講義に基づいている．

学的説明，あるいは少なくとも興味深いアナロジーだと考えた．その仕事はイギリスの理論家たちに取り上げられ，さらに1898年には，ミュンヘン大学のドイツ人アルトゥル・コルンの手でよみがえった．コルンは重力の流体力学理論を発展させた．しかしながら，当時は電気力学のほうが焦点になっており，ビヤークネスやコルンのような複雑な流体力学モデルが大きな関心を呼び起こすまでには至らなかった．

　流体力学的な考えと関連する，しかしいっそう重要で壮大だったのは——最終的にはやはり大して成功しなかったにせよ——エーテル内の構造だけから世界を構築しようとする試みである．非電磁気学的理論のうちでもっとも重要だったのは，もともと1867年にウィリアム・トムソン（のちのケルヴィン卿）によって提案され，その後にイギリスの数理物理学者の学派丸ごと一つの手で発展した渦原子理論であった．この理論によれば，原子とは，通常エーテルと同一視される根源的な完全流体の，渦様の運動形態であった．1882年のアダムズ懸賞論文で，若き日のJ・J・トムソンは手の込んだ渦理論の説明を行い，親和力や解離を含む化学的問題をもカバーするようにそれを拡張した．この理論は電磁気，重力，光学にも適用され，もっぱらエーテルの動力学に基づく一元的で連続的な「万物理論」を打ち立てようとする野心的試みとなった．1895年になっても，ウィリアム・ヒックスがイギリス科学振興協会（BAAS）の年会で，渦原子の研究動向について楽観的な報告を行っていた．理論物理学の目標に関するヒックスの見解は，ある程度長めに引用しておくに値する．

　　一方では，科学的探究の目標は法則の発見だが，他方で，科学は究極的な法則を一つか二つにまで減らすことになったとき，最高点に到達するだろう．ただしこれらの究極的法則の必然性は我々の認識の範囲外にあるのだが．それらは——少なくとも物理科学の領域では——物質と数・空間・時間との関係についての動力学的法則だろう．究極的に与えられるものは数・物質・空間・時間そのものであろう．こうした関係が知られたあかつきには，あらゆる物理現象は純粋数学の一部門となるだろう．（Hicks 1895, 595）

やがて見ることになるが，とてもよく似た見解が20世紀を通じて重要な役割を果たし続けた．その哲学にヒックスの同時代人の多くは同意しただろう．しかし1895年までに，原子の渦理論は大部分の物理学者から見放されてしまっていた．

数十年間の理論的研究は実際の進歩をまったくもたらさず，偉大な渦のプログラムは実を結ばない数学へと退化しつつあった．

おおむね同じことが，1880年代と90年代に数学者カール・ピアソンが練り上げたもう一つの流体力学的原子理論，「エーテル噴出」理論についても言える．この理論によると，究極的な原子というのは空間のあらゆる方向へエーテルが新しく連続的に流れ出してくるような，エーテル中の点であった．渦理論家たちと同じく，ピアソンは自分の理論をさまざまな問題に適用し，それが重力や電磁気や化学現象を――原理的には――説明できるだろうと信じていた．ピアソンの理論は渦理論と同種の注意こそ引かなかったものの，触れておくに値する．なぜならそれにはエーテルの源だけでなく排出口が，つまり一種の負物質が含まれていたからだ．重力的に「負の」物質は，通常の物質をはねつけ，ほかの負物質を引き寄せる．これについてはすでに1880年代に，ヒックスが渦原子理論の枠組みの中で議論していた．そしてその奇妙な概念が，ピアソンの理論やそのほかの世紀末物理学の議論にも再び現れた．たとえば，イギリスの物理学者アーサー・シュスターは，上機嫌で次のような考えをめぐらせた．丸ごと反物質の恒星系が存在していて，その恒星系と我々の恒星系とは，二つの恒星系が引き寄せられるのでなく反発するということ以外には区別できないかもしれない，というのである．シュスターは「反物質」(antimatter)や「反原子」(antiatom)といった名前を1898年に導入しただけでなく，物質と反物質が衝突すると互いに消滅するだろうとも示唆しており，かくして後年の量子物理学の重要な概念を予見していた．

ピアソン流の反物質では，エーテルは噴出口から我々の世界に流れ込み，排出口から消えていった．そのエーテルはそもそも，どこから来たのだろうか？　ピアソンによれば（1892年にこう書いている），それは単純に無から現れるのではなく，おそらく第四の次元からやって来て，そこへ再び帰っていくのだろうとされる．ここに我々は，ふつう20世紀の相対性理論の発明だと見られているもう一つ別の概念が，意外にも古い世界観の物理学の中に出現しているのを認める．実のところ，超空間のアイディアと物理学におけるその潜在的重要性は，1890年代には新しいものでなかった．1870年，イギリスの数学者ウィリアム・キングドン・クリフォードは，曲がった非ユークリッド幾何学というリーマンの考えを用いて，物質とエーテルの運動は実は空間の曲率変化の表れなのだと示唆した．「物理学の幾何学化」というこの一般的なアイディアは，19世紀末にはよく知ら

れており，何人もの物理学者・天文学者・数学者にインスピレーションを与えた——言うまでもなく，H・G・ウェルズのようなSF作家にも．たとえば1888年には，著名なアメリカの天文学者サイモン・ニューカムが高次元空間に基づくエーテルのモデルを提案し，1900年にはドイツのカール・シュヴァルツシルトが，天文学研究の中で非ユークリッド幾何学を大いに利用した．これらをはじめとする諸研究はしばしば思弁的で常に仮説的だったけれども，世紀の終わりには，エーテルの超空間モデルを考察したり，4次元空間をほかのやり方で物理的に興味ある問題に結びつけようとしたりする，小規模な研究者グループが存在していた．思弁的であるにせよそうでないにせよ，そうした試みは1890年代に特徴的な物理学の精神のもとで，正統的なものとみなされていたのであった．

エーテルの流体力学的モデルは物理学におけるラプラス的プログラムとは異なっているものの，それでもなお力学的な基盤に依拠しており，ニュートン的世界観を覆そうという試みではなかった．流体力学とは，結局のところ，力学による流体の科学なのである．熱力学，すなわち熱をはじめとするエネルギーの表れについての科学のほうが，古典的世界観にとってははるかに厄介な問題となっていた．物理学のこの部門は力学と原理的に異なっているのだと，またそればかりか，物理学全体を建設できるような満足のいく基礎として力学よりも優先度が高いのだと，主張されることもあった．1890年代には，基礎の問題に関する限り，電気力学とともに熱力学が力学の対抗馬として参入してきた．この10年間には，物理学の統一性について断続的に議論がなされていたし，自分たちの科学には統一性がなければならないとほとんどの物理学者が信じていた．しかしその統一性の基礎としてどの学問分野がもっとも役立ちうるのかは，まったく明らかでなかった．

エネルギー保存則［すなわち熱力学の第一法則］が力学の言葉でうまく説明されたのに対して，熱力学の第二法則は力学の原理に容易に屈しなかった．一つには，力学の法則が可逆的，すなわち時間について対称であるのに対し，熱力学の第二法則はエントロピーの不可逆的変化を表しているということがある．ルートヴィヒ・ボルツマンは，よく知られたエントロピーの統計力学的理論（最初は1872年に，より完全には1877年に展開された）の中で，第二法則を分子力学的な原理に帰着させたと信じていた．だがその解釈には異議が唱えられ，多くの論争の主題となった．批判者の一人，ドイツの物理学者エルンスト・ツェルメロは，1896

年にポワンカレのいわゆる再帰定理に基づき，第二法則は力学から導けず，よって一元的な力学的世界像と相容れないと論じた．ボルツマンはツェルメロの議論が正しいことを認めず，力学と熱力学のあいだには深刻な不一致などないという確信を抱き続けた．

　物理学者ゲオルク・ヘルムと化学者ヴィルヘルム・オストヴァルト[2]（どちらもドイツ人）によれば，エネルギーこそが物理科学を統一する諸概念のうちでもっとも重要であった．それゆえ，一般化された熱力学が物理学の基礎として力学に取って代わると考えられた．ヘルムとオストヴァルトは1890年頃にこの結論に達し，自分たちの新たなプログラムを「エネルゲーティク」（エネルギー論）と呼んだ．エネルゲーティクという新しい科学は，多くの面で力学的世界像に反しており，「科学的唯物論」と呼ばれていたものに対する反乱と考えられた．この反乱には，力学法則がエネルギー原理に還元されると考えられるという意味で，力学がエネルゲーティクのより一般的な法則のもとに包摂されることになる，という態度も含まれていた．エネルゲーティクのもう一つの側面としては，有用な心的表象として認める以外では原子論を認めなかったということがある．オストヴァルトをはじめとする物理化学者たちの中には（フランスのピエール・デュエムも含まれる），原子や分子の存在を信じるというのは形而上学的であり，あらゆる経験的現象は原子仮説抜きで説明されうると論じた者もいた．

　エネルゲーティクのプログラムは伝統的な分子力学的世界観に対する十分な挑戦とみなされていたため，リューベックで1895年に開かれたドイツ自然科学者・医学者協会の年会で討論のテーマに取り上げられた．この会議では，エネルゲーティクを攻撃するボルツマンと力学的世界像に反論するヘルム，オストヴァルトとの，有名な論戦に注目が集まった．興味深いことに，ボルツマンをはじめとする会議出席者は，古典力学的世界観を単純に擁護したり，ヘルムとオストヴァルトが批判した見解に完全に与したりしたのではなかった．力学的世界観というのは命脈の尽きた話題であって，「中心力によって法則を規定される質点の運動以外にはいかなる説明も存在しえないなどといった見解は，一般にはオストヴァルト氏の所見よりもずっと前に放棄されている」とボルツマンは断言した (Jungnickel and McCormmach 1986, 222)．にもかかわらず，ボルツマンはエネルゲ

---

2) 原著者の指示により人名を訂正した．

ーティクのプログラムに何のメリットも見出さず，力学的基盤の上で仕事をするほうを好んだ．これのみが，科学の進歩を保証できるほどに十分発展させられていると感じていたのである．

　エネルゲーティクという代替案は，物理学者や化学者のあいだではそこそこの支持しか得られなかったけれども，原子論への批判やエネルギー概念の基本的重要性の強調は，エネルゲーティクのプログラムに直接与していない多くの科学者によっても繰り返された．フランスの指導的な物理学者，ピエール・キュリー——むしろマリー・キュリーの夫として知られているかもしれない——がその一例だろう．キュリーは実証主義的な科学観に従い，唯物論的・原子論的な仮定を避け，熱力学の法則からインスピレーションを得た現象主義を好んだ．キュリーをはじめとする幾人ものフランス人物理学者が，熱力学を物理理論の理想と考えた．物質ではなくエネルギーこそが，プロセスや作用としてのみ理解されうるであろう現実の本質なのだと，彼らは主張したのである．1880年代の初頭からは，オーストリアの物理学者・哲学者であるエルンスト・マッハが現象論的な物理学理解を説いた．それによると，物理学の理論や概念というのは感覚与件を組織化する経済的な方法であった．マッハは分子力学の有用性を認めたが，それを究極理論だとも物理的現実を表現するものだともみなさなかった．基礎に関わる観点から，力学法則よりもエネルギー原理のほうを好んだのである．マッハはさらに，オストヴァルトやその仲間たちに同意して，原子とは都合のよい虚構にすぎないとも主張した．その上，力学のまさしく核心，ニュートンの第二法則で表されるものとしての力という考えを批判した．実証主義的観点からのいくぶん似通った力学批判は，ハインリヒ・ヘルツによって，空間・時間・質量という基本概念だけを土台とする力学の再定式化（1894年）の中で試みられた[3]．しかしながら，力学についてのこの種の批判的分析は，力学的世界観を棄ててしまいたいという願望を伴うものでは必ずしもなかった．マッハの場合は確かにそうだったのだが，ヘルツにとっては，新たな形式の力学はこの世界観を単に肯定していた．事実，ヘルツの力抜きの力学の主要な目的は，電磁エーテルの力学的理論を確立することにあった．

　力学的世界観は，1890年代にはもはや進歩的とみなされなくなり，伝統主義

3）ヘルツ『力学原理』上川友好訳・解説，東海大学出版会，1974年．

者ですら，いつでもどこでもうまくいくわけではないことを認めざるをえなかった．力学とエントロピー法則との厄介な関係のほかにも，気体運動論に関連したさらに古い問題があった．早くも1860年には，2原子分子気体の定圧比熱（C_p）と定積比熱（C_v）の測定比が力学理論に基づく等分配則と合致しないことにマクスウェルが気づいていた．この法則によれば，$\gamma = C_p/C_v = 1 + 2/n$ であり，ここで n は分子の自由度の数である．問題は，2原子気体に対して予測された結果が実験（$\gamma = 1.4$ を与えていた）と合うのは，分子が剛体で内側にまったく部分を持たないと仮定したとき［$n = 5$ に相当］だけだったことである．この仮定は分光学の結果と矛盾するように思われた．後者の結果は，エネルギーをエーテルと交換する内部振動の存在を強く示唆していたのである．この問題は変則事例とみなされたけれども，もちろんのこと，力学的世界観を粉砕するには一つの変則事例以上のものが必要であった[4]．けれども等分配則が成り立っていないように見えるのは十分深刻だと捉えられたために，この問題はケルヴィン卿が1900年4月に王立研究所で行った有名な講演，「熱と光の動力学的理論を覆う19世紀の暗雲」の中で，二つの雲のうちの一つとして姿を現した．もう一つの脅威は，マイケルソンとエドワード・モーリーのエーテル引きずり実験で明らかにされたような，エーテル中での地球の運動を説明することの失敗であった（これについては第7章を見よ）．

　20世紀の初頭に立ち現れてきた新しい物理学は，アリストテレス主義に対するガリレオの反逆と類比されるような，石化したニュートン的世界観への反逆ではなかった．1905年には，力学的世界観は10年以上にわたって攻撃を受けていたのであり，この理由だけから言っても，アインシュタインとニュートンのあいだに衝突などという大した事態は存在しなかった．熱力学とエネルゲーティクによって鼓舞された対立よりもはるかに重要だったのは，1890年代を特徴づけていた，電磁気学理論における新たな力強い動向のほうである．このいわゆる電磁

---

[4]「変則事例」（anomaly）は，アメリカの科学史家トマス・クーンが『科学革命の構造』（原著1962年）で用いた言葉である．クーンによれば，あるパラダイムに従って科学者集団が研究を進めているときには，そのパラダイムから逸脱するような事例（変則事例）が多少存在しても，何か大きな問題があるとはみなされない．多くの変則事例が蓄積されてはじめてパラダイムそのものに対する疑問が生じ，最終的に新たなパラダイムが提出される．この過程がクーンの言う「科学革命」であり，著者はその考え方をここに適用している．

気学的世界観については第 8 章でより詳しく扱うことになる．ここではその重要性や鍵となる要素を強調しておくだけにしよう．19 世紀末における物理学の基本的問題というのは，ことによると，エーテルと物質の関係だったのかもしれない．エーテルは物質がそこから構成される根本的基層なのか？　それとも反対に，物質のほうが存在論上の根本的カテゴリーであって，エーテルはその特殊な場合にすぎないのか？　第一の見解（エーテル内の構造に優先順位が与えられる）のほうが，世紀転換期には徐々に一般的になっていった．その頃に，力学的エーテル・モデルは電気力学的モデルに取って代わられたのである．

　電磁気学が力学よりも基本的であるなら，力学の法則を電磁気学の法則から導こうと試みるのには意味があったし，それこそまさに，多くの理論物理学者が目指したところであった．電磁気学が科学全体の統一原理とみなされ，それはオストヴァルトのエネルゲーティクでエネルギーに割り振られていた役割と似ていなくもなかった．「エネルギーに従属するものとしての物質」や「あらゆる出来事が究極的にはエネルギーの変化にすぎない〔ということ〕」に関する，オストヴァルトやエネルゲーティクの同志たちの語り口は，電気力学主義者のレトリックといちじるしく似ていて，「エネルギー」を「エーテル」や「電磁場」に置き換えさえすればよかった．どちらの場合でも，唯物論が放棄され，物質は付帯現象だと宣言された．イギリスの著名な理論家，ジョセフ・ラーモアは，非物質的な，超越論的エーテルに基づく世界を想像するのに，何の苦労もしなかった．1900 年に書いているように，ラーモアはこれが「実在を我々の後ろに置き去りにするように」思えるかもしれないとは認めていたけれども，感覚に直接到達できない内奥の実在を記述しているのだと主張することで，自身のエーテル世界観を擁護した（Larmor 1900, vi）．これはマッハやオストヴァルトをはじめとする現象主義者ならば受け入れなかったような主張である．新しい世紀の初頭には，一元論的な電磁気学的世界観を受け入れる前衛的な物理学者の割合が，ドイツ，イギリス，フランス，アメリカ合衆国でますます増大しつつあった．物理学は物質の物理学と電磁エーテルの物理学からなっており，望ましくない二元論を回避するための主要なトレンドは物質をエーテルと同一視することであって，逆ではなかった．異議を唱える声がなかったとか，電磁気学的教義が物理学の分野全体に浸透していたとかいうわけではない．エーテルを形而上学的概念として拒否した物理学者たちも——アインシュタインより数年前に——いたのだし，エーテルの力学的

モデルの探究を続けた者や，エーテルを通常の物質の特殊な状態と見なしたりする者すらいた．この時期の教科書は力学的な基礎に依拠しているのが通例で，理論物理学の最前線で議論されていた世界観の変化を反映してはいなかった．教科書というものはふつう，そうである．つまり本来，モダンな考えに対する態度の上では保守的で慎重なのだ．

　1900年頃の理論物理学の趨勢は，力学から熱力学や電気力学へという根本概念の移行以上のものだったし，また目を見張るような多数の発見の結果以上のものでもあった．それは物理学の外部に支流を持つ世界観の変化の一部であり，新ロマン主義として特徴づけられることもある当時の特殊な時代精神（ツァイトガイスト）に育まれたものだったのである．歴史家のラッセル・マコーミックはその状況を次のようにうまくまとめている．「世紀転換点での文化的布置全体が，力学的思考から電磁気学的思考へという変化に含意されていた．力学の不活発な物質的イメージが不愉快であったその分だけ，非物質的な電磁気学的概念は魅力的であった」（McCormmach 1970, 495）．この文化的布置の重要な一要素が，広く行きわたった反唯物論であった．科学の行われている国が異なれば反唯物論の取る形も異なるとはいうものの，その教義は「物質は死んだ」という信念に集約される．もし物質が究極的な実在でなく，単に非物質的エーテルの何かしらの表れであるのなら，物質の物理学から派生しているその他の確立された諸教義に異議を唱えることは，不合理ではなかったであろう．そうした教義には，化学元素の永続性や，物質とエネルギーの保存則も含まれていた．実のところある方面では，転換・進化・生成を強調する世界観の中で，まさに永続性や保存といった特質が疑わしいものとみなされたのである．

　一例として，フランスの心理学者でアマチュア物理学者のグスターヴ・ルボンを考えてみよう．ルボンは1896年に，「黒色光」と名づけたものの発見について報告した．これは彼の信ずるところでは，目に見えない新種の放射線であって，X線や陰極線とは異なっているもののたぶん関連がある．ルボンによる発見の主張がうまく通ることはなかったけれども，物質と放射とエーテルについての彼の考え全般は一般の人々から好意的に受け止められ，またある程度まで，科学界の時代精神を代表していた．12の版を重ね，4万4千部を売り上げたヒット作『物質の進化』の中で，ルボンは，あらゆる物質は不安定であり，常に放射線または「発散気」を放出していると結論した．物質的な特性とは，物質がかつてそこか

ら生まれてきた不可秤量のエーテルへと転変していくプロセスの中で示される，付帯現象だと主張された．ルボンによれば，エネルギーと物質の二元論などというものはなく，それらは単に進化的過程の異なる段階を表しているのであって，その最終的な結果が純粋エーテル状態であった．物質からエーテルへの継続的崩壊を支持する多くの主張の中でも，放射能が特に説得的だとルボンは考えた．放射能はあらゆる物質の示す特性であるという多くの物理学者の見解を，彼も共有していたのである．だとすると，もしあらゆる化学元素がエーテルのような放射線を出すのだとしたら，それはゆっくり溶けていってしまうのではないか，そしてこのことは，物質の非物質性を証明していないだろうか？　あるいは，ルボンがずいぶんとドラマチックに表現したように，エーテルとは「程度の差はあれ束の間だけ存在したあとに万物が還っていく，最終的なニルヴァーナ」(LeBon 1905, 315) を表しているのではないだろうか？　ルボンや同時代の人々の多くは，まさにこの通りだと信じたのである．

　実証主義的な理想に嫌気がさし，教条的でない若々しい科学を，人間精神と結びつくものをもっと満足させてくれる科学を切望していた多くの科学者たちにとって，ルボンの科学的にも見える思弁には，相当訴えかけるものがあった．ルボンの考えは，「実証主義への反抗」や，さらには——あまり正当ではないが——「理性への反感」(MacLeod 1982, 3) として描写されてきた時代の共感を呼んだのである．ルボンの議論に共感を持って耳を傾けた人々の中には，偉大なアンリ・ポワンカレもいた．しかしルボンは理論物理学者ではなかったし，その見解も，流行したとはいえ，取り立ててモダンだったわけではない．フランス国外では物理学者にそこまで真剣に取り合ってもらえなかったとすれば，それはたぶん，電磁エーテルを自分の思弁に取り込み損なったからであろう．世紀転換期における物理学の一般的精神について語るのは理に適っているが，同意の程度が誇張されるのはよろしくない．個々の指導的物理学者の見解にはかなりの差異があったし，国による重要な違いもあった．たとえばドイツやフランスでは，イギリスの場合よりも，力学的世界観への反感が実証主義の美徳や熱力学の理念と結びつくことが多かった．イギリスの典型的な物理学者は，ピエール・キュリーやデュエムやオストヴァルトやマッハなどの擁護した実証主義的で事実志向の科学観に，まったく共感しなかった．1896年に，オストヴァルトのエネルゲーティクへの批判的コメントの中で，アイルランドの物理学者ジョージ・フィッツジェラルドは，

形而上学的なものを受け入れるブリティッシュ・スタイルと，帰納的で非哲学的なドイツ・スタイルとを区別した．「英国人は，情動を，興奮を喚起するものを，人間的関心を伴うものを欲している」(Wynne 1979, 171).「人間的関心を伴う」情動や行為，そして進化的過程を求める関(とき)の声は，フランスの新ロマン主義者たちによっても繰り返された．彼らは自分たちのスタイルを，想像力に欠けるとみなしたドイツ人と対照をなすものだとした．また同時に，物理学のブリティッシュ・スタイルに対しても反論した．それはあまりに力学的で，エスプリに欠けると思えたのである．

文献案内

この章の一部は Kragh 1996a に依拠している．19 世紀の物理学を概観したものには Harman 1982［邦訳 1991 年］や Purrington 1997 がある．より広い文脈については特に，Brush 1978 も見よ．Jungnickel and McCormmach 1986 は 1925 年までの時期全体について薦められるもので，特にドイツの物理学に詳しい．世紀末の物理学についての有用な概観は Hiebert 1979 と Heilbron 1982 の中に見つかる．科学の完全性という問題は Badash 1972 で，力学的世界像の諸問題は Klein 1973 で議論されている．4 次元空間と非ユークリッド空間についての思弁に関しては，Bork 1964 と Beichler 1988 を見よ．エーテル概念の科学的および準科学的側面は Kragh 1989a と Cantor and Hodge 1981 で議論されている．オストヴァルトのエネルゲーティクについては，Hiebert 1971 および Hakfoort 1992 を見よ．ルボンの考えと世紀転換期の精神風土は Nye 1974 で分析されている．

第 2 章

物理学の世界

ヒトとカネ

　1900 年前後，物理学者とは誰のことだったのか？　何人の物理学者がいて，彼らの国ごとや機関ごとの分布はどうなっていたのか？　物理学者が取り組んでいたのはどのような種類の物理学だったのか？　どうやって彼らは資金を得ていたのか？　最初に，物理学者——すなわち，研究者として直接的に，あるいは教師として間接的に，物理学の進歩に寄与していた人々——の数を見てみよう．世紀転換期の物理学者の社会的な背景についてはあまり知られていないが，ドイツの物理学についてのある研究が示すところでは，典型的な若いドイツの物理学者は社会の上層，すなわち中流・上流階級の出身だった．彼は——そしてそれは常に彼 [he] だったのだが——社会的には若い人文学者と区別がつかなかった．他方，化学者は（特に有機化学者は）実業家層の出身であることがより多かった（表 2.1）．この差はおそらく，化学とドイツの産業との緊密なつながり（物理学に関してはまだ強くなっていなかったつながりである）を反映していたのだろう．

　「物理学者」という言葉の意味は，もちろん，時とともに変化している．しかし 1900 年までには，この言葉の意味は現代的な意味とさほど違わなくなった．物理学はそのときまでに専門職的な段階に達していたのであり，それは 1810 年の状態よりもやがて来る 1990 年の状態に似ていた．物理学者の大多数は——すなわち，物理学の研究論文を寄稿した人々は——生活費を大学や（ドイツにおける高等工科学校のような）工科大学での物理学の研究所の教授陣の一員として稼いでいたという意味で，プロフェッショナルであった．才能溢れるアマチュアや，中等学校の教師，そして裕福な個人といった人々はなお一定の役割を果たしていたが，それは小さく，また急速に縮小しつつあった．多数の技術者と専門技能者が（たとえば産業や医療などの）応用物理学に従事しており，彼らもまた物理学者

表 2.1　博士号を取得したドイツの科学者の社会的背景

分野	年	博士号取得者の数	中流・上流の専門職階級（%）	実業家層（%）	農業（%）
物理学	1899	56	52	36	9
	1913	68	53	40	7
数学・天文学	1899	19	53	39	16
	1913	8	50	50	0
有機化学	1899	99	25	66	8
	1913	99	33	57	10
無機化学	1899	77	29	61	10
	1913	42	40	45	14
人文学	1899	64	50	44	6
	1913	441	50	38	4

注：1899 年のデータは 1896 年から 1902 年の平均．データは Pyenson 1979 に基づく．

として分類されることがあったのはもっともなことである．しかし我々は，もっぱら物理学に充てられた教育職を占めていた人々，いわゆるアカデミックな物理学者に関心を限定しよう．日本の勃興や，イギリス，ドイツ，オランダその他の植民地で（主に白人によって）なされた仕事にもかかわらず，科学において一般的にそうであったように，物理学はほとんど独占的にヨーロッパ-アメリカ的現象であった．

　表 2.2 から，まず，1900 年の物理学は小さな世界であったことがわかる．世界中の大学の物理学者の総数はおそらく 1,200 人から 1,500 人のあいだのどこかであっただろう．（比較すると，1900 年までにイギリス，ドイツ，フランスの全国化学会の会員数はそれぞれ 3,500 人以上に達していた．）さらに，この小さな世界は少数の国によって牛耳られており，その中でもイギリス，フランス，ドイツ，そしてアメリカが間違いなく最重要な国であった．それらの総数約 600 人の物理学者が，世界の物理学者人口の約半分を構成していたのである．このヒエラルヒーの 2 番目には，イタリア，ロシア，オーストリア-ハンガリーのような国々があった．そして，3 番目の集団として，ベルギー，オランダ，スイス，スカンディナヴィア諸国を含む小国が続いていた．注意してほしいのは，1900 年までには，アメリカはすでにもっとも多くの物理学者を抱えていたこと，「ビッグ・フォー」の中では物理学者の密度は同じ（人口 100 万人あたり約 2.9 人）だが，［この密度は］スイスやオランダにおける［密度］よりもかなり小さかったということである．アメリカは量的には物理学のリーダーであったが，生産性や独創性のある研究と

表 2.2　1900 年前後の大学の物理学

学部教授陣と助手	物理学者の数	人口100万人あたり	支出（単位：1,000マルク）	物理学者一人あたり	生産性の総計（年間）	物理学者一人あたり
オーストリア-ハンガリー	64	1.5	560	8.8		
ベルギー	15	2.3	150	10		
イギリス	114	2.9	1,650	14.5	290	2.2
フランス	105	2.8	1,105	10.5	260	2.5
ドイツ	145	2.9	1,490	10.3	460	3.2
イタリア	63	1.8	520	8.3	90	1.4
日本	8	0.2				
オランダ	21	4.1	205	9.8	55	2.6
ロシア	35	0.3	300	8.5		
スカンディナヴィア諸国	29	2.3	245	8.5		
スイス	27	8.1	220	8.2		
アメリカ合衆国	215	2.8	2,990	14.0	240	1.1

注：1900 年の 1,000 マルクは 240 ドルにあたる．データは Forman, Heilbron, Weart 1975 から抽出．［「生産性」の定義については表 2.5 を見よ］

なると［その他の］三つのヨーロッパ列強の後塵を拝した．これは部分的には，主要なアメリカの大学の雰囲気の産物であった．［アメリカの大学は］大学教師のキャリアの本質的な要素としての研究と学問というドイツ的な理想とはなおかけ離れており，実際には相反することもしばしばだったのだ．1889 年には，マサチューセッツ工科大学（MIT）の学長が「我々の目的は学生の精神であるべきであり，科学的な発見や専門的な業績であるべきではない」と言明している．多くの科学研究を生み出すとは思えない見解である（Kevles 1987, 34）．

　10 年後，20 世紀が始まろうかというときに，ヘンリー・ローランドは新しく設立されたアメリカ物理学会である講演を行った．純粋科学の揺るぎない支持者であるローランドは，文化と自由な研究としての物理学というドイツ的な理想を伝えた．「我々は小さくて特色のある人間集団，人類の新しい変種を作るのだ」ローランドはそう聴衆に述べた．その新しい集団とは，「貴族階級ではあるが，富でも，血統でもなく，知性と理想の貴族階級であり，我々の知識にもっとも多くを加える者，あるいは最高善としてそれを追い求める者に最高の敬意を払うのである．」ローランドは，自身の見解が同胞の多くに共有されていないことをよくわかっていた．「この国の知性のほとんどは，我々の物質的な必要を満たすいわゆる実践科学を求めることのために今なお無駄遣いされている．〔その一方で〕我々の知性のみに訴えかけるような崇高な部分の主題に思考力や金銭が費される

第 2 章　物理学の世界　　23

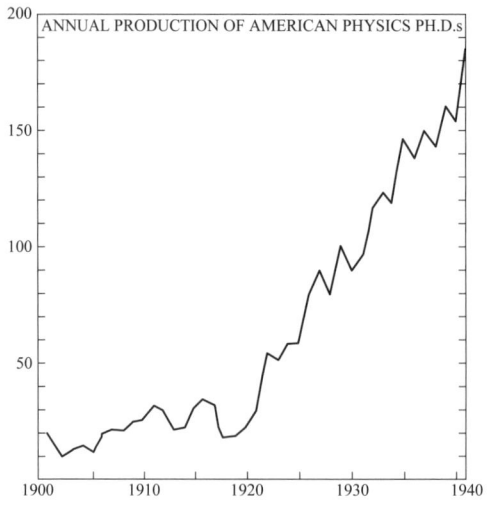

図 2.1 アメリカにおける物理学の成長. 1900 年から 1940 年までの,物理学で授与されたアメリカの博士号の数によって示す

出典:Weart 1979a, 296. N. Reingold, ed. *The Sciences in the American Context: New Perspectives.* Smithsonian Institution Press, copyright 1979. 出版社の許可を得て掲載.

ことはほとんどない」ということを,ローランドは残念に思っていたのだ(Rowland 1902, 668). ローランドの演説が行われた頃,状況は急速に変化しつつあり,アメリカの物理学は世界の物理学における主要なファクターとなる途上にあった. 1893 年には『フィジカル・レヴュー』の最初の号が出版され,1899 年にアメリカ物理学会が設立され,そしてその 2 年後には議会が国立標準局[1]を設立するために 25 万ドルを支払うことを認めた. 同年にはアンドリュー・カーネギーが,1,000 万ドルもの巨費を,基礎研究を振興する機関を設立するために寄付した. その結果設立されたカーネギー研究所は,アメリカの大学における研究に刺激的な影響を及ぼした.

　アメリカ物理学会の会員数は,アメリカにおける職業としての物理学の成長を示している. 1899 年の 100 人以下から,10 年後には会員数は 495 人にまで増大した. 1914 年までには会員数は 700 人を突破し,続く 10 年間にその増加率はより高くなった(図 2.1 を見よ). 1910 年までにはアメリカの物理学はヨーロッパの影から抜け出しつつあったが,理論物理学においてはまだ弱く,『フィジカル・レヴュー』に掲載された寄稿論文のほとんどは[ドイツの]『物理学年報』(*Annalen der Physik*)や[イギリスの]『フィロソフィカル・マガジン』の論文の質に敵わなかった. ロバート・ウッド,アルバート・マイケルソン,ロバート・ミ

---

1) 度量衡の制定と維持,および物理学実験を目的として設立され,国際単位系(SI 単位系)の制定にも関わった. 現在の国立標準技術研究所(National Institute of Standards and Technology). 第 9 章も参照.

リカン，ギルバート・ルイスといった著名な物理学者［の存在］にもかかわらず，アメリカの物理学はいまだ辺境のものであり，ヨーロッパで起こった事柄に依存していた．ルートヴィヒ・ボルツマンはカリフォルニア大学バークリー校を 1905 年に訪問している．ボルツマンは自然が美しく，女性ががっしりしているとは思ったが，同地の理論物理学の水準にはあまり感銘を受けなかった．1905 年に最初に出版された一般向けのエッセイ「あるドイツ人教授のエル・ドラドへの旅」でボルツマンはこう書いている．「さよう，アメリカは偉業を成し遂げるであろう．私は，この人々が，あまり向いていない仕事をしているのを目の当たりにしても，彼らの可能性を信ずるものである．彼らは，理論物理学のセミナーで積分したり微分したりしているのだ……」(Boltzmann 1992, 51 ［邦訳 29 頁］).

物理学は常に国際的であり，会議や協力も含めた異なる国籍の物理学者間の接触は 19 世紀においても頻繁にあった．しかし，広い範囲にわたる組織的会議は稀であり，1900 年の夏になってはじめて最初の国際物理学会議がパリで開かれたのだった．同時に，そして同地で，200 人の数学者がこの種のものとしては 2 回目の国際数学者会議に参加した．その物理学の会議は，同年のパリの万国博覧会に合わせてフランス物理学会によって組織されたものだった．この会議の 3 巻からなる議事録には，15ヶ国の物理学者によって書かれた，70 本の総説論文が収められている．当然のことだが，論文の過半数（36 本）はフランス語である．それに 10 本のドイツ語の寄稿と 6 本のイギリスからの寄稿が続き，その一方で第 4 位の主要科学国家であるアメリカは 2 本の論文しか寄せていない．オランダ（4 本），ロシア（4 本），イタリア（3 本），オーストリア-ハンガリー（3 本），デンマーク（2 本），ノルウェー（2 本），スウェーデン（2 本），ベルギー（2 本），スイス（2 本）からの物理学者も出席している．非白人からは 1 人の日本人[2]と 1 人のインド人によって発表された論文が代表している．もちろん，パリ会議でフランスからの代表が多かったことを，それに対応した世界の物理学の中での強い立場とみなすべきではない——事実，フランスの物理学は，そして特にその理論物理学は，当時衰退しつつあり，ドイツやイギリスの物理学と競争できるようなものでは，もはやなかったのである．パリ会議で扱われた議題は，当時の物理

---

[2] 日本からの出席者は，後で出てくる長岡半太郎である．長岡は磁歪と呼ばれる現象についての総合報告を行った．

表 2.3 1900 年パリ会議における招待論文の，テーマごとの分布

テーマ	論文数	%
電気と磁気	22	24
力学・分子物理学	19	20
一般的問題，測定と単位	15	16
光学と熱力学	14	15
宇宙物理学	9	10
磁気光学，陰極線，ウラン線	8	9
生物物理学	5	6

学の全領域というわけではなかったが，広範囲にわたった．表 2.3 は招待論文のテーマを示している．度量衡，弾性，臨界現象，固体と液体の力学的・熱的性質，分光学，光圧，ヘルツ波［電磁波］，磁気光学，大気電気，太陽物理学，生物物理学，重力についての講演があった．その当時最新の発見が忘れられたわけではない．アンリ・ベクレルとキュリー夫妻は放射能について，ヴィルヘルム・ヴィーンとオットー・ルンマーは（それぞれ理論的・実験的に）黒体輻射について，ポール・ヴィヤールは陰極線について，そしてJ・J・トムソンは電子論と原子構造について講演した．ヴィヤールの陰極線についての議論はトムソンをも，そして出席していたほかの大部分の物理学者をも，満足させることはほとんどなかった．陰極線を自由電子と同定するというトムソンの著名な業績［1897 年］の 3 年後に，陰極線は電子ではなく，水素イオンからなっているのであるとヴィヤールは論じたのだ．

のちの基準と比較すれば，物理学は馬鹿馬鹿しいほど安価な活動であったが，科学財源に関する同時代的な基準から見れば，事情は異なって見える．1890 年代と 20 世紀初頭に創設された多くの新しい研究所が，給与や設備費用を増大させていた（表 2.4 を見よ）．1890 年から 1914 年のあいだに，ドイツでは新しい物理学研究所が 22 ヶ所，大英帝国では 19 ヶ所，アメリカでは 13 ヶ所，フランスでは 12 ヶ所設立された．ドイツはもっとも多くの機関を創設したが，イギリスとアメリカの投資のほうが実質的には大きかった．ドイツが物理学者 1 人あたり 1 年につき総額 1 万 300 マルク投資していた一方で，アメリカの投資は 1 万 4,000 マルク相当であり，イギリスの投資は 1 万 5,500 マルク相当であった[3]．もちろんこれらは平均値であり，理論家よりも実験家のほうが支援するのにはるかに資金が必要であるなど，物理学者ごと，機関ごとに大きな変動があった．たとえば，ベルリン大学の物理学研究所は 1909 年に 2 万 6,174 マルクを受給していたが，

---

3) ここでイギリスの投資額は，大英帝国全体（カナダ，オーストラリアなど）を含む．そのため，表 2.2 の数値とは異なる．

表 2.4 物理学の研究機関とアカデミック・ポスト*

	研究機関の数	1900年のポスト数	1910年のポスト数
オーストリア‐ハンガリー	18	48	59
ベルギー	4	9	10
イギリス	25	87	106
その他の大英帝国	7	10	13
フランス	19	54	58
ドイツ	30	103	139
イタリア	16	43	51
日本	2	6	17
オランダ	4	10	13
スカンディナヴィア諸国	7	18	26
スイス	8	17	23
アメリカ合衆国	21	100	169

注：Forman, Heilbron and Weart 1975 のデータに基づく．
[*：教授，助教授，私講師（大学教授資格は持つが，大学からの給与ではなく，提供した授業を聴講した学生からの授業料を収入とする）の合計（同，12）．]

これに対してプランクの小さな理論物理学研究所は 700 マルクの予算でやりくりしなければならなかったのである．

　物理学に関する機関の数が増大したことは，高等教育の主たる目的としての研究——これはドイツにその起源を持ち，1900 年前後になってようやくほかのほとんどの国に完全に受容された——へ向かう，目をみはるような変化と密接に関係していた．その頃には，研究をする学生は，重きをなすような物理学研究機関であればどこでも中心的な存在となっており，研究する学生が押し寄せるとともに，実験室にはより多くのスペースが必要とされた．ライプツィヒ大学のデータは，次のことを明らかにしている．1835 年に物理学研究所が建設されたときには，その面積の 12 ％だけが実験室の使用のために割り当てられた．1873 年には，この研究所は 4 倍に拡張され，実験室のスペースは 46 ％にまで増大した．1904 年にもう一度 3 倍に拡張されたときには，60 ％が実験室と大学院生の部屋に割り当てられることとなった．したがって，70 年のあいだに研究のためのスペースはおよそ 60 倍に増えたことになる．大学院教育の一部としての研究活動は，1830 年代，ギーセンのユストゥス・リービヒの化学実験室に遡り，1870 年代から 1880 年代には多くのドイツの大学の物理学で制度化されることとなった．しかしこれは，主要なドイツの大学においてさえも自明な方針ではなかった．テ

ュービンゲン大学の物理学研究所は 1880 年代後半に創設されたが，フリードリヒ・パッシェンが 1906 年に報告しているように，当時は「研究所の学生が独立した科学研究を行うことは期待されていなかった」のだ．彼が付け加えるには，「この点で，状況はこの 10 年になって本質的に変化してきている」(Forman, Heilbron and Weart 1975, 103).

　1890 年前後まで，アメリカやその他の国では，教授が独立した科学研究を行うことさえも期待されていなかった．ハーヴァード大学のジェファーソン物理学研究所は 1884 年に完成した．これは実験室と大きな講義室を備えており，指導と研究の双方に使えるように意図されていた．1888 年から 1910 年までこの研究所の所長であったジョン・トローブリッジは，このときこそドイツの物理学の伝統を追うのに適したときであるとよく自覚していた．1884 年，彼は未だに一般的だった「実験室での仕事に土台を持たない講義あるいは授業体系」に対して警鐘を鳴らし，実験室に基礎を持つコースを開始した．新しい実験室はこれにふさわしいものであった．12 年後，トローブリッジは指導と研究双方における変化の時期について回顧することができた．「今日ではある程度のオリジナルな仕事が〔ハーヴァードの物理学教授から〕期待できる．過去 10 年のあいだにハーヴァード大学で行われたオリジナルな研究は，以前の 200 年間に行われたよりも多いのである」(Aronovitch 1989, 95 および 99).

物理学の学術誌

　では，物理学への投資から何が生まれたのか？　ほかの科学者と同様，物理学者は論文を生産するものである．研究論文の数は，科学の生産性のもっとも直接的な指標である．1900 年までには物理学の雑誌は（多少の違いはあれ）今日と同じ形式で出版されていたが，もちろんその数は少なく，専門分化もあまり進んでいなかった．大半の，そしてもっとも本質的な部分の物理学の研究は専門的な物理学の学術誌に出版されたが，ほかの科学分野をも扱う学術誌や年報に掲載される論文もまた多かった．例としては，パリ科学アカデミーが発行した『科学アカデミー紀要』(*Comptes Rendus*)，ゲッティンゲン科学会が発行した『ゲッティンゲン報告』(*Göttingen Nachrichten*)，そして『アメリカ科学振興協会紀要』(*Proceedings of the American Association for the Advancement of Science*) が挙げられよう．多

表 2.5　1900 年の物理学の学術誌

国	中心的な物理学の学術誌	1900 年の論文数	%	生産性
イギリス	『フィロソフィカル・マガジン』	420	19	2.2
フランス	『物理学ジャーナル』	360	18	2.5
ドイツ	『物理学年報』	580	29	3.2
イタリア	『ヌオーヴォ・チメント』	120	6	1.4
アメリカ	『フィジカル・レヴュー』	240	12	1.1
その他	――	280	14	――

注：「生産性」は，大学の物理学者一人あたりの平均の論文数を表す．

くの国は物理学専門のローカルな学術誌を持っており，それは通常はその国の言語で書かれ，しばしばその国の物理学会によって発行されていた[4]．しかし，国際的な重要性を持つ研究論文は，小国の学術誌にはほとんど掲載されなかった．そのような論文は典型的には，『フィロソフィカル・マガジン』(Philosophical Magazine, イギリス)，『物理学ジャーナル』(Journal de physique, フランス)，『物理学年報』(Annalen der Physik, ドイツ)，『ヌオーヴォ・チメント［新しい試み・経験の意］』(Nuovo cimento, イタリア)，『フィジカル・レヴュー』(Physical Review, アメリカ)といった，西洋の大国の中核的な物理学の学術誌に収められた．表 2.5 は 1900 年の物理学論文の数を示しているが，そこからわかるのは，論文の生産数においても，物理学者一人あたりの生産性においても，ドイツは明らかにほかの国の先を行っていた，ということである．

　ドイツが質的にはもちろん量的にも，物理学において強い立場を有していたことには疑問の余地がない．質に関して，あるいは後世の科学史家が物理学に重要な貢献をしたと判断したものに関して，権威ある『科学者人名辞典』[5]は，1900

---

4) 日本では，1885 (明治 18) 年に創刊された『東京数学物理学会記事』(のち『日本数学物理学会記事』)が主要な物理学の学術誌としての役割を果たした．発行母体の東京数学物理学会 (のち日本数学物理学会) は，1946 年に日本数学会と日本物理学会に分かれ，今日に至っている．

5) Charles C. Gillispie, editor in chief. *Dictionary of Scientific Biography*. New York : Charles Scribner's Sons, 1970-1980. 全 16 巻，補遺 2 巻におよぶ古代から現代に至るまでの科学者の人名辞典で，科学史分野においては第一に参照すべき参考図書とされる．2007 年，『新科学者人名辞典』(Noretta Koertge, editor in chief. *New Dictionary of Scientific Biography*. New York : Charles Scribner's Sons, 2007) (全 8 巻) が刊行され，旧版への追加・改訂などが行われた．

年に 21 歳以上だった 197 人の物理学者を載せている．そのうち，52 人がドイツ人で，6 人がオーストリア人である．『科学者人名辞典』に収められているほかの最重要な物理学者の国籍は，次の通りである．イギリス 35 人，フランス 34 人，アメリカ 27 人，ロシア 9 人，オランダ 7 人，イタリア 7 人，スウェーデン 5 人．これはほかの種類の評価に登場するものとほとんど同じリストである．質の高い物理学研究は，かなりの程度，世界の経済的・政治的指導者であった四つの国に集中していた．これらの国だけで，この期間の歴史的に重要な物理学者の 75 ％を占める．もしオーストリア-ハンガリー，オランダ，そしてスカンディナヴィア諸国をドイツ圏に含めるならば，この数字は「ビッグ・フォー」については 86 ％に，そしてドイツ圏については 38 ％になる．ノーベル賞のデータからもおおむね同じことがわかる．1901 年から 1914 年までのノーベル賞受賞者のうち，16 人が「ビッグ・フォー」からであり（ただしアメリカ人は 1 人のみ），受賞者候補の 77 ％も同様だったのである．

　20 世紀の最初の 10 年間，物理学の第一級の学術誌と言えばおそらく『物理学年報』であっただろうが，英語圏では『フィロソフィカル・マガジン』がそれに対抗していた．『物理学年報』の歴史は 1799 年にまで遡るが，このときの誌名は『物理学・化学年報』（*Annalen der Physik und Chemie*）であった．しかしパウル・ドルーデが 1900 年に編集職を引き継いだとき，「化学」は落とされることとなった——化学や物理化学の雑誌はすでに豊富にあり，『物理学年報』はとうに純粋な物理学に集中しはじめていたのである．1906 年にドルーデが死去したあと，ヴィルヘルム・ヴィーンが編集者となり，プランクが共同編集者を継続するとともに理論物理学を担当することとなった．『物理学年報』はドイツの雑誌であったので，当然寄稿者の大半はドイツ人であったが，オーストリア，スカンディナヴィア諸国，オランダの物理学者からも多くの寄稿があった．それは純粋研究の一流雑誌であり，その論文のほとんどすべてが大学の物理学者，あるいはベルリンの帝国物理工学研究所のような主要な物理学研究所の物理学者によって書かれていた．ところが，『物理学年報』が一流であるとは言っても，それに論文を載せることはそれほど難しかったわけではない．この雑誌は，大量の退屈でつまらない論文を掲載しており，その多くは実験に関する博士論文をほんの少しだけ短縮したものであった．のちの出版の慣例とは際立った対照をなすが，1906 年には掲載拒否率は，プランクの推定によれば，提出された論文のうちわずか 5 から

10％であった．物理学の成長は，『物理学年報』が次第に厚くなっていったことに反映された．年間の発行回数が，1900年の12回から，1912年の16回にまで増えたのである．『物理学年報』には完結した研究がしばしば非常に長い論文の形で出版されたが，これに加えて抄録雑誌『物理学年報付録』(*Beiblätter zu den Annalen der Physik*) が続刊として出版された．物理学の文献数，そして科学文献数一般の特徴的なパターンが，指数関数的な増大であるということはよく知られている．しかし，指数関数的増大というよく議論される「法則」は，1920年以降の科学についてだけ成り立つ，と考える理由がある．物理学に関して言えば，主要な抄録雑誌に概要が掲載されている論文の数は，1900年から1910年の期間は，だいたい一定なのだ．1900年の『物理学年報付録』は1,358ページで2,468本の論文を報告している．10年後，この雑誌は1,312ページで2,984本の論文を収めている．『物理学の進歩』(*Fortschritte der Physik*) に載った論文数も同様に，この期間には1,872本から2,825本のあいだを行き来している．指数関数的にせよ何にせよ，系統的に［論文数が］増大しているしるしはないのだ．

　20世紀の最初の10年間に，『物理学年報』はプランクが振興したがっていた類の理論物理学をより志向するようになった．『物理学年報』は電子論，相対論，量子論，熱力学，重力理論に関する多くの論文を収めた．20年のあいだ，この雑誌は理論物理学における新しいトレンドのもっとも重要な担い手であった．こうしたトレンドはまた，1899年に最初に出版され，短い論文に特化していた隔週刊の『物理雑誌』(*Physikalische Zeitschrift*) にも反映されている．しかし，この雑誌は『物理学年報』ほどの質を持たず，しばしばプランクやヴィーンによって原稿を却下された著者によって使われた．もう一つの新しいドイツの物理学の雑誌は，1904年に創刊され，ヨハネス・シュタルクが編集していた『放射能・電子物理学年報』(*Jahrbuch für Radioaktivität und Elektronik*) である．表題が示しているように，『放射能・電子物理学年報』は1890年代の偉大な発見，特に放射能，X線，電子の物理学に端を発する物理に特化していた（「電子物理学」［エレクトロニク］すなわちエレクトロニクスは当時電子の物理学を意味し，のちの工学的な意味合いはまだ持っていなかった）．シュタルクの『放射能・電子物理学年報』は実験に関するテーマにほとんど純粋に徹しており，電子の電磁気学的な理論やそのほかの同様なテーマはその「エレクトロニクス」の定義に含めていなかった．

　もし［物理学という］学問分野全体を特徴づけるような物理学の分野や技術が

表 2.6　1890 年から 1910 年の分光学分野における出版数

	1890	1895	1900	1905	1910
ドイツ	81	105	167	144	171
イギリス	52	60	62	73	69
フランス	32	41	42	74	53
アメリカ合衆国	31	37	44	70	67
イタリア	5	11	11	13	11
その他	17	33	39	42	41
総計	218	287	365	416	412

出典：Kayser 1938.

あったとしたなら，おそらく分光学がその良い候補となろう．分光学は，実験と理論の両面において，多年にわたり物理学の第一級の分野であり，また 20 年にわたって非常に卓越した地位を占め続けていた．分光学の論文は，「スペクトル」や「ゼーマン効果」という事項のもとに列挙されているが，これは 1898 年の『サイエンス・アブストラクツ』に抄録の載っている全論文のうち 3.2％を占めた．1908 年にはこの数字は 6.2％にまで上昇している．ドイツの分光学者ハインリヒ・カイザーは，自分がその研究領域における論文の完全なコレクションを持っている，と自慢していた．1938 年，85 歳になった彼は，分光学の発展の統計的な研究を発表した（表 2.6）．そのデータは分光学の発展の描像を表しているだけではなく，1890 年から 1910 年におけるさまざまな国家のあいだでの物理学の分布を決定的に示すものでもある．

ある日本人の見たヨーロッパの物理学

1870 年以前の日本には，物理学は実質的に存在しなかった．世紀転換期になっても，科学研究のための機関は非常に少なく，また設備も貧弱だった．物理学は 1877 年に創設された東京大学で教えられていたが，研究に対しては非常に低い優先順位しか与えられていなかった．「大学予算には，研究のための準備などなかった」と，新世紀初頭における状況についてある物理学者は回想している．「当時の東京［帝国］大学の理科大学には，通常の予算は物理学についてはたったの 5,000 円ほど〔約 2,500 ドル〕，化学については 4,000 円ほどであった．これは学生を教えるのに必要な機器，試薬，書籍，雑誌，標本，木炭，気体，電気を

賄うのにはまったく十分ではなく，研究を行うための費用はもっと少なかった」(Nakayama, Swain, and Yagi 1974, 166)[6]．

　長岡半太郎——彼については第4章でさらに論じるが——は日本の物理学のパイオニアの一人である．長岡は改組された帝国大学を1887年に卒業し，1893年から1896年までヨーロッパへさらなる研鑽のために出かけ，ミュンヘン，ベルリン，ウィーンの各大学で勉強を続けた．東京帝国大学（帝国大学[7]が改称された）の教授となり，日本の物理学の第一人者となっていた長岡は，1910年7月，再び研鑽のためにヨーロッパへ出かけた．長岡は国際会議に出席し，著名な物理学研究所をいくつか訪問し，（物故者も含めた）物理学の英雄たちに敬意を表し，そして重要な物理学者たちとの連絡を確立した．長岡が遊学中に見，そして手紙で報告したものは，ヨーロッパの第一級の物理学者たち——大体において，当時物理学は未だにヨーロッパの物理学と同一であった——のあいだで何が起こっていたのかを公平に表すサンプルである．長岡は物理学の実験と理論の両面において活発な（そしてフランス語，ドイツ語，英語に堪能な）研究者であり，ヨーロッパの物理学の状態についての信頼できる，そしておそらくはヨーロッパ人自身によるものよりも客観的な報告を与えるのに，非常に適任である．

　1910年11月，電気と光学の領域で仕事をしていた実験家であるイタリアの物理学者アウグスト・リーギへの手紙の中で，長岡は（リーギとともに滞在した）ボローニャからローマへ，そこからジュネーヴ，チューリヒ，ミュンヘン，ベルリンへと移動したことを述べている．以下は彼の印象のうちの一部である．

　チューリヒのヴァイス教授の実験室では，磁気に関する面白い仕事が多くあります．そこで私は8万ガウス以上を出す電磁石を見ました．ミュンヘンでは，エーベルトが大気電気に関連した仕事に従事しており，いくつか面白い研究がレントゲンの実験室やゾンマーフェルトの理論物理学研究所で実施されていま

---

6) ここで言及されているのは櫻井錠二である．櫻井は本文中では物理学者と呼ばれているが，化学者である．櫻井の叙述は，櫻井錠二「理化學の研究及發明の奬勵に對する希望」九和會編『思出の數々——男爵櫻井錠二遺稿』（九和會，1940年）112-113頁から取られているが，本文ではこれを参照しつつ英訳から訳し直した．

7) 原文では「帝国大学」は「東京大学」（University of Tokyo）となっているが，1886年の帝国大学令の発布から1897年の京都帝国大学の設置までの期間，現在の東京大学は帝国大学と呼称されていた．

第2章　物理学の世界　　33

す．ミュンヘンの高等工科学校にはまた技術物理の研究所がありますが，そこでは多孔栓を通って流出する気体に対する，ジュール-ケルヴィン効果が研究されており，また高圧高温下での蒸気の比熱が，蒸気タービンの使用の重要性との関係の上で調べられています．通常の物理学の実験室と異なる唯一の点は，高出力の機械を使用しているということ，そして機械エンジニアと物理学者の協力にあるように思われます．(Carazza and Kragh 1991, 39)

同じ手紙の中で，長岡はヨーロッパの物理学者が自分の 1904 年の原子理論に示していた興味（第 4 章を見よ）を失ってしまったことを嘆き，この無視は原子理論における権威としての J・J・トムソンの支配的な地位の帰結であるとほのめかしている．「かの著名なイギリスの物理学者の重々しい名前は，一人の東洋の物理学者の仕事を押し潰すには十分重いように私には思われます」と長岡は不満を述べている．長岡は，白人に支配されている領域において東洋人であることを常に鋭敏に意識し，日本の科学が西洋の科学に必然的に劣っているわけではないことを証明するために激しく戦った．1888 年のある手紙の中で彼はこう書いている．「白人がすべてにおいてそれほど優越しているなどという道理はありません．そして……10 年か 20 年のうちに，こうしたヤッチャ・ボッチャな〔尊大な〕人々を，我々が打ち負かすことができるようになるのを望みます」(Koizumi 1975, 87)[8]．新しい世代の日本の科学者にとって，科学の競争が人種間競争と完全に切り離されることはありえなかった．

多忙な日本人旅行者長岡は，マンチェスターにアーネスト・ラザフォードを，ライデンにヘイケ・カメルリング・オネスを，アムステルダムにピーター・ゼーマンを，そしてジュネーヴにエドゥアル・サラザンを訪ねている．ドイツでは，彼はミュンヘンとベルリンに加えてボン，シュトラスブルク［ストラスブール］，アーヘン，ハイデルベルク，ヴュルツブルク，カールスルーエ，ライプツィヒ，ゲッティンゲン，ブレスラウ［ヴロツワフ］の各大学もしくは工科学校を訪ねている．長岡はカメルリング・オネスの低温実験室に感銘を受け，そこで得られる絶対零度の数度上［という低温］でも放射性崩壊は影響されないままであろうか，

---

8) これは大学院時代の長岡が先輩の物理学者，田中舘愛橘に宛てた英文の手紙である．詳しくは，板倉聖宣・木村東作・八木江里『長岡半太郎伝』（朝日新聞社，1973 年），112-113 頁，および板倉聖宣『長岡半太郎』（朝日新聞社，1973 年），91-93 頁を参照．

と思いをめぐらせている．アムステルダムでは，長岡は「ゼーマンが自分の名前を冠する効果を調べているのを見」，そしてライデンではヘンドリック・ローレンツが「〔フェリックス・〕エーレンハフトの電子の電荷に関する興味深い結果」，すなわち副電子の存在について論じているのを聴いている[9]．ベルリンの物理学研究所に滞在したときには，「〔エーリヒ・〕レーゲナーがエーレンハフトの実験を繰り返し，その結果が完全に間違っていることを公表した．」長岡の手紙からは，彼がドイツを物理学における第一級の国家だと考えていたことが明らかである．彼はハイデルベルク大学にあるフィリップ・レーナルトの放射性物質の研究所を，「おそらくドイツでもっとも活発な研究所のうちの一つ」と評し，「レーナルト教授と彼の弟子の大半は，燐光作用と光電効果に取り組んでいる」と付け加えている．ゲッティンゲンでの活動の中では，長岡はエーミール・ヴィーヒャートの地震学研究や，ヴォルデマール・フォークトの実験室を取り上げている．後者は「数多くの仕事で正しくも賞賛されていますが，それらは結晶や磁気光学，電気光学と関係しています．ここには20人以上の研究学生がいます．」長岡は，光学に特化していたブレスラウのルンマーの研究所を「すばらしい」と書いている．しかしすべてが賞賛だったわけではない．「ライプツィヒの物理学研究所は，おそらくドイツで一番大きいものでしょう．しかし，最大のものが常に最良のものであるわけではないということがわかりました．どんなに実験室が貧しくとも，熱心な研究者と有能な指導者がいれば繁栄します．実験室の大きさと設備は，私にとっては，科学研究においては副次的な役割しか果たしていないように思われます」(Badash 1967, 60)．

長岡の説明は古典物理学に限られている．彼は量子論には触れておらず，相対性理論について述べているのはほんのわずかだけである——「ミュンヘンでは……ゾンマーフェルトのもとに理論物理学の研究所があります．彼は相対性原理について仕事をしています．」これは長岡が保守的で，20世紀の最初の10年間に物理学に起こったと信じられている革命を見出していなかったからではない．古典物理学は当時完全に支配的であり，健全な進歩的状態にあったのだ．量子と

---

[9] 副電子とは，1910年にエーレンハフトが発見を主張した，電子よりも小さな電荷を持つ粒子である．彼はその後10年以上にもわたって，ミリカンとのあいだに激しい論争を繰り広げた．

表 2.7 『物理学年報付録』の 1910 年の巻におけるテーマごとの分布

テーマ	数	%
電気・磁気	913	31
光学	488	16
物質の構成と構造	351	12
宇宙物理学	321	11
熱	293	10
力学	264	9
放射能	182	6
度量衡	60	2
一般	59	2
音響学	27	1
歴史, 伝記	26	1

相対性の新理論は，物理学者のコミュニティの中ではごく少数の人物によってのみ発展させられたのであり，物理学の一般的な状況においてはほとんど見えてこないものであったのだ．仮に革命が進行中であったとしても，それに気づく人はほとんどいなかっただろう．こうした印象は，抄録雑誌から取られた物理学の専門分野の分布の分析によっても確証される．たとえば，『物理学年報付録』の 1910 年の巻に収められている 2,984 本の記事（表 2.7 を見よ）を見ると，出版されたもののうちほとんど半数が光学（16 %）と電気・磁気（31 %）に含まれることがわかる．「宇宙物理学」なるカテゴリーは，現代的な意味での天体物理学や物理学的宇宙論のことを思わせるかもしれないが，これは時代錯誤というものであろう．天体物理学や宇宙論的なテーマは確かにこのカテゴリーの中に現れるが，天体の分光学や地球物理学，気象学，大気電気，そして地磁気も同じカテゴリーに含まれていたのである．ベルリン物理学会の抄録雑誌『物理学の進歩』では，「宇宙物理学」（cosmic physics）という用語は，「地球物理学」（geophysics）という用語と同時に，1890 年に導入された．（「天体物理学」（astrophysics）は，1873 年に登場した古い用語であった．）宇宙物理学は，これらをはじめとする現象を物理学の領域に持ち込む，学際的な試みであった．世紀転換期，スウェーデンの物理化学者スヴァンテ・アレーニウスが影響力の大きい教科書『宇宙物理学教程』（1903）を書いたときには，それは物理学の，ポピュラーな一分野であった．しかしながら 10 年後には，宇宙物理学は物理学の周縁に追いやられていた．

『物理学年報付録』による物理学の諸分野の一般的構成は，物理学における 1,810 点の出版物を 1910 年に列挙したアメリカの『サイエンス・アブストラクツ』によって裏づけられる．それらの違いのほとんどは，テーマを分類する方法の差に由来する．たとえば，『物理学年報付録』の集団の中で「物質の構成と構造」と呼ばれた大量の論文が物理化学を扱っている一方で，『サイエンス・アブストラクツ』はこの領域をより狭く定義し，「化学的物理学」（これは 1930 年以降

の専門分野である現代的な化学物理学と同じではない）についての別のリストを追加している．それぞれの主な領域は，多くの小領域に分割されている．「物質の構成と構造」というカテゴリーの構成は，明らかにその内容が原子・分子物理学などではなく，むしろ我々が理論化学と呼ぶであろうものであることを示している．小領域は次のように与えられている．「一般」「質量，密度」「原子量」「分子量」「元素」「化合物」「反応」「親和力，平衡」「溶液」「吸収，吸着」「コロイド」「固溶体，合金」「結晶」「結晶流体」．

どの抄録雑誌においても，原子物理学についての論文は大きな価値を認められておらず，「原子構造」「量子論」「相対論」その他の関連した名前を持つトピックについての項目を見出そうとしても無駄に終わるだろう．これらのトピックを扱う記事はもちろん存在したが，しかしそれらはほかの項目のあいだに紛れ，そして数においても少なかったのである．たとえば，相対論についての論文は，ほとんどが「一般」というラベルのもとに収められ，量子を扱った論文は「熱」や「光学」といった区分で掲載されていた．上の二つの抄録雑誌にある表題を調べると，1910 年には，相対論を扱っていた論文は 40 本以下で，量子論を扱っていた論文は 20 本以下であった，という推定に行き着く．「新しい物理学」は未だに重要とは言えない活動ではあったが，そうでなくなるのはそれほど後のことではない．古典的な，実験物理学が優勢を占めていたという印象は，イタリアの『ヌオーヴォ・チメント』にある論文を数え上げることによってさらに確かめられる．1900 年から 1904 年には（力学，光学，音響学，熱力学，電磁気学として定義される）古典物理学と応用物理学はそれぞれ出版数の 33％と 22％を構成していた．10 年後，これらのパーセンテージはそれぞれ 32％と 17％であった．出版物のほとんどは実験的なものであった．つまり，1900 年から 1904 年には 86％が，そして 1910 年から 1914 年には 77％が実験に関するものだったのである．相対論や量子論に関する論文はきわめて少なく，1910 年から 1914 年の 5 年間には 10 本未満の論文しか発表されなかった．

文献案内

1900 年頃の物理学についての統計データは Forman, Heilbron and Weart 1975 で提示され，議論

されている．また，物理学の下位領域については Hiroshige and Nisio 1986 も，ドイツにおける物理学教育の詳細な分析としては Pyenson and Skopp 1977 も参照せよ．Kevles 1976 はアメリカにおける物理学者，化学者，数学者のコミュニティを比較している．長岡による 1910 年のヨーロッパの物理学の記述に関する説明は Badash 1967 と Carazza and Kragh 1991 に基づくものである．【1900 年のパリ国際物理学会議は Staley 2008 で記述されている．】1900 年から 1904 年までのイタリアの物理学は Galdabini and Giuliani 1988 の中で定量的に分析されている．Jungnickel and McCormmach 1986 はドイツの理論物理学に関する情報に富む．アメリカにおける物理学については，Kevles 1987 および Reingold and Reingold 1981 を見よ．

第3章

気体中の放電と，それに続いたもの

　物理学の魅力の一つに，それが自然を相手にしており，そして自然が秘密主義者だということがある．自然現象には，ある時点では物理学者がそれについての知識を持ち合わせていないものの，実験室で発生させることの可能な現象（それでもなお自然現象である）というものが存在する．新現象の発見は，ときおり，我々の世界観にとって重大な帰結を有する．1890年代の物理学者は，物理学の基礎がしっかりと確立されているものと信じており，重要な自然現象はすべてすでに知られていると暗黙のうちに考えていた．彼らが驚かされることになったのは，1895年から1900年にかけての一連の発見によって劇的に示されている通りである．

　第1章からは，1890年代のほとんどの物理学者が物理学の基礎についての深遠な理論的問題に心を占められていた，という印象を持つかもしれない．しかし，これは事実とはほど遠い．［物理学者の］大多数は実験家であり，たとえば電気的測定の方法や，熱現象，分光学，そして気体中の放電を探究していた．真空にしたガラス管中における放電の最初の実験は早くも18世紀後半には行われていたが，この領域が真剣な関心を引きつけるようになったのはようやく1850年代になってからであり，これは主としてスイスのオーギュスト・ド・ラ・リーヴとドイツのユーリウス・プリュッカーの先駆的な業績の結果としてだった．プリュッカーの弟子ヨハン・ヴィルヘルム・ヒットルフはガラス管中に現れる光を体系的に研究し，これが陰極から放出され，電磁場のない空間を直線的に運動する光線であることを確認した．すなわち陰極線（cathode ray）である（この名はベルリンの物理学者オイゲン・ゴルトシュタインによって1876年にはじめて導入された）．このテーマはそれまでには物理学の重要な一部となっていたが，イギリスのウィリアム・クルックスによって行われた実験を通じてさらなる注意を引くこととなった．1879年にクルックスは，陰極線とは粒子——電気を帯びた分子の流れ，あ

るいは彼が言うところの「物質の［固体・液体・気体とは別の］第四状態」——である，という仮説を立てたのである．この新しい領域は魅力的な難問を提示していると，多くの人が考えた．これは主として，この領域が注目を得るための手っ取り早い道を与えているように思われたからであるが，その放電現象が謎に満ちており，調べるのが単に面白かったためでもある．彼らのうちの一人が，若きハインリヒ・ヘルツであった．ヘルツは1882年の自分の初期の研究についてこう書いている．「中心には輝くガラス鐘が置かれ，その中では気体が放電の影響下で奇怪極まる狂態を演じ，もっとも奇妙で，もっとも変化に富み，もっとも色彩豊かな現象を生み出している．私の居場所はいまや，さながら魔女の台所のようだ」(Buchwald 1994, 132)．ヘルツをはじめとする陰極線研究者たちの魔女の台所で鍵となる装置は，特別に設計された，電極付きの一連の真空管，必要なだけの高電圧を生み出すルームコルフ誘導コイル，そして特に，なくてはならない真空ポンプであった．

　後から見れば，陰極線の本性は何であるかという問いが，この研究領域においてはもっとも重要なものであった．しかしはじめは，それが決定的な重要性を持つ問題であると考えられていたわけではない．多くの物理学者は，そのまだら模様，すなわち色付きの光のガラス管や，磁場の作用のもとでのそれらの振舞いといった，放電現象のほかの側面で頭が一杯だった．1890年代後半には，新種の陰極線（「磁気線」と呼ばれることもあった）を発見したと信じた物理学者もいたが，この発見の主張は一般には受け入れられなかった．ヘルツは，平板コンデンサ間の電場を通過するときの陰極線の屈折を検知することに失敗し，このことから陰極線は電気的に中性であり，放電の一次的な効果ではないと結論した．この見解によれば，電流はガラス管の内部を流れるが，観測される陰極線は，それを生み出す電流とは異なり，エーテル中の何らかの流れあるいは波のようなものなのである．ヘルツの結論は，クルックスをはじめとするイギリスの研究者の粒子仮説には反していたが，ドイツのほとんどの物理学者には支持され，1894年にはヘルツの学生フィリップ・レーナルトの行った実験によって強力な実験的支持を得た．レーナルトは薄い金属箔をガラス管中に窓として設置し，陰極線がこの箔を通過できることを示したのである．もし陰極線が原子あるいは分子のような粒子のビームであったならば，このような透過性は説明できないだろう［というわけである］．領域全体が混乱しており，対立する見解のそれぞれに一致しない

実験的証拠があり，どちらが正しいかを判別できる証拠は一つもなかった．例を挙げれば，レーナルトがエーテル-パルス仮説に実験的支持を与えたのと同じ年に，イギリスのJ・J・トムソンは陰極線の速度が光の速度のわずか1,000分の1であると主張している——もし陰極線がエーテル中の電磁気学的な過程であるならば，その速度は光の速度に非常に近いと思われるのに．レーナルトの実験，そして陰極線研究一般における状況が安定しないため，多くのドイツ人物理学者がこの問題を取り上げることとなった．そのうちの一人が，ヴュルツブルク大学の比較的無名だった物理学教授ヴィルヘルム・コンラート・レントゲンである．

新種の光線

レーナルトの発見に刺激され，レントゲンは陰極線の透過性を1895年秋に研究しはじめた．陰極線を用いて実験するほかの物理学者と同じように，レントゲンは，陰極線によって引き起こされる蛍光を検知するために，白金シアン化バリウムを塗ったスクリーンを用いた．このスクリーンは，今問題にしている実験においては特に用途はないことになっており，ガラス管からはいくらか距離のあるところに置かれていた．このガラス管は，黒い厚紙で覆われ，暗室で操作された．1895年11月8日，レントゲンは驚いたことに，スクリーンが蛍光を発していることに気づいた．これは陰極線によってはどうやっても引き起こされるはずのない現象であった．この現象が本物であることを確認した後，レントゲンは，系統立った研究を始めて，すぐにこれを光とも陰極線とも異なる新種の線であると考えるようになった．1896年1月の第一報からのレントゲン自身の言葉では，彼の発見はこのようであった．「ヒットルフ管，もしくは充分に排気したレーナルト管やクルックス管などを，薄いボール紙でかなりぴったり覆っておいて，大きなルームコルフ・コイルからの放電を通すと，完全に暗くした部屋では白金シアン化バリウムを塗った紙のスクリーンが明るく輝いて蛍光を発するのが観察される．蛍光の出方は，紙の薬剤を塗った側を放電管に向けても，反対側を向けても変わりはない」(Segrè 1980, 22 [邦訳30頁])．11月8日はX線の公式の誕生日であるが，もちろんレントゲンがこの日の夕刻にX線をたまたま発見したのだと主張するのはあまりにも単純にすぎる．彼は驚くべき現象に気づいたが，最初の観測を一つの発見にまで変容させるのには困難な仕事と多大な思考とを要したの

である．自分が本当に新種の光線を発見したのだとレントゲンが確信し，自身の発見について公表したのはようやくその年の終わりになってからであった．これをその年の，いやその10年に一度の発見とさえ呼んでも誇張にはならないだろう．のちの世代の物理学者の慣習とは異なり，レントゲンは記者会見を開かなかった．さらに言えば，彼は一人で研究し，出版されるまでは自分の発見を秘密のままにしておいた．

レントゲンの新しい光線は，特に物理学者と医者のあいだに，そして大衆一般においてもまた，大変な騒動を巻き起こした．物理学者のコミュニティにおける第一の疑問は，この新しい光線の本性に関するものであった．それは陰極線よりもさらに分類と理解が困難であると思われたのである．最初の予備的な研究では，レントゲンはその光線が直線上を進み，写真乾板に作用し，磁場に影響されないという点で，光といくつかの性質を共有することを見出していた．他方でその光線は反射も屈折もせず，光ともヘルツの電磁波とも異なるように思われた．レントゲンは，その光線はエーテルの縦波であろうととりあえずは提案をした．これはしばらくのあいだ何人かの物理学者から支持された見解である．しかしこの見解もそのほかの見解も，X線は極端な種類の紫外放射であるという提案も含めて，一般的に認められることはなかった．10年以上にわたって，自分たちがいったい何を扱っているのかを知ることもなく，物理学者はX線を扱っていたが，それで彼らは満足していた．こうした理解が欠けていたことは，新しい光線について確立されるべき多数の経験的知識の増大を妨げることはなかったし，その光線を実験物理学における道具として使用するのを妨げることもなかった．たとえば，X線管が気体をイオン化させるために理想的であることは早くに認識され，この適性によってこの新しいガラス管は広く実験で使われたのである．

X線の本性についての議論は，それらが電磁波（横波）の一種であり，おそらく極端に短い波長を持つという趣旨の証拠が蓄積するまで続いた．この意見はイギリスの物理学者チャールズ・バークラが1905年にX線が偏光を示すということを散乱実験から結論づけたときに強固になった．しかし問題が決着をみたわけではまったくなく，1907年にウィリアム・ブラッグが論じたように，ほかの実験は［X線の］波動説を否定し，粒子放射説を肯定するかのように思われた．後から見れば，こうした実験状況の混乱は，量子力学の登場によってのみ明らかになる波動-粒子の二重性を反映しているのだと言うことができる．X線は粒子で

も波動でもあるので，20世紀序盤の物理学者が複数の解釈が可能な結果を得たとしても驚くにはあたらない．1910年前後には，X線は単純に非常に短い波長の電磁波であるかのように思われた．もしそうならば，X線の回折を起こすためにはそれに応じた短い間隔の格子が必要であろう．1912年にマックス・フォン・ラウエはそのような［狭い］間隔が結晶のイオンどうしの原子間距離に見出されることに気づいた．実験はミュンヘンの物理学者ヴァルター・フリードリヒとその学生パウル・クニッピングによって1912年春に行われた．理論家ラウエと実験家フリードリヒおよびクニッピングの協力は，最初のX線回折パターンに結実した．これは同時に，X線が 10^{-13} m のオーダーの波長を持つ電磁波であることの証拠となった．ミュンヘンの実験から，結晶学におけるX線回折の利用という，まったく新しいX線研究の一分野が誕生した．ウィリアム・H・ブラッグとその息子ウィリアム・L・ブラッグが先駆となり，この分野はすぐに化学，地質学，金属学，そして生物学においても大きな重要性を持つようになった．たとえばX線結晶学は，1953年の有名なDNA分子の二重らせん構造の決定において鍵となる要素だったのである．

1890年代の後半に戻ると，レントゲンのセンセーショナルな発見は，物理学において小規模な革命を引き起こし，非常に多くの物理学者がこの新しい現象を研究する刺激となった．一つの発見が科学者にもそうでない人にも同じようにこれほど熱狂的に受け入れられたことはほとんどない．文献目録を作ってみると，1896年だけでもX線については1,044点の出版物があり，そのうちの49点は書籍だった．X線の流行に乗った多くの物理学者の中には，パリの自然史博物館（Muséum Nationale d'Histoire Naturelle）の物理学教授アンリ・ベクレルもいた．

ベクレル線から放射能へ

1896年1月，レントゲンの発見はフランスの科学アカデミーで討論に付され，そこでポワンカレは，陰極線の原因は電気的なものではなく，むしろガラス管の蛍光部分に関係しているのかもしれない，と提案した．もしその通りなら，強い蛍光を発する物体はすべてその明るい光線に加えてX線も放出していることになる．ポワンカレの見解は蛍光の専門家であるベクレルに取り上げられた．そして2月24日，彼はアカデミーに，蛍光性のウランの複塩である硫酸ウラニルカ

リウムがX線と思われるものを放出したと報告した．ベクレルは黒い紙に包んだ写真乾板の上にその塩を置き，それを数時間日光に曝した．すると現像された乾板が明らかに黒くなっていたのを認めたのである．放射能はこのとき発見されたのだろうか？　必ずしもそうとは言えない．というのも，ベクレルが信じていたのは，その透過性のある光線が蛍光の結果であり，したがって日光に曝すことが決定的に重要だということだったからである．1週間後にその実験を繰り返し，しかし太陽が出なかったとき，ベクレルはウラン塩が太陽光のないところでも光線を出すことを発見した．彼はいまや自分が一つの発見をしたということ，つまりウラン塩が電気的作用も太陽光の作用もなしに透過性のある光線を放射することを理解したのである．この新しい現象は，明らかにX線とも蛍光とも異なっていた．加えて，彼はすぐにその光線がほかのウラン塩からも放射されること，蛍光性でない金属ウランからはさらに強く放射されることを発見した．それゆえこの光線ははじめ，「ウラン線」と呼ばれることがしばしばあった．

　ベクレルの放射能の発見は幸運ではあったが，偶然ではなかった．レントゲンとは反対に，このフランスの物理学者は自分が試したい仮説，つまり強く蛍光を発する物体はX線を放射するという仮説に導かれたのである．しかしほとんどの蛍光物質は放射能を持たない．であるなら，なぜ彼はウラン塩に集中したのか？　彼の選択は従来幸運に帰されてきたが，まったくの幸運であるとは言えそうにない．以前に父親のエドモン・ベクレル（彼もまたパリ自然史博物館の教授だった）と一緒にベクレルはウラン化合物の蛍光スペクトルを調べたことがあり，そのスペクトル・バンドが顕著な規則性に従うことに気づいていたのだ．蛍光ウラン塩に特徴的なこの規則性によって，太陽からの可視光が非常に短い，X線に特徴的と思われていた波長に変換されるのだという考えをベクレルが抱くことになった，というのはありそうなことである．そのような変換は，1852年にガブリエル・ストークスによって発見されたストークスの法則に従えば禁じられていた．この法則によると，蛍光性の物体は励起放射の波長よりも長い波長の放射しか出すことはできない．ストークスの法則は正しい——放射の量子論から帰結する——が，19世紀の終盤には「異常蛍光」すなわちストークスの法則に対する例外についての報告が数多くあった．この法則は絶対的ではないと考えられ，ドイツの物理学者オイゲン・ロンメルによって提案されたある理論によれば，異常蛍光は，ベクレルがウラン塩で観測したような種類の規則的なスペクトルを示

す物質において発生するとされた．もしこれが実際にベクレルの推論の筋であったとすれば，彼が自分の研究のためにウラン化合物を選択したというのはそれほど奇妙ではない．ベクレルがはじめに観測した，太陽光に曝されたウラン塩から生ずる透過性の光線は，彼が多少なりとも予期していたことの確証でしかなかったかもしれない——その後の出来事はそうではなかったのだが．

　ウラン線は，X線ほどのセンセーションは起こさず，1年から2年ほどのあいだは，ベクレルを含む数人が活発にこの新しい現象を研究したにすぎなかった．結局のところ，ウラン線の効果は弱いもので，多くの物理学者はそれを，起源は説明困難であるものの，特別な種類のX線にすぎないと考えていたのである．ベクレルはウラン線がウラン化合物の特別なスペクトルと関係していると信じており，彼の観点からすればウラン線がほかの化合物からも放出されると考える理由はなかった．放射能が記事の見出しとなり，物理学者にとって大きな重要性を持つ現象となるのは，ようやくマリー・キュリーとピエール・キュリーがウランよりもはるかに放射能の強い物質を発見してからのことである．

　トリウムの放射能は1898年春に，マリー・キュリーとドイツのゲルハルト・シュミットによって独立に発表された．同年のうちに，マリー・キュリーとピエール・キュリーはウラン鉱石の中にこれまで知られていない二つの元素を発見し，これにポロニウムとラジウムという名前を提案した．異常なほど放射能の強いラジウムによって，放射能は大衆一般に知られるようになり，ベクレル線の研究における新しい刺激的な段階が始まった．ちなみに，「放射能」(radioactivity)や「放射性物質」(radioactive substance)といった用語は同じ年，1898年にマリー・キュリーによって最初に導入された．その後数年のあいだに，ヨーロッパと北米のますます多くの物理学者が放射能の研究に着手し，すぐに物理学でもっとも速く成長する領域の一つになった．「私は進み続けなければなりません．私の進もうとする道の上にはいつも多くの人々がいるのですから」と，1902年にラザフォードは母親に書き送っている．「競争に残るためには，できるだけ早く自分の仕事を出版しなければなりません．この研究街道で一番速いのはパリのベクレルとキュリー夫妻です．彼らはこの数年間に，放射性物質の問題について，実に多くの非常に重要な業績を挙げています」(Pais 1986, 62)．

　放射能に関する初期の研究は，主として実験的かつ探索的であった．どの物質が放射能を持つか？　それらは化学元素の周期律にどう当てはまるか？　放射性

物質から放たれる線は何なのか？　放射は物理的な変化や化学的な変化に影響を受けるか？　これらが物理学者が世紀転換期に取り組んでいた問題の一部であった――［いや実は］物理学者だけではない，というのは放射能は化学者の関心でもあったからだ．物理学者であれ化学者であれ，彼らのアプローチは現象論的で探索的であった．つまり，データの積み重ねと分類に集中していたのである．それは多大な混乱と袋小路の時代であった．たとえば，20世紀の最初の8年ほどのあいだは，すべての元素が放射能を持つと一般に信じられていた．結局のところ，その性質が少数の重元素に限定されていると信じることは困難であり，検出手段が未熟であったために［発見されていないだけで］，弱い放射能が実際どこにでも見つかるように思われたのである．

　放射能研究における多くのトピックの中では，この放射線の本性がもっとも重要なものの一つであった．1901年までに，この光線が複合的であり，異なる透過能を持つ3種類のものから構成されていることが確定していた．β線は，磁場によって容易に曲げられ，早々に速い電子であることが確認された．その一方で，中性のγ線はようやく（1912年頃に）X線に似た電磁波であることが発見された．α線の本性は謎を孕んでいた．初期の実験では，α線は電場や磁場によっては曲げられないために中性であることが示されており，これは特にラザフォードが短期間支持した見解であった．しかしながら，主としてモントリオールのマギル大学でラザフォードによって行われたさらなる実験によれば，この粒子は正に帯電しており，水素原子にも匹敵する質量を持っていた．1905年頃には，α粒子は2価のヘリウム原子He^{2+}であるという証拠が積み重なっていた．この仮説はラザフォードが1908年に，今度はマンチェスターで助手のトマス・ロイズと共同で行った実験で華々しく確証された．ラザフォードとロイズは，ヘリウムがラドンから放たれたα粒子から作り出されることを分光学的に証明したのである．α線の磁気による偏向のデータと合わせ，この同定によって問題は決着した．

　放射線の本性よりもはるかに重要だったのは，放射能が恒久的な現象ではなく，時間とともに減少する，という知見である．原子がある元素からほかの元素へと変化――変質――するという意味で，放射性物質はほかの物質へと変わるのである．これが，1902年にラザフォードと化学者フレデリック・ソディーによって提案された変換法則の基本的な内容であった．この法則によれば，原子は単に変質するだけではなく，ランダムに変質するのであり，このことは放射能を持つ

元素の本性のみに依存する，一定の崩壊定数（λ）を持つ変換によって表現される．もし最初に N_0 個の原子があれば，時間 t が経過したあとにはその数は $N(t) = N_0 \exp(-\lambda t)$ にまで減少する．ラザフォードが明確にしたように，このことは原子が崩壊する確率がその原子の年齢とは独立であることを意味する．これは非常に奇妙な現象であったし，いっそう奇妙なことに，1903 年にはラジウムから連続的に解放されるエネルギーが莫大なものであること（グラム・時間あたり約 1,000 cal）が発見されたのである．このエネルギーはどこからやってくるのか？　放射能が原子内の変化から生ずることを認めるのであれば，この変化の原因は何なのか？　このような理論的な疑問はほとんどの科学者に避けられたものの，それにもかかわらず正当な疑問であるとみなされてはおり，放射能の起源について思索することを好んだ物理学者や化学者もいた．J・J・トムソンの原子モデルに基づいた，ある広く受け入れられた仮説によれば，放射能は原子の内部配置の変化によって引き起こされるという．1903 年からは，この種の定性的な動力学的モデルが，トムソン，オリヴァー・ロッジ，ケルヴィン卿，ジェイムズ・ジーンズをはじめとする人々によってさまざまな形で提案された．ラザフォードは 1900 年に早くも同様のメカニズムを支持し，1904 年には，ベイカー講演において[1]，「放射−元素の原子は急速な運動をしている電子（β 粒子）と電子集団（α 粒子）からなっており，それら互いの力によって平衡状態に保たれているとしてよいだろう」と論じている．電子の加速によってエネルギーが放射され，このことは「原子の平衡状態を乱し，その構成要素の再配置か，あるいは最終的な崩壊かのいずれかをもたらすに違いない」(Kragh 1997a, 18)．ラザフォードはすぐに原子理論は放射能について決定的な説明を与えうる状況にないと結論を下しているが，彼もほかの研究者も放射能が原子内の動力学によって因果的に説明できるということは疑わなかった．実際，そうした不毛な試みは 1920 年代中盤まで続いたのである．

　我々は放射能が因果的説明の不可能な確率論的現象であること，確率論的な性質が崩壊法則によって表されることを知っている．このことはラザフォードとソディーによって 1902 年に曖昧な形で提案され，より完全には 1905 年にエーゴ

---

[1] ヘンリー・ベイカーの遺贈によりロイヤル・ソサエティが 1775 年から開始した賞およびそれに伴う講演．

ン・フォン・シュヴァイドラーによって論じられた．こうした観点からすれば，それにもかかわらずラザフォードやトムソンも含めた物理学者たちが原子内の変化に基づいた因果的説明を探し求めていたことは奇妙に思われるだろう．しかし，当時，放射能を因果的に説明することは原理的にできないと推測する理由はなかった．統計的理論は非因果性とは関係しておらず，むしろブラウン運動のようなほかの統計的現象と関係しており，そこでは，統計的性質は，原理的に，決定論的な微視的プロセスに分解されうるものだったのだ．

　力学的な基礎に基づいて放射能を説明できるような原子モデルを組み立てようという試みは成功しなかった．1910年までに，ほとんどの物理学者はこの問題を無視するか，あるいは現象論的な法則が力学的な説明よりも優先されるような実用主義的な態度を採用した．しかし放射能の統計的な性質は，原理的に因果モデルを否定しなければならないような，還元不可能な特徴としては解釈されなかった．そのような解釈は，量子力学とともに登場したのであり，このため，放射能を非因果的現象の最初に知られた例とみなすことは誤りとなるだろう．

ニセ放射線もろもろ

　放射能，X線，陰極線だけが1900年前後に注意を引きつけた放射線ではない．こうした有名な発見に続いて，いくつか［新種の］光線を発見したという主張が続いたが，それらは満足に確証できなかったし，実際には存在しない．しかし，こうした主張の中には，しばらくのあいだ多くの物理学者によって大きな興味でもって受け止められ，受容されたものもあり，それらは我々が今日「本物だ」とラベルを貼っている発見と同様に物理学の歴史の一部をなすのである．たとえば，「黒色光」を考えてみよう．これは1896年初頭にフランスのアマチュア物理学者グスターヴ・ルボンによって発表された．ルボンは心理学者にして社会学者であり，著名な科学者も何人か属していたパリのある知的サークルの重要メンバーだった．彼は石油ランプに照射された閉じた金属製の箱から，新しい不可視の放射が出てくるのを検出したと主張した．この放射は箱の内側の写真乾板に像を作り出すことができた．ルボンはさらに，彼の言うところの黒色光が磁場で曲げられないことを発見し，これはX線でも陰極線でもないと結論した．その後10年にわたって出版された論文や書籍の中で，ルボンは自分の発見を擁護し，黒色光を

用いた新しい実験を行い，そしてそれを，自分やほかの多くの人たちが信じていた物質の漸進的非物質化の現れであると解釈した（第1章も見よ）．ルボンの主張はほとんどの物理学者と化学者には冷淡に受け止められたが，科学文献において無視されたわけではない．1896年のパリ科学アカデミーでは，ベクレルのウラン線に関しては3本の論文が読み上げられたのに対し，黒色光に関しては14本の論文が読み上げられた．ルボンの主張に賛成する人の中には，アンリ・ポワンカレ，生物物理学者アルセーヌ・ダルソンヴァール，物理学者でのちのノーベル賞受賞者ガブリエル・リップマンらがいた．しかし，彼らのほかにもルボンの物質，電気，エネルギーについての思弁は興味深いと考えた科学者は幾人かいたものの，黒色光を支持する実験的証拠は説得的なものではないとみなされた．1902年頃には，このテーマは学術誌からは消滅した．

　1903年のN線の誤った発見は，黒色光の場合と共通する点をいくつか持つが，この実在しない光線の存在を確証したという主張がかなり多かったため，より注目に値するものである．ルボンとは反対に，ナンシー大学のルネ・ブロンドロは高名な実験物理学者であり，1903年の春に新しい放射が放電管から放出されたという結論に達した．このN線（Nはナンシー（Nancy）のN）は金属と木を通り抜けること，焦点を結ぶこと，反射，屈折，回折させることのいずれも可能であった．ブロンドロをはじめとするN線研究者は，多くがナンシーにいたが，すぐにこの光線がガスバーナー，太陽，白熱電球，ひずんだ金属，そして——もっともセンセーショナルなことに——人間の神経系からも放出されることを発見した．検出器としてブロンドロは，火花ギャップの明るさの変化，のちにはまた発光性の硫化カルシウムを塗ったスクリーンを用いるようになった．これらを使ってブロンドロはN線のスペクトルを調べ，この現象は複合的であること，異なる屈折率を持つさまざまな種類のN線が存在することを結論した．N線は存在しない．しかし20年ほどのあいだはこのことはまったく明らかではなかった．実際，少なくとも40人の人々がこの光線を「見て」，そしてブロンドロの主張を確証したのであり，このテーマについて1903年から1906年のあいだに出版された約300本の論文のうち，かなりのものがこの光線が存在することを受け入れていたのである．

　どうしてこんなことが可能だったのか？　答の一部が心理学的要因と，フランスの科学者共同体に特徴的な社会的構造に求められなければならないことに疑問

の余地はない．N線研究者の一人は若きジャン・ベクレル（アンリ・ベクレルの息子）であり，彼は何年も経ってから自分の初期の過ちを次のように説明している．「［N線の］効果を確かめるために用いられた方法は純粋に主観的で，反科学的でした．観測者を惑わせた幻想を理解することは簡単です．その光線が存在すると納得しており，そしてア・プリオリにしかじかの効果が発生しうるという考えを持っていれば，そうした方法を使うことによっていつだって期待した効果が見えてしまうものです．もしほかの観測者に観測を制御するように頼めば，その人も同じようにそれを見るでしょう（もし彼も納得していれば）．そして（納得していない）観測者が何も見なかったなら，彼は鋭敏な眼を持っていないのだと結論するのです」（Nye 1980, 153）．N線が実は心理-生理学的（かつ心理-社会学的）効果であったということは，またドイツのハインリヒ・ルーベンスやオットー・ルンマー，フランスのジャン・ペラン，アメリカのロバート・ウッドといった批判者たちが結論したところのものでもある．N線を疑うある人物が述べたように，ブロンドロの実験は「あまりにも微弱で，フランス国外の観測者は誰もそれを検出することができなかった放射」でもって行われていたのだった．批判が結びつき，またN線に関する新しい一貫した結果を出すことに失敗したため，1905年までには，この光線は存在しないという合意がなされた．ナンシーでは，この光線はもう数年のあいだ生き延びた．このエピソード全体は，のちに「病的科学」の一例とみなされるようになったが[2]，これは正当な特徴づけではない．N線の研究が発展してきた道程は，基本的には放射能や宇宙線物理学の初期の発展と異なるところがないのである．比較的多数の物理学者が，N線が存在すること，そのような信念を支持する理由があることを信じていた．しかし最終的には，その理由は十分に強いものではなく，ほかの実験とも矛盾するようになった．このエピソードは，科学における主観性と幻想の強さを例証するものであるが，同時に実験の批判的な繰り返しを通じて得られる客観性の強さも例証している．

　黒色光とN線は，1896年から1910年のあいだに報告された幾つかあるニセ放射線のうちの二つにすぎない．強い磁場中に置かれた陰極線管で生成された放射

---

[2]「病的科学」（pathological science）とはアメリカの物理学者・化学者ラングミュアの言葉である．詳しくは次を参照のこと．アービング・ラングミュア（ロバート・ホール編集）「病める科学」西尾成子・小島智恵子訳，パリティ編集委員会編『ボルツマン先生，黄金郷を旅す』（丸善，1994年），65-108頁．

は1850年代から研究されており，19世紀の終わりには，放出された磁気の塊のように振舞う新種の陰極線の証拠を生み出したと信じた物理学者もいた．これらの「磁気-陰極線」はかなりの興味を引きつけた．物理学者はそれが本当に新種の電気的に中性な放射であるのかどうか，通常の陰極線電子の運動によって説明できるのかどうかを議論した．著名なイタリア人物理学者アウグスト・リーギは，1908年，彼が「磁気線」と呼んだものの明白な証拠を発見したと考え，それを陽イオンに弱く結合した電子から構成された，［電気的に］中性のペアの流れとして説明した．1904年から1918年までのあいだに，磁気線について65本の論文が書かれ，そのうちの3分の2はリーギ，残りはほかのイタリア人物理学者によるものだった．N線をフランス線と呼ぶならば，磁気線はイタリア線と呼べる．イタリア人の論文のほとんどすべてが磁気線に関するリーギの見解を支持した一方で，イタリアの外で書かれた論文はどれもこの主張を受け入れなかった．論争は1918年に終わった．新しい実験により，リーギの主張が正しいことはありえないことが示されたのである．N線に関する主張が基礎を置いていた現象は偽物であったが，リーギの磁気線に関する実験は論争の的にされることはなかった．ただ彼の解釈だけが間違っていたのである．

　宇宙線についての報告も，最初はN線についての報告より確固としていたわけではなかった．大気中の自由イオンの測定は1900年頃に始まり，このときには大気中の自由イオンは，地球からであるか空気中の気体からであるか，いずれにせよその起源は放射能にあると一般に信じられていた．地球外起源という可能性についてもときどき考察されたが，しばらくのあいだは，そのような結論を保証するには測定が不確実にすぎた．もし大気中の放射の起源が地球であれば，その強度は高度とともに減少するだろう．もし起源が宇宙であれば，それは増大するだろう．1910年頃に行われた実験は——あるものは気球で，あるものはエッフェル塔の頂上で行われた——混乱をもたらしただけだった．ある測定によれば高度に伴う検出可能な変化は示されなかったが，ある測定によれば減少が，またある測定によれば増大が示されたのである．1912年になってようやく，オーストリアの物理学者ヴィクトール・ヘスが高度5,350mまでの気球飛行で，より信頼できる結果を得た．放射の強度は最初減少するが，その後1,500m以上の高度では高度が増すとともに顕著に増大しはじめることを彼は発見した．ヘスは，「非常に高い透過能力を持つ放射が，上方から我々の大気に入ってくる」(Xu and

表 3.1 1895 年から 1912 年までの発見の主張と，1915 年のそれらの状態

実体	年	科学者	1915 年の状態
アルゴン	1895	レイリーと W・ラムジー	認められた
X 線	1896	W・レントゲン	認められた
放射能	1896	H・ベクレル	認められた
電子	1897	J・J・トムソン	認められた
黒色光	1896	G・ルボン	否定された
カナル線	1898	W・ヴィーン	認められた
エーテル粒子	1898	C・ブラッシュ	否定された
N 線	1903	R・ブロンドロ	否定された
磁気線	1908	A・リーギ	疑わしい
モーザー線	1904	J・ブラースと P・チェルマーク	再解釈された
正電子	1908	J・ベクレル	再解釈された
宇宙線	1912	V・ヘス	不確定

注：カナル線，すなわち陽極線は，1886 年にオイゲン・ゴルトシュタインによって陰極管中において同定され，電荷が正の気体イオンからなることがわかった．エーテル粒子は純粋にエーテルだけからなる化学元素の名前であり，チャールズ・ブラッシュが発見したと主張したものである．モーザー線，すなわち金属線は，はじめ 1847 年に L・F・モーザーによって提唱され，光を照射された金属をはじめとする物質から生じる光線であると信じられたことがあった．この現象は現実には光化学的・電気化学的であると説明された．

Brown 1987, 29）と結論した．この結論はドイツのヴェルナー・コールヘルスターによって確証された．彼は 1913 年から 14 年に，気球を操って最大 9,300 m の高度まで到達した．こうした測定によって，未知の性質を持つ透過的な宇宙放射の存在は確立されたが，この放射が実在するとほとんどの物理学者が納得するにはもう 10 年かかった．ミリカンが 1922 年から 23 年に無人の気球を飛ばしたときには，ヘスとコールヘルスターの結果を確証できず，［問題となっている］透過的な放射が存在しないと結論している．2 年後にはしかし，彼は非常に透過能力の高い放射を発見し，「宇宙線」（cosmic ray）という用語を造ったのだが，その報告ではヨーロッパで得られた以前の結果に言及しそこねている．アメリカでは，この放射線はしばしば「ミリカン線」と呼ばれ，ミリカンはこれに異議を申し立てなかった．しかし結局，ヘスがこの放射の真の発見者として認知され，1936 年に彼はその発見に対してノーベル賞を受賞した．表 3.1 は，1895 年から 1912 年のあいだになされた主な発見の主張をまとめたものである．

トムソン以前の電子

　1897 年は電子の公式の誕生年だとされているが，J・J・トムソンがその粒子をその年にちょうど発見したと主張するのは単純すぎる．電子は，興味深く複雑な前史を持ち，それは 19 世紀前半にまで無理なく遡ることができる．大陸で好まれた電気理論の見解によれば，物質は瞬間的な相互作用をしている電気的粒子から構成されているか，あるいはそれを含むものだとされていた．電気と磁気に対するこうしたアプローチは 1830 年代のアンドレ＝マリ・アンペールとオッタヴィアーノ・モッソッティにまで遡り，萌芽的な形式では早くも 1759 年，ロシアの科学者フランツ・エピヌスの仕事にも見出せる．のちに 19 世紀には，それはドイツの物理学者によって大きく発展させられ，その中にはルードルフ・クラウジウス，ヴィルヘルム・ヴェーバー，カール＝フリードリヒ・ツェルナーも含まれていた．彼らの理論では，その仮説的な電気的粒子は物質とエーテル双方の基本的構成要素であると考えられた．この点で，この粒子はのちの電子と対応する．1850 年代以後には，ヴェーバーをはじめとする物理学者は，電荷 $+e$ と $-e$ を持つ正負の単位粒子から物質とエーテルのモデルを構成しようと試みた．ここで e は未知の単位電荷である．しかし，マクスウェルの場の理論（ここでは電気的粒子に居場所はない）が人気を得るにつれて，この理論はほとんどの物理学者に放棄されることとなった．

　電子の現代的概念のかなり異なる起源は，マイケル・ファラデイの電気分解の法則の粒子的解釈，特にアイルランドのジョージ・ジョンストン・ストーニーとドイツのヘルマン・フォン・ヘルムホルツによって述べられたものの中に見られる．1874 年，ストーニーは単位電荷として「エレクトリン」(electrine) なるものを提案し，1891 年には原子の単位電荷の尺度として「電子」(electron) を導入した．ストーニーと独立に，ヘルムホルツは 1881 年のファラデー講義において「電気の原子」が存在するとする理由について論じた．ストーニーとヘルムホルツの電子は，正の電荷でも負の電荷でもありえるし，のちの電子概念とは異なり，すべての形態の物質に内在する粒子というよりはむしろ，電気の素量として捉えられていた．しかしストーニーは，いくつかの著作においては，「電子」を電気分解だけでなく光の放出にも関係づけていた．1891 年には，分子や原子中で回転する電子がスペクトル線の原因かもしれない，と提案している．これはのちの

電子論の理論家に受け入れられた考えと非常に近かった．

　三つめの見解は，1890年代前半に，最初オランダのヘンドリック・A・ローレンツとイギリスのジョセフ・ラーモアによって導入された「電子論」との関係において生まれた．（ローレンツの理論とラーモアの理論とは多くの点で異なっているが，我々の目的のためにはその違いは無視してよい．）ほかの見解とは異なり，ローレンツ-ラーモアの電子は電磁場の理論の一部であり，連続体エーテルにおける構造であると考えられていた．この粒子的な構造は通常「荷電粒子」（charged particle）あるいは「イオン」（ion）と呼ばれていたが，1894年，ラーモアは自分の理論に，ストーニーの用語である「電子」を電磁エーテルにおける特異点を示すものとして導入した．名前が何であれ，ローレンツとラーモアによって導入された概念は，当初は高度に抽象的な存在であり，それ自身は実在的で観測可能な粒子としては必ずしも現れないものだった．彼らの荷電粒子は電荷と質量が特定されず，原子内部のものだとは通常は考えられていなかった．ラーモアの電磁的電子は，第一に，エーテルにおける自由な構造であったのだが，1894年ごろからは彼は電子を，正負いずれかに帯電した，物質の始原的構成要素であるとも考えはじめた．たとえば1895年にラーモアは，「分子〔原子〕は回転する電子の安定な配位から構成されているか，あるいはそれを含んでいる」（Larmor 1927, 741）と提案している．電磁的電子は原子理論にも入り込んでいたが，この時点ではそれはただ曖昧な仕方によっていたのだった．1896年までは，上に述べた三つの電子に対するアプローチのどれも，電気分解によって定められたイオンの比よりもはるかに大きい比電荷（e/m）を持つ粒子を扱ってはいなかった．

　1896年，ピーター・ゼーマンによる，光の振動数と偏光に対する磁気の影響の発見とともに，電子の捉え方に大きな変化が起きた．ゼーマンはナトリウムの黄色いスペクトル線が広がることを観測した．この結果は，理論によって予測されていなかっただけでなく，ローレンツとラーモアの電子論に結びついていた光の放出の理論に矛盾するとも思われた．ゼーマンがその結果をローレンツ（ゼーマンの元教師であり，そのときはライデン大学における同僚であった）に報告したとき，ローレンツはこう答えた．「それはとてもまずそうだ．予測されることとまったく一致していない」（Arabatzis 1992, 378）．しかしこの，最初は深刻な変則事例と思われたことは，すぐに電子論の輝かしい確証へと変貌した．ローレンツによれば，光の放出の原因は振動する「イオン」である．ゼーマンの発見を突きつ

けられたとき，ローレンツはある単純な場合において，磁場が光源に作用したときの効果がどのようなものであるはずかを計算した．結果は，元の［線幅が］鋭い振動数［のピーク］が二つまたは三つの振動数に明確に分かれ，イオンのe/mに依存して広がるというものであった．ゼーマンが観測したのは，線がぼやけることであり，分かれることではなかったのだが，ローレンツの予測に導かれ，のちの実験で別々に分かれた線を発見した．さらに，観測された広がりから，非常に大きいe/mの値がローレンツの理論から導かれた．それは，10^7 emu/gのオーダー，すなわち水素に対する電気分解に基づいた値の1,000倍であった．（1 emu, すなわち1電磁単位は，10クーロンに等しい．）ローレンツの最初の反応は，この値を自分の理論にとって「実にまずい」とみなすというものであったが，いまや彼は，もしイオン振動子（電子）がこの大きいe/m比を持つのであれば，理論と実験が調和しうるということを認識したのである．もう一つ重要な結果もローレンツの解析から導かれた．すなわち，観測された偏光成分から，振動子の電荷が負であることが要請されたのである．

金属の電気伝導度や光学的性質のような現象とともに，ゼーマン効果によって，ローレンツをはじめとする人々は，より限定された明確な電子の概念に至った．電子はいまや次第に，原子より小さく，負に荷電した粒子で，水素イオンの数値よりも1,000倍ほど大きな比電荷を持つものであるとみられるようになった．この大きな値は，［電子が］非常に大きな電荷を持っているか，非常に小さな質量を持っていること，あるいはこの二つの何らかの組み合わせを意味していた．ゼーマンの発見の前に，ラーモアは電子に対して水素原子に匹敵する質量を与えていた．この発見の後，そしてJ・J・トムソンの実験の少し前に，ラーモアは電子が水素原子よりも非常に小さいとしても構わないと考えるようになった．数ヶ月のうちに，この問題全体は新しい光のもとに曝されることとなった．その光とは，陰極線に関する実験的研究から得られた結果のことである．

最初の素粒子

すでに見たように，J・J・トムソンが1897年にかの著名な実験を行ったときには，電子というものは，仮説的であるかもしれないが，よく知られた存在だった．しかし，このことは，ローレンツをはじめとする人々が理論的に予測したも

のをトムソンが実験的に発見したということを意味するのではない．トムソンの粒子は最初，初期の見解にあった電子とは異なるものだと考えられ，そして［電子に関する］さまざまな描像が電子の単一かつ統一的な概念へと収斂していくには数年かかったのである．

　陰極線の本性をめぐる問い——それは粒子なのか，それともエーテル中のプロセス［波動］なのか——は，1896年，レントゲンによる［X線の］発見が陰極線を有名にするまでは，イギリスではあまり議論されなかった．トムソンをしてこの問題を取り上げさせたのは主としてこの発見であった．そして，X線に続いたのは放射能だけではなく，より間接的な仕方ではあるかもしれないが，電子もまたそうであったということが言えるだろう．陰極線が粒子であると確信したトムソンは，その速度と e/m の値を測定することにした．最初の一連の実験では，彼はこの二つの量を，磁気による偏向と，陰極線の運動エネルギーを測定する熱量学的（熱電気的）方法とを組み合わせることで測定した．実験によれば e/m の値は，陰極の物質にも管の中の気体［の種類］にも依存しなかったので，彼は陰極線粒子が，普遍的で原子内部にある物質の構成要素であると提案した．当時，彼はヘルツの実験（この実験は粒子仮説に反対する論拠であった）をまだ打ち砕いてはいなかった．しかしこのことでトムソンが悩むことはなかった．というのは，放電管が十分に真空にされていないためにヘルツの実験は失敗しているということ，そして偏向が観測されなかったことは残留気体における伝導性の結果であるとトムソンは確信していたからだ．

　トムソンが自身の主張を，高真空の管において静電的に陰極線を偏向させることによって証明したのは，のちの実験においてである．陰極線を磁場と静電場が交わる中で操作することで，トムソンは e/m を決定するための別の方法を手中に収めた．彼が得た結果は，もとの方法による結果と一致した．1897年10月に『フィロソフィカル・マガジン』に出版されたその有名な論文で，トムソンは陰極線の本性と意義に関する自分の以前の結論を繰り返し，また拡張している．最初に，彼は e/m が 10^7 emu/g のオーダーであることを発見した．このことを，トムソンは当初小さい質量と大きい電荷との組み合わせの結果であると解釈したが，すぐに考えを変え，その電荷は電気分解の単位電荷に等しいと論じた．これは，陰極線粒子の質量は水素原子の質量よりも1,000倍ほど小さいということを意味する．二つめに，トムソンは大胆にも，その粒子がすべての物質の構成要素，す

なわち長きにわたり探し求められてきた原質である，とわずかな証拠から仮説を立てた．「これは多くの化学者が好んで心に抱いてきたものである．」トムソンは，原子が陰極付近の強い電場においては分解すること，すなわち（陰極ではなく）気体の原子がその構成要素である「始原的原子」（彼は「簡潔さのため，これを微粒子（corpuscle）と呼ぼう」と述べている）に分裂する，と提案した．トムソンにとって，陰極線の本性を解明することは，主として原子理論の文脈において重要であった．「我々は陰極線において，物質が新しい状態にあるのを見出す．この新しい状態においては，物質の分割が通常の気体状態におけるよりもはるかに進んでいる．そしてその状態では，すべての物質は……一つの同じ種類のものである．この物質は，すべての化学元素がそこから構成されるような実体である」(Davis and Falconer 1997, 169).

微粒子の普遍性についてのトムソンの主張は，乏しい実験的証拠しかない大胆な仮説であった．それは実験から帰納的に導かれる結論といったものからはほど遠かったが，トムソンはそれをよく練り上げていた．多年にわたり，彼は「多くの化学者」と似た考えを受け入れていた．彼の 1897 年の原子内部の微粒子と，それよりもずっと以前に彼が受け入れていた渦原子理論とのあいだには顕著な類似性が認められる．トムソンは，e/m を測定する最初の実験までの 1 年足らずという時期に，X 線の吸収についての議論の中で，「このことは，さまざまな元素がいくつかの始原的元素からなる合成物であるというプラウトの考えを支持するように思える」(Thomson 1896, 304) と述べている．着想に関する限りは，トムソンによる発見の主張や微粒子の概念は，当時の電子論にあまり負うところはないように思われる．ウィリアム・プラウト，ノーマン・ロッキャー，クルックスのほうが，ラーモア，ゼーマン，ローレンツよりも重要なのであった．原子よりも小さい電子というゼーマン–ローレンツの結論は，トムソンの見解と一致するが，それに大きな影響を与えたわけではない．

トムソンはその始原的粒子を「微粒子」(corpuscle) と命名した．「電子」(electron) という名前はすでに使用されており，電子論は理論物理学の流行の一分野となりつつあったのだから，なぜ彼はその粒子をその［「電子」という］名前で呼ばなかったのだろうか？ 簡単に言えば，トムソンは自分の粒子をローレンツ–ラーモアの粒子と同一であるとは考えなかったのであり，違う名前を選択することでその違いを強調したのだ．トムソンによれば，陰極線粒子はエーテル的なも

の——電子論の理論家たちが信じていたような，物質のない電荷——ではなく，荷電した物質的な粒子，化学的な性質を持つプロト原子（proto-atom）である．1897年10月の論文では，トムソンは微粒子の物質について「直接的な化学的研究」の対象とする可能性について簡潔に論じているが，陰極線管内で生成される微粒子の物質の量があまりにも少なすぎるという理由で否定している．微粒子と自由電子の同一視は，トムソンが自身の発見を発表した直後に，ジョージ・フィッツジェラルドによってはじめて提案された．フィッツジェラルドに特徴的なのは，この再解釈が，「電子が原子の構成要素であることも，我々が原子を分解させることも，したがって我々が錬金術師と同じ轍を踏むことも意味しない」（Falconer 1987, 273）がゆえに，利点を持つとみなしたことである．しかし，それこそがトムソンが想定したことであった．彼によれば，原子は単に微粒子から構成されているのみならず，微粒子に分解されうるのであった．

トムソンが電子の発見者として讃えられるのは，次の理由による．一つには，彼は微粒子が原子よりも小さい物質の構成要素であると提案したからである．この提案にいくらか実験的証拠を与えたからでもある．そして彼の同時代人や後の物理学者がその主張を受け入れ，それに実質を与えたからでもある．トムソンは単純に陰極線のe/mの値を測定することによって電子を発見したのではない．同種の，トムソンのものよりも正確な実験は，同じ頃にドイツのエーミール・ヴィーヒャートとヴァルター・カウフマンによって行われていた．ヴィーヒャートの最初の結果は$e/m=2\times10^7$ emu/g であり，カウフマンは最初におよそ10^7 emu/g という値を得たが，のちに同じ年のうちに1.77×10^7 emu/g という値にまで結果を改善した．トムソンによる値の平均は0.77×10^7 emu/g であったが，これを現代の値1.76×10^7 emu/g と比べてみるとよいだろう．トムソンと同様，カウフマンも陰極の物質や管の中の気体を変えてはみたものの，カウフマンはそのデータから，陰極線が粒子であるという提案をすることはしなかった．ヴィーヒャートはそのような提案をしたものの，ケンブリッジの同業者［トムソン］と同じ大々的な一般化は行わず，物理学の歴史におけるもっとも重要な発見の一つを逃すことになった．

微粒子あるいは電子というトムソンの考えは，広範囲にわたる現象の研究から，すぐに確証されることとなった．トムソンによって示されたe/mの値に近い値を持つ電子が，光電効果，β放射，熱電子現象において検出され，また磁気光学，

金属伝導，化学反応からも結論された．電子の質量をめぐる問いを決着させるためには，その電荷が決定されねばならなかった．これは，19世紀の終り頃にトムソンとキャヴェンディッシュ研究所の彼の助手たち，特にチャールズ・T・R・ウィルソンとジョン・タウンゼンドによって行われた．1899年までには，彼らは電気分解における水素の電荷に非常に近い値を得た．それは水素原子よりも700倍小さい電子の質量に対応するものだった．同じこの短期間に，電子の概念は安定化し，世紀が変わる頃までに，微粒子と電子の同一視は一般に受け入れられ，トムソンが当初この同一視に抵抗したことは忘れ去られた．ほかの物理学者が電子と呼んでいたものに対して，トムソンは「微粒子」という用語をほとんど一人きりで用いた．当時，彼はこの粒子の質量が電磁的なものであると考えていたが，このことは電子についての一致した見解を形成するのに役立った．電子は成熟した粒子となった．しかし，将来にはまだほかの変化が待っていた．

1896年から1900年のあいだの出来事の一つの重要な結果は，正の電荷と負の電荷のあいだの非対称性が一般に受け入れられたことである．ゼーマンの電子は負電荷であり，トムソンの微粒子も同様であった．初期の電子論における正の電荷は仮説上の粒子となり，20世紀に入ってまもなく放棄された．正の電子が存在する証拠を発見したと主張する物理学者も少数ながらいたが，しかし彼らの主張は特に真剣に受け止められることはなかった．ノーマン・キャンベルは1907年に『現代の電気理論』の中でこう書いている．「電気に関する最近の研究で確立されたものが一つあるとすれば，それは正の電気と負の電気のあいだの根本的な差異である」(Kragh 1989b, 213)．要するに，20世紀初頭の電子は負に荷電していたのであり，水素原子の約1,000分の1の質量を持っていた．この質量は部分的に，あるいはその全体が，電磁的な起源に由来すると信じられていた．電子は自由に存在することもあれば物質に束縛されていることもあり，そしてすべての原子の構成要素であると認識された——それもおそらく，唯一の構成要素であると．

文献案内

X線・放射能・電子の歴史，ならびに原子物理学・核物理学・素粒子物理学のその他の側面は

Pais 1986 の中で記述されている．それほど詳しくはないが非常に読みやすい解説は Segré 1980［邦訳 1982 年］で見つけられる．放射能の発見に至るベクレルの道筋については Martins 1997 を，放射能の起源を説明しようとする初期の試みに関しては Kragh 1997a を参照のこと．電子の発見は Falconer 1987, Feffer 1989, Dahl 1997, Davis and Falconer 1997 で扱われており，最後の著作はトムソンの論文のリプリントを多数収める．Arabatzis 1996 はその複雑な発見史をまとめており，【Arabatzis 2006 では 1930 年頃までの電子の歴史についての哲学的な視点が提供されている】．黒色光と N 線の擬似発見は Nye 1974 および 1980 で検討されている．磁気線については Carazza and Kragh 1990 を，宇宙線の発見については Xu and Brown 1987 と De Maria, Ianniello, and Russo 1991 を参照せよ．【宇宙線物理学の初期の歴史については Walter and Wolfendale 2012 も見よ．】[3]

---

3) 本章に関連する重要な原論文の多くが，物理学史研究刊行会編『物理学古典論文叢書 7 放射能』（東海大学出版会，1970 年）および『同 8 電子』（1969 年）で邦訳されている．

第4章

原子構造

トムソン原子

　原子の構造についての思弁的アイディアならば電子の発見の数十年前にも認められるが，この新しい粒子とともにはじめて，原子のモデルがより現実的な地位を獲得することになった．電子が物質の建築材料だと一般に受け止められ，そのことからただちに，原子内部の最初の詳しいモデルが導かれたのである．J・J・トムソンの重要な「プラム・プディング」モデルは，正に帯電した流体によって平衡地点に保たれた電子から構成されるもので，1897年の論文ではじめて表明された．しかしそれは何年も前になされた仕事に負うものだった．

　重要な出発点の一つは渦原子理論だった．それによれば，原子はどこにでも浸透している完全流体中の渦として捉えられた．もう一つの出発点だったのはアメリカの物理学者アルフレッド・M・メイヤーが1878年に行った実験である．等しく磁化されて水に浮かんでいる針たちを，中心にある電磁石の引力下に置いたところ，針が同心円上で平衡位置を取ることにメイヤーは気づいた．ケルヴィン卿（当時はまだウィリアム・トムソンである）はすぐに，この実験が渦原子理論に対してよいアナロジーを提供してくれると悟った．このアナロジーは若きJ・J・トムソンによって1882年のアダムズ懸賞論文で取り上げられ，その中でトムソンはケルヴィンの渦理論を数学的に非常に詳しく取り扱った．この研究で，トムソン（以下，「トムソン」はJ・Jのことを指す）は，円周上に等間隔で配置された多数の渦の安定性を理論的に検討した．8個以上の渦に対しては，計算がたいへん複雑になるので，メイヤーの磁石の実験を参照して手引きとした．トムソンは要素たる渦が等しい強度を持つと仮定したのだが，これは計算を単純化しただけでなく，物質の一元的な理論に対する彼の嗜好にも適っていた．トムソンの1882年の渦の配置と後年の電子の配置とのあいだには，明らかな類比がある．

トムソンはほかの大部分の物理学者と同様，1890年頃には渦原子理論に見切りを付けていたものの，彼にとってそのアイディアは魅力的であり続けた．1890年には元素の周期律を渦原子モデルに結びつけ，円柱状の渦の配置と化学元素において見られる規則性とのあいだの示唆的な類似を指摘した．「あらゆる元素の分子〔原子〕が同じ始原的原子〔素粒子〕からなると想像し，原子量の増加がそうした原子の数の増加を示していると解釈するなら，その場合，この見方によれば，原子の数が連続的に増加するにつれて，構造における何らかの特性が繰り返し発生するであろう」(Kragh 1997b, 330)．明らかに，トムソンには電子の発見より何年も前から，原子を根源的要素の複合的な系として捉えようとする傾向があった．

　1897年10月の論文で，トムソンは，原子が多数の粒子（電子）からなっており，ことによると中心力によって一緒になっているのではないかと示唆した．メイヤーの実験に依拠しつつ，電子配置が環状構造をしていて，そうした配置が周期律を説明するのではないかと述べたのである．この最初のバージョンのトムソン・モデルでは，原子はただ電子と「穴」の集合体として描かれただけであり，そのため，電子間のクーロン力を仮定した場合に原子が爆発しないようにするための引力がまったくなかった．2年後，トムソンはより決定的な仮説を提示し，原子のトムソン・モデルとしてやがて知られるようになるものをこの中で明示的に定式化した．「私は原子を，微粒子と呼ぶさらに小さな物体を多数含むものとみなしている……通常の原子においては，この微粒子の集まりは電気的に中性の系を形成している．個々の微粒子は負のイオン〔電荷〕のように振舞うのであるが，しかし中性の原子内に集められたときには，その負の効果が何物かによって相殺される．その何物かによって，微粒子の拡散している空間が，あたかも微粒子上の負電荷の総計に等しい正電荷を持っているかのように振舞うのである」(Kragh 1997b, 330)．トムソンがこのアイディアを定量的なモデルへと展開しはじめたのはようやく1903年で，ケルヴィン卿により提案された，やや似ているモデルのことを詳しく知るようになってまもなくのことであった．

　古典的なトムソン原子モデルのエッセンスは，1904年から1909年までの本や論文で提示されたところでは，次の通りである．単純化のために，トムソンは自分の分析を，正の電気を持つ一様な球から〔その大きさが中心からの距離に比例するという意味で〕弾性力を受けている，平面上に拘束された回転する電子円環に

ほぼ限定した．直接的な計算によって，トムソンは平衡配置の力学的安定性を検討し，安定でないものを除外した．トムソンの入り組んだ安定性計算は，20年以上前の渦原子研究で使っていたものとよく似ていた．複雑な計算を，トムソンは多数の電子に対する近似的な方法で補完した．それで示されたのは，電子が一連の同心円環内に，一つの環の中の粒子数が環の半径とともに増加するようにして，配置されているだろうということであった．トムソンの1904年の平衡配置の例は，[電子総数] $n=37$ に対して [それぞれの円環に] 1，8，12，16個，また $n=56$ に対して 1，8，12，16，19個だった．加速している電子は電磁エネルギーを放出するだろうから，トムソンは，自分の原子が放射的に不安定で崩壊したりしないということを確かめる必要があった．ラーモアによって1897年に導き出された公式を適用することで，トムソンは放射が円環中の電子数の増加とともに劇的に減少し，したがって，実際上はたいてい無視できると示すことができた．本来のトムソン原子は力学的にも，放射的にも，安定だったのである．

トムソンは自分の平面モデル原子を球状モデルに一般化する必要があるとわかってはいたものの，そうした拡張が要求するであろう超人的な計算に取り組む理由はまったく見当たらなかった．結局のところ，現実の原子の中にある電子の数は不明で，それゆえ元素の物理化学的性質との詳しい比較など問題外だったのである．このモデルは間違いなく1904年から1910年までの時期においてもっとも人気のあった原子モデルであり，その当時多くの物理学者は，原子の実際の成り立ちのよい近似だと考えていた．1909年のゲッティンゲンでの講義で，マックス・ボルンはそれを「輝く原子の偉大な交響曲のピアノ版のようなもの」だと称賛した．ラザフォードとローレンツもこのモデルを魅力的と考えて自らの研究の中で利用した．モデルの魅力的な特徴というのは，特にその一元論的性格と関係していた．それはあらゆる物質を電子に還元することを約束しており，電磁気学的世界観に合致していたのである．さらに，トムソンの計算はこのモデルに相当の数学的権威をもたらした（もっとも大部分の物理学者は電子配置の詳細にほとんど注意を払わなかったのだが）．しかしながら，経験的信憑性ということになると，このモデルはさほど印象的でなかった．定性的に，かつ曖昧に，放射能，光電気，分散，光の放出，通常ゼーマン効果，そしてとりわけ周期律といった現象を説明することはできた．加えて，多くの化学的事実に光を当てることを約束しており，この理由で，多くの化学者に人気があった．しかしほとんどの場合，その説明は，

第4章　原子構造　63

モデルの細部に基づく演繹というよりは，示唆的な類推だったのである．

　トムソン・モデルが概念的にも経験的にも問題含みであるのは当初から明白だった．一つの弱点は，摩擦もなく質量もなく究極的には電子の対応物の表れであると想定された，正の電気であった．トムソンがオリヴァー・ロッジに宛てて1904年に書いたように，「独立の実体としての正の電荷抜きで済ませて，それを粒子の何らかの性質で置き換えられるようにしたいと常々望んでいます（まだ実現されてはいませんが）……正の帯電は究極的には表に現れるだけのものだとわかり，いま私たちがそれに帰している効果を素粒子の何らかの性質から得ることができるだろうと，皆そう感じているように思います」(Dahl 1997, 324)．トムソンは正の電気を付帯現象として説明することには一度も成功しなかった．反対に，各種の実験的証拠から，電子の数は原子量と同じくらいだと1906年に結論し，その結論がすぐに一般に受け入れられた．続く数年間には，増え続ける証拠から，電子の数はずっと少なく，もしかすると周期律の番号に対応するのではないかという示唆がなされた．これは居心地の悪い結論だった．というのは，そうすると正の球が原子の質量の大部分を説明しなければならないが，これは質量の電磁気学的概念と矛盾したからである（電磁慣性は電荷の半径に反比例して変化するので，原子程度の大きさの物体に対しては無視できた）．電子の数についてのトムソンの見積もりを，ロッジが「これまで物質の電気的理論に加えられた中でもっとも深刻な打撃」と呼んだのも，不思議ではなかった．

　電子の数の少なさは電磁気学的物質観にとって問題だっただけでなく，とりわけ，トムソン・モデルの信憑性にとっても問題であった．1904年には，トムソンは自分のモデル原子と実際に存在する原子とのあいだの正確な符合を必要としていなかった．というのも，もっとも軽い原子にすら数千の電子があるのでは，そのような符合を打ち立てられそうな手立てがまったくなかったからである．［ところが］1910年頃には，水素原子は一つの電子しか含んでおらず，ヘリウム原子は二つか三つか四つの電子を含み，などなどと信じるに足るだけの理由があった．このことは，トムソンのモデルの計算がいまや実際の元素の化学的・物理学的性質と突き合わせられるということを意味した．もっとも軽い元素の場合，電子の数が多すぎるとか，3次元の計算が技術的に可能でないとかいったことはもはや言えなくなった．トムソンは問題など存在しないかのように事を続けたけれども，望んでいたモデルと実在との対応が，とうてい存在していないのは明ら

かだった．

　より経験的な性格を持つほかの問題もあった．とりわけ，トムソンのモデルは人為的な仮定抜きでは，バルマーの法則のような，スペクトル線から知られていた規則性を説明できなかった．実のところ，ほとんどのスペクトルが問題を提起しているように思われた．というのも，トムソンによれば光は電子の振動によって放射されるのであり，このことは，電子の数が観測されるスペクトル線の数と同じオーダーでなければならないということを要求したからである．多くの金属スペクトル中に見つかる数万本の線を，どうすれば100個ないしそれより少ない数の電子の振動に基づいて理解できるというのだろうか？

　新たな実験がトムソン原子の問題に付け加わった．トムソンは β 粒子の散乱を，多重散乱を仮定することで，つまり観測される散乱は原子内電子での多数の個別散乱が集まった結果であると仮定することで説明していた．これに基づいて，なんとか実験データをかなり満足に説明できたのである．しかしトムソンの散乱理論は，α 散乱の実験結果と突き合わせてみると失敗だった．一方で，これはラザフォードの有核原子のアイディアによってうまく説明された．このため，α 散乱の実験は二つの原子構造理論の決定的なテストだと伝統的にみなされている．しかしながら，トムソン原子の終焉を，単純にマンチェスターでの α 散乱実験の結果と考えるのはミスリーディングだろう．理論というものは，何らかの実験の説明に失敗したからというだけでは否定されない．トムソンの原子理論の否定はゆるやかなプロセスだった．そのあいだに変則事例が積み重なり，モデルが満足いく状態には発展しえないことが次第に明らかになっていったのである．1910年には——ラザフォードがその有核原子を提案する以前に——トムソン・モデルは活力を失い，ほとんどの物理学者からもはや魅力的とは思われなくなっていた．エーリヒ・ハース（1910年）やルートヴィヒ・フェップル（1912年）を含む数人がそのモデルの研究を続けたが，そうした研究は主に数学的で，実験家によって研究されていた現実の原子とは何の関わりも持たなかった．1910年の論文で，オーストリアの物理学者ハースは，プランク定数をトムソン水素原子の大きさに関連づけることを提案した．かなり恣意的な仮定を用いて，ハースはプランク定数とリュードベリ定数を原子のサイズと電子の質量および電荷によって表す公式を得た．そのモデルは量子論を原子構造に適用する最初の試みだったのだが，ハースのアプローチは本質的には古典的であった．量子論によって原子の構造を

説明するというよりも，原子の理論によって作用量子を説明したかったのである．

1913年の第2回ソルヴェイ会議の席で，物理学者たちはトムソン原子モデルの白鳥の歌[1]を聴いた．トムソンが，適切に修正されたモデルを利用して，実験によって示された光電子のエネルギーと入射光の振動数とのあいだの線形関係と，それから α 散乱を，両方とも説明しようとしたのである．正に帯電した球の電荷密度は中心から減少していくと仮定し，ほかにいくつものアド・ホックな仮定をすることで，トムソンは，プランク定数が電子の電荷と質量で表されるような光電効果の法則を得ることができた．しかしながら，その手続き全体があまりにアド・ホックで人工的だったため，聴衆には以下のようなものとしか思われなかったに違いない——かつては有用だった原子モデルを救い出し，量子論の非古典的性格を回避しようとする最後の試み，と．ブリュッセルに集まった物理学者のうち，トムソンの原子が生き延びるに値すると信じた者は，いたとしてもごくわずかであった．

別の初期原子モデルたち

トムソンのモデルは，20世紀最初の10年間できわめて重要な原子モデルであった．だが，そのモデルが唯一というわけではなかった．物質の普遍的構成要素として電子を捉えるという認識によって，物理学者たちはさまざまなモデルを提案するよう促されたが，それらのモデルのほとんどは短命であり，また思弁にすぎないものもあった．これらの原子モデルが生まれ，議論されたのはたいていイギリスにおいてだった．ヨーロッパや北米では，原子構造への関心は限定的だった．すべてのモデルに共通していたのは，電子を含んでいることであった．また，各モデルを分け隔てるのは，必要な正電荷をどのように配置するかの提案だった．正電荷の流体球の中に電子を置くというトムソンのモデルは，1901年にケルヴィンによっても独立に提案された．ケルヴィンのモデルは，トムソンのモデルと一見したところ共通点が多かったが，トムソンのものより定性的で，電子の近代的概念を取り入れてはいなかった．ケルヴィンは，自身の負電荷の粒子を「エレ

---

1)「白鳥の歌」（swan song）とは，白鳥が死ぬ間際に非常に美しい歌を歌うという伝説から，最後の作品や絶筆のことを指す．

クトリオン」（electrion）と呼ぶことを好んだが，これはもしかしたらトムソン，ローレンツ，ラーモアの電子と区別するためであったのかもしれない．年老いたケルヴィンは，1902年から1907年にかけての論文で，そのモデルを，放射能を含むさまざまな現象に適用した（彼は1907年に83歳で死去した）．彼が信じるところによれば，放射能は，何らかの外的作用——おそらくエーテル波だろう——によって引き起こされる．ケルヴィンが満足したことには，自分のモデルに非クーロン力を導入することにより，放射能が原子に蓄えられたエネルギーであるという「まったくありえない」結論は回避することができた．イギリスのほかの物理学者たちは，ケルヴィンの考えを丁重に無視した．

ケルヴィン-トムソン・モデルは，ロッジが1906年の著書『電子』の中で挙げた原子構造仮説の一つだった[2]．ある別のモデルでは，原子は「正と負の電気を組み合わせた一種の混合物からなり，それ以上，分割も分離もできない」と考えられた．このモデルはレーナルトが好んだ原子像であり，彼によれば，その基本構造は，電気的ペアの一種である高速回転する「ダイナミド」（dynamid）であった．レーナルトはこの考えを1903年から1913年にかけていくつかの研究の中で展開したが，ほかの物理学者たちの関心を引くことはなかった．ロッジの挙げた仮説のまた別のモデルは，「原子の大部分は，いわば交互に配置された，多数の正と負の電子から構成され，相互の引力でひとかたまりにまとまっているのだろう」というものだった（p. 48）．正の電子が存在しないことは広く認められていたにもかかわらず，ジェイムズ・ジーンズは，1901年に線スペクトルのメカニズムを説明するために，そのような描像を持ち出した．ジーンズは，荷電粒子からなる系については，平衡系が存在しないという異論を回避する手段として，クーロンの法則はきわめて小さな距離では成り立たなくなるだろうと提案した．ジーンズは，電子の電荷と質量についての実験科学者の測定に動揺することなく，ある理想的な原子を考えた．その原子では，ほとんど無限個の（事実上，質量はない）電子が原子の外層に集中して存在している．そのとき，正の電子は実質的に，また都合のよいことに，原子の内部に隠されることになるだろう．これらをはじめとする独断的な仮定によって，ジーンズは観測されたものに近いスペクトル系列を導くことができた．いくらかそれと似たモデルが，5年後に，レイリー

---

2) O. Lodge, *Electrons, or, the Nature and Properties of Negative Electricity* (George Bell, 1906).

卿によって，スペクトルの振動数を計算するためだけに提案された．1913 年以前のすべての原子モデルでは，光の放射は振動する電子によると仮定されていた．レイリーが彼の論文の最後で，次の可能性を考察していたことに注意するのは興味深い．「スペクトルで観測される振動数は，普通の意味での変動あるいは振動の回数ではまったくないのかもしれない．むしろ，［原子の］安定性に関わる条件によって決定されるような，原子本来の構成の本質的部分を形成するのかもしれない」(Conn and Turner 1965, 125)．しかしながらレイリーが，のちにボーアの量子論的原子の重要な部分を形成することになるであろう，この提案を発展させることはなかった．

ロッジが触れた，ほかのタイプの原子モデルは，一種の太陽系のような原子像であり，その電子は一点に集中した正の電気を中心に（「小惑星のように」）公転する．この種のモデルの最初の提案は，フランスの化学者・物理学者のジャン・ペランによって，1901 年の一般向け記事の中で述べられた．ペランは，そのモデルによって放射能や光の放射を説明できるかもしれないとほのめかしたが，この提案はまったく定性的であるうえ，彼は自分の惑星状原子の安定性の問題に注意を払っていなかった．原子と太陽系あるいは銀河系とのあいだの，ミクロとマクロのアナロジーは当時一般的であり，惑星的な原子モデルがいくらか注目された理由はそこにあったようである．もっとも念入りな試みは，長岡半太郎のものである．彼の「土星型」モデルは，1904 年に，トムソンの理論が発表されたのと同じ巻の『フィロソフィカル・マガジン』で発表された[3]．長岡のモデルは天文学からインスピレーションを受けていたが，それは，1856 年のマクスウェルによる土星の輪の安定性についての分析に密接に依拠していたという意味においてである．この日本の物理学者の仮定によれば，電子は，正の原子核という引力中心の周囲を動く輪の上に一様に置かれていた．長岡も，トムソンやほかのあらゆるモデルの作り手たちと同様に，「化学的原子における実際の配列は数学的取り扱いの域をはるかに超えた複雑さを呈すかもしれない」(Conn and Turner 1965, 113)[4]と付け加えて，自分の結論を擁護した．長岡の計算からは，スペクトル式

---

3) 長岡のモデルは 1903 年の 12 月に東京数学物理学会で口頭発表され，翌年に同学会の論文集（英文）で最初に出版された．『フィロソフィカル・マガジン』に掲載されたのはそれとほぼ同じ内容のものである．なお，長岡のモデルとペランのモデルに直接の関係性はない．

と放射能の示唆に富んだ定性的説明が生まれた．しかしながら，長岡の計算は，ジョージ・A・ショットによって厳しく批判された．ショットはイギリスの物理学者で，長岡の仮定が首尾一貫していないこと，そして，そのモデルは［長岡によって］主張されている実験データとの一致につながらないことを主張した．土星型モデルは舞台から退き，ラザフォードの原子核理論とともに，まったく異なる装いをまとって，ようやく再登場するのだった．

　1911年，キャヴェンディッシュ研究所の数理物理学者ジョン・W・ニコルソンは，長岡のものにいくらか似た原子モデルを提案した．ニコルソンの野心的な目標は，化学的元素のすべての原子量を，プロト原子（proto-atom）——彼によれば，これは恒星の中にのみ存在する——の組み合わせから導くことだった．正電荷は電磁気的な起源を持っており，したがって電子よりはるかに小さく，原子の中心に位置するとニコルソンは考えた．電子は，原子核（これを彼は中心電荷と呼んだ）を取り巻く球体の中を回転している．ニコルソンは，仮説的なプロト原子を使用していたとはいえ，ほかのたいていの原子モデルの作り手とは違い，実際の原子の構造を説明しようとした．したがって彼の体系によれば，水素は三つの電子の入った一つの輪を持ち，もっとも単純なプロト原子は2電子系だとされた．これを彼は「コロニウム」（coronium）と呼んでいた．さまざまな仮定を使って，ニコルソンはほとんどの元素の原子量をなんとか説明した．彼以前のハースのように，ニコルソンは線スペクトルを説明するためにプランクの量子論から諸概念を導入した．彼は，プランクの定数の原子的説明に行きつき，プロト原子の角運動量はプランク定数の倍数でなければならないと結論した．つまり，彼は$L=nh/2\pi$という量子化則にたどり着いたのである．このことは，2年後のボーアの推論によく似ているかもしれない．しかし，ニコルソンのモデルは実際には原子の量子論ではなかった．それは，古典力学と電磁気学の上に築かれており，ボーアの方法よりもトムソンの方法に近いものだった．ニコルソンは1911年から1914年にかけての論文で自らの理論を展開し続け，ほかのイギリスの物理学者たちから，いくらか肯定的反応を得ていた．しかし，1915年までには，ニコ

4）長岡半太郎「線および帯スペクトルと放射能現象を示す粒子（電子）系の運動」，物理学史研究刊行会編『物理学古典論文叢書10　原子構造論』（東海大学出版会，1969年），31頁．

ルソン・モデルは過去のものであって未来のものではないことが明らかになった．

ラザフォードの原子核

　1898年から1907年にかけてのモントリオールでの豊かな日々のあいだは，アーネスト・ラザフォードは原子模型に特に興味を持っていたわけではなかった．彼が興味を示した範囲では，ラザフォードは概してトムソンの理論を支持しており，これを彼は放射能現象を理解するのに有用なものだと考えていた．ラザフォードが真剣に原子理論に目を向けたのはようやく1910年になってからであり，これは主にα粒子の振舞いと性質に対する強い興味の結果としてであった．1908年，彼はα粒子が2価のヘリウムイオンと同一であることを決定的に示した．同年に，マンチェスターでラザフォードと共に研究していたドイツの物理学者ハンス・ガイガーは，金属箔上でのα粒子の散乱について予備的な結果を報告した．ガイガーは，かなりの程度の散乱に気づいた．翌年，彼はこの問題をより徹底的に，当時20歳の学部生であったアーネスト・マースデンと協力して研究した．重い金属のほうが軽い金属よりも反射材としてはるかに効果が高いこと，そして薄い白金の箔は衝突するα粒子8,000個につき1個を反射する（すなわち，90度以上散乱させる）ことを彼らは見出した．伝えられるところでは，ラザフォードはこの結果について知ったとき，次のように考えたと言われている．「人生の中で自分に起こったもっとも信じられない出来事だ……15インチの砲弾をティッシュペーパーに打ち込んだらそれが跳ね返って自分にぶつかった，というのとほとんど同じくらい信じられない．」ラザフォードはこのよく引用される所見を1936年に残しているが，しかし1909年から10年にかけての彼がこのように反応したとは考えられない．この所見は，ほとんど空っぽの原子核という観点からは意味を持つが，ラザフォードはそのような考えを1909年には持っておらず，このときには未だ原子をトムソンのものに似た充満体と考えていたのだ．いずれにせよ，その実験によってラザフォードはα粒子の散乱を研究し，その結果をβ粒子の散乱に関するトムソンの理論と比較する気になった．トムソンの理論によれば，β電子は原子内電子によって狭い角度範囲にわたって多重散乱することになるが，これは電子の数が原子量の約3倍であるということを示唆する実験とよく一致するように思えた．

トムソンによれば，α粒子は原子くらいの大きさを持ち，約10個の電子を含んでいた．ラザフォードは他方で，α粒子は電子のように点粒子とみなされなければならない，と信じていた．α粒子は二つの電子を奪われたヘリウム原子なので，この見解は，実質的に，ヘリウム原子の有核模型を示唆していた．ラザフォードはこの重要な結論に，散乱理論を発展させる前に到達したが，これは点状のα粒子という自身の考えに基づいていた．ラザフォードが1911年に発表した理論は，その実験的な基礎をガイガー–マースデンの大角度散乱の観測に置いていた．それを，ラザフォードは，電子の多重散乱というトムソンの理論と両立しない，とみたのである．観測された90度以上の偏向を生み出すためには，散乱は，α粒子と，強く荷電しかつ集中した質量との1回限りの遭遇において生じなければならない．ラザフォードはそれゆえ，原子が反対の電荷を持つ雲に取り巻かれた巨大な電荷 Ze からなる，ということを提案した．計算結果は電荷の符号から独立だったので，好都合なことに，核は正電荷の流体に埋め込まれた，電子の集中したものとすることができた．これはトムソンの原子の特殊な場合と似ていなくもない．ラザフォードの言葉ではこうなる．「電荷 $\pm Ne$ をその中心に持つような原子を考え，これが電荷 $\mp Ne$ ——これは半径 R の球全体にわたって一様に分布すると仮定する——を持つ帯電球に囲まれているとしよう……簡単のため，〔中心電荷の〕符号は正と仮定しよう」(Conn and Turner 1965, 138)[5]．自身の原子核描像に基づき，ラザフォードは有名な散乱公式を導いた．それは散乱確率（断面積）が，散乱角，入射α粒子のエネルギー，そして散乱物質の厚さと電荷にどのように依存するかを与えるものである．

ラザフォードの有核原子は，物理学史における金字塔として正当に認識されている．けれども，1911年や1912年の観察者は，決してそのようには考えなかっただろう．この模型は1911年春に導入されたとき，無関心に直面し，原子の構造に関する理論だと考えられることはほとんどなかった．原子の新しい概念は，(ラザフォードも参加した) 1911年のソルヴェイ会議の会議録では触れられることはなく，物理学の学術誌で広く論じられることもなかった．ラザフォード自身で

---

[5] E. Rutherford「物質によるα粒子とβ粒子の散乱と原子の構造」辻哲夫訳，物理学史研究刊行会編『物理学古典論文叢書9 原子模型』(東海大学出版会，1970年)，99頁．ただし邦訳では最後の一文が欠落している．

第4章 原子構造　71

さえ，その有核原子が非常に重要なものであるとは考えていなかったように思われる．たとえば，『放射性物質とその放射』と題する，1913年に出版された放射能についての彼の教科書では[6]，その新発見と含意を取り扱っているのは，700ページのうちのたった1％だけであった．核は小さいけれども，ラザフォードによれば，点状ではなかった．反対に，ラザフォードはそれを，のちに核力として知られることになるものによって互いに結合した，きわめて複雑な物体として描いた．「実際には原子の全電荷と質量は中心に集中しており，おそらく10^{-12}cmより小さい半径の球の範囲内に閉じ込められている．正の電荷を持つ原子の中心は，運動している複雑な系であり，部分的には荷電したヘリウム原子と水素原子から構成されていることは疑いようもない．あたかも，物質の正の電荷を持った原子が非常に小さい距離で互いに引きつけあっているかのように見える．そうでなければどのようにして中心の要素部分が結合しているかを理解するのが難しくなるからだ」(p. 620)．

当初有核原子への興味が見られなかったことには，それなりの理由がある．それは，ラザフォードは自分の理論を第一に散乱理論として提示し，原子理論としては二次的にしか提示しなかったからだ．散乱理論としては，それはそれなりに成功を収めたが，実験的な支持は限定的かつ間接的だった．そして原子理論としては，それは不完全であり，絶望的にアド・ホックであるとさえ思われただろう．ラザフォードは散乱のデータから，原子の質量が小さな核に集中していることを論じたが，どのように電子が配置されているかについては何の提案もできなかった．単純さという理由から，彼は負の電気が核の周りに均質な雰囲気を形成していると仮定したが，電子は散乱においては何の重要性も持っていなかったので，これは単に恣意的な描像にすぎなかった．彼はこう書いている．「ここで提案された原子の安定性という問題は，この段階では考慮する必要はない．というのは，これは明らかに原子の微細な構造と，構成要素である荷電した部分の運動に依存するだろうからだ」(Conn and Turner 1965, 138)[7]．ラザフォードは1911年には惑星型の原子を提案しておらず，したがって彼のモデルは，化合や周期律のような

---

6) E. Rutherford, *Radioactive Substances and Their Radiations* (Cambridge : The University Press, 1913).
7) 注5に同じ．

化学的問題になると完全に無力であった．スペクトルの規則性や分光のような物理的問題にしても同様である．原子核というラザフォードの模型の決定的な特徴は新しいものですらなかった．なぜなら，有核模型はすでに提案されていたからである．ニコルソンは，自身の有核模型を独立に提案していたが，彼はラザフォードの模型を単純に「1個の正電荷の核のみを含む，原子の単純な土星のような系という長岡の提案の復活」と考えた（Heilbron 1968, 303）．ちなみに，ラザフォードはもともと「中心電荷」（central charge）と書いていた．「核」（nucleus）という言葉はニコルソンによって最初に使われたようである．

ラザフォードの原子模型の運命は1913年，ガイガーとマースデンが総計10万回のシンチレーションを含む，α粒子の散乱についての新しいデータを公表したときに変わった．彼らのデータはラザフォードの散乱公式といちじるしい一致を見せ，「原子が，原子の直径に比べて小さい大きさの中心部に強い電荷を含むという，基礎的な仮定の正しさに対する強い証拠」を提供した（Stehle 1994, 221）．とはいえ，これは散乱理論とみた場合のラザフォードの原子模型の確証にすぎず，この模型のほかの側面の確証ではなかった．ガイガー–マースデンの結果は，電気的な配位については，ラザフォードの模型が沈黙したのと同様に，無関係だった．原子理論は，電子系を含んだときにのみ，真に説得的だとみなされたことだろう．結局，実験的にテストできる原子現象の大部分を担っていたのは，原子のこの部分［電子系］なのだった．この重要な側面は，マンチェスターの物理学者の仕事からは抜け落ちていたが，ラザフォードの有核原子の描像を有核原子の適切な理論へと変貌させた，ある若いデンマーク人の物理学者によって，思いもかけない仕方で補われたのだった．

原子構造の量子論

ニールス・ボーアは，もともと原子の理論に興味があったわけではなかった．ボーアは金属の電子論について博士論文を書き，ローレンツやJ・J・トムソンらによって発展させられたようなこの理論が，その詳細においてもその原理においても不十分であることを見出した．「失敗の原因は，十中八九こういうことである．その電磁気理論［電子論］は物質における本当の条件に一致していない」[8]と，ボーアはデンマーク語のみで出版された1911年の学位論文の中で書いてい

る．ボーアの提案は，力学的でない制約，あるいは自ら言うところでは「通常の力学的なものとは完全に異なる種類の自然界の力」[9]が，金属の電子論を原子の内部構造と一致させるために導入されねばならないというものだった．しかし1911年には，彼は原子構造を考察せず，必要とされる制約の種類や仮説について何ら明確な考えを持っていなかった．ボーアは1911年から12年にかけての学年をイギリスで，最初はケンブリッジのJ・J・トムソンと，それからマンチェスターのラザフォードと過ごした．そこで最初は，自分の金属電子論の研究を継続していたが，すぐにラザフォードが提案し，ボーアが非常に魅力的だと感じた，原子の新しい描像に取り組んだ．ボーアは有核原子に電子構造を補う必要があること，そしてこのことは原子を安定にするために何らかの非力学的な仮説を要するであろうことを認識した．ボーアの思考は「マンチェスター・メモ」に結実する．これは，ラザフォードに自分の考えを伝えた，1912年夏の文書である[10]．このメモでボーアは，周回する電子の運動エネルギーがその角振動数に比例するように制約されているときに原子は力学的に安定化される，ということを提案した．比例定数として，彼はプランクの定数に近い値を選んだ．この時点では，ボーアは電気力学的な安定性ではなく，力学的な安定性に関心があった．

マンチェスター・メモでは，ボーアは電子の配置，分子，原子の体積を扱っていたが，スペクトルは扱っていなかった．「可視スペクトルにおける線に対応する振動数の計算という問題は，私はまったく扱っていません」と，彼はラザフォードに1913年1月31日付で書き送り，自分の理論をニコルソンの理論と対比させている（Bohr 1963, xxxvii）[11]．その直後ボーアは，その理論が水素のスペクトル線に関するバルマーの公式とどう関係するのか，とコペンハーゲンの同僚に尋ねられることになった．驚くに足ることだが，この問題をボーアは知らなかったか，あるいは完全に忘れていたように思われる．この問題に目を開かれて，ボー

---

8) N. Bohr「金属電子論の研究」西尾成子訳，物理学史研究刊行会編『物理学古典論文叢書11　金属電子論』（東海大学出版会，1969年），211頁．
9) 同書，115頁．
10) このメモの抄訳は次の文献中に含まれている．L・ローゼンフェルト「ボーア原子模型の成立」江沢洋訳・注『ボーア革命——原子模型から量子力学へ』（日本評論社，2015年），1-123頁．メモの部分は19-29頁．なおこれは，ボーアの論文集（Bohr 1963）への導入部分のみを訳したものである．
11) 同書，43頁．

アはただちに自分の考えが離散スペクトルの説明を与えるようにどう拡張できるのかを認識した．彼の大論文「原子と分子の構造について」は，1913年の夏と秋に，『フィロソフィカル・マガジン』に3部に分けて出版された[12]．水素原子が第1部の焦点であり，そこで彼は有名な措定を導入している．すなわち，(1) 定常状態（ここでは通常の力学は妥当するが，電気力学はそうではない）の概念，(2) 原子が異なる定常状態間を移行するときに放射が放出されたり吸収されたりするという仮定，の二つである．遷移過程は古典的には理解されえない，とボーアは指摘したが，「実験的事実を説明するためには必要であるように見える」［とも述べている］．もっとも顕著なことは，プランクの理論に刺激を受けて，光の振動数（ν）は軌道電子の振動数に直接的に関係するのではなく，二つの定常状態間のエネルギー差，すなわち $E_i - E_j = h\nu$ という式によって与えられる，とボーアが仮定したことである．この基本的な仮定から，ボーアは水素スペクトルの振動数に関するバルマーの公式を，入門的な物理学の教科書でよく知られるような仕方で導出することができた．この導出は，単純に既知の経験的法則を再現しただけでなく，自然の微視的物理定数——すなわち，電子の電荷と質量，およびプランクの定数——によるリュードベリ定数の表現をももたらした．ボーアの結果は，$\nu = Rc(1/n^2 - 1/m^2)$ というもので，ここで $R = 2Z^2\pi^2 m e^4/h^3$，n と m は定常状態を特徴づける整数の量子数である．Z は原子核の電荷で，水素に関しては1である．1913年の夏，その公式と一致するスペクトル線は $n=2$（バルマー系列）と $n=3$（パッシェン系列）について知られていた．ボーアは，$n=1$ と4以上の n に対応するさらなるスペクトル線の存在を予言した．［これらは］「それぞれ極紫外線や極赤外線にある系列で，観測されてはいないが，その存在は期待されてもよい．」彼の確信は，セオドア・ライマンが1914年に，$n=1$ に一致するスペクトル線を報告したときに正当化された．基底状態（$n=1$）における水素原子のイオン化ポテンシャルは，バルマーの表式からただちに得られた．ボーアは約13Vという値を得，これをJ・J・トムソンの11Vという実験的推定値と比較した．（後年のより正確な測定は，ボーアの値との完全な一致を与えている．）基底状

---

12) 第1部には邦訳がある．N. Bohr「原子および分子の構造について（第Ⅰ部）」後藤鉄男訳，物理学史研究刊行会編『物理学古典論文叢書10　原子構造論』（東海大学出版会，1969年），161-186頁．

態における水素原子の半径は，のちにボーア半径として知られることになるが，これに関して彼は 0.55 Å という，正しいオーダーの原子の大きさを得ている．【さらに，励起状態にある水素原子の半径に関しては，彼はそれが量子数の 2 乗に比例して増大するだろうということを導出した．これは，高度な励起状態にある原子は，相当程度大きいということを意味する．ボーアは実質的に，「リュードベリ原子」と呼ばれることになるものを導入したのだった．そのような怪物原子は，1965 年に星間空間においてはじめて検出された．ボーアの死後 3 年後のことであり，それは彼の予測と完全に一致していた．】

　おそらくもっとも印象的な 1 電子原子のボーア理論の確証は，恒星スペクトルに見出され，通常水素に帰されていた「ピッカリング線」が実際には 1 価のヘリウムイオンによるものだという証明である．このスペクトル線は，バルマーのような表式 $\nu = R\,[1/2^2 - 1/(m+1/2)^2]$ を満たすが，これはもし水素によって引き起こされるとすれば，ボーアの理論と矛盾することになった．それによれば，半分の量子状態は認められないからである．ボーアはこの脅威を，単にその表式を $\nu = 4R\,[1/4^2 - 1/(2m+1)^2]$ と書き換え，それを He^+ イオンに帰属させることによって勝利へと転換させた．ピッカリング線が純粋なヘリウムで満たされた放電管に現れるにちがいない，という彼の予想は，分光学者たちによって速やかに確証された．しかし，測定された波長と，ボーアによって予想された波長の一致は完全ではなく，イギリスの分光学者アルフレッド・ファウラーによれば，その小さな不一致は理論の妥当性を疑問視するには十分大きなものだという．ボーアの返答は 1913 年秋の『ネイチャー』に出版されたが，これは哲学者イムレ・ラカトシュが「モンスター調整」と呼んだもの——反例を例証へと転換させること——の輝かしいもう一つの例である[13]．ボーアは，R の表式における量 m が，実際には換算質量 $mM/(m+M)$ であるべきだと指摘し（M は核の質量），この修正でもって不一致は解消したのである．

---

13) ボーアの研究を「モンスター調整」とする見方についての詳細は，イムレ・ラカトシュ「反証と科学的研究プログラムの方法論」の第 3 節 (c)，特に原注 217 を見よ．この論文は『批判と知識の成長』（木鐸社，1990 年）と『方法の擁護』（新曜社，1986 年）の両方に収録されているが，ここでは後者を参照した．なお，「モンスター調整」はこれより先，ラカトシュの『数学的発見の論理』（共立出版，1980 年），37 頁以下で数学の事例に即して論じられた．

ボーアは複数の仕方でバルマーの公式を導出し，その中にはのちに対応原理として知られるようになるものの最初の応用が含まれていた．ボーアは，大きな量子数については，量子の放出の前後で回転数のあいだにほとんど差がないことを注意した．「そして通常の電気力学に従えば，我々はそれゆえ放射の振動数と回転数との比もまた1にかなり近いということを期待すべきである」(Bohr 1963, 13)．1913年12月，コペンハーゲンでの物理学会に先立つ演説の中で，ボーアはこう強調している．一般には古典的な回転数と量子論的に見出された振動数のあいだには何の関係もないが，「しかしある点では，通常の概念との関係を，すなわち，古典的な電気力学に基づいて遅い電磁気的な振動の放出を計算することが可能であろうということを期待できよう」(Jammer 1966, 110 [邦訳，上巻136頁])．これは対応原理の萌芽であった．対応原理は原子理論の発展とその量子力学への変容に際して主要な役割を果たすことになる．

　ボーアの理論は単なる1電子原子の理論ではなく，はるかに野心的な計画を持っていた．三部作の第2部と第3部では，ボーアは自分の理論を水素よりも大きい化学的原子や，分子にも適用している．彼はそうした軽めの元素に関する電子の配置を提案し，自分のモデルが周期律に対して最初の信頼できる説明を与えたのだと信じた．さらにボーアは自分の業績を単純な分子にまで拡張し，水素分子における共有結合を，二つの電子が二つの水素原子核のあいだで同じ軌道を周回しているものとして描いた．彼の仕事のこの部分はあまり成功せず，相対的には小さなインパクトしか与えなかった．しかしこれは注目しておく価値がある．というのは，明確な原子モデルが実際の原子に関して提案されたのはこれが最初だからである．共有結合はボーアの原子の量子論の射程の外側にあることが［のちに］明らかになったが，しかし1913年にボーアがそう考える理由はなかった．逆に，化学はまもなくボーアの新しい物理学に還元されるだろう，という兆候があった．たとえば，ボーアは水素分子の生成熱がモルあたり60kcalだと計算した．これは定性的には一致したが，アーヴィング・ラングミュアによって実験的に決定されたモルあたり130kcalという値と定量的には一致していなかった．ラングミュアが直後に実験値をモルあたり76kcalに改訂し，そしてボーアが理論値をモルあたり63kcalと再計算したとき，水素分子はほとんど説明されたように思われたのである．しかし，これは事実とはほど遠かった．

　ボーアの理論の強みは，その理論的な基礎にあるのではない．これは，多くの

人にとって説得的でなく，奇妙であるとさえ思われたのである．そうではなく，広範囲にわたる現象による実験的な確証がその強みだったのだ．たとえば，1913年から14年に若いイギリスの物理学者ヘンリー・モーズリーはさまざまな元素から放出される特性X線を研究し，振動数の平方根が原子番号に比例していることを示した．モーズリー・ダイアグラムはすぐに周期律における元素の位置を決定するために重要な道具となり，またボーアの理論の重要な確証ともなった．モーズリーのX線放出のメカニズムはボーアの理論に基づいており，1914年に始まる一連の研究では，ミュンヘンのヴァルター・コッセルがボーアの理論に完全に一致する仕方でX線のスペクトルを説明した．そのほかの重要な確証としては，ジェイムズ・フランクとグスタフ・ヘルツがゲッティンゲンで1913年から1916年にかけて行った，水銀蒸気に電子をぶつける実験がある．この実験がボーアの理論を鮮やかに確証することはすぐに認識された．1925年，フランクとヘルツは，ボーアの仮説を検証し，それによってボーアの仮説を（カール・オセーンの，ストックホルムにおける授賞講演での表現によれば）「実験的に証明された事実」へと変貌させたことでノーベル賞を受賞した．皮肉なことに，フランクとヘルツはもともと自分たちの実験をボーアの理論に関係づけてはおらず，また最初にそうしたときには，二人は自分たちの測定がその理論によっては説明されえないと論じていた．フランクとヘルツは，イオン化ポテンシャルだと思われるものを4.9Vまで測定したが，1915年にボーアは，彼らは結果の解釈を誤っており，彼らが測定したのはイオン化ポテンシャルではまったくなく，水銀原子における定常状態間のエネルギー差であったのだ，と論じた．フランクとヘルツが，ボーアの原子の理論に対して強い支持を知らず知らずに与えていたことにようやく気づいたのは，ボーアの介入の後であった．

　水素スペクトルの赤い線は，二重の構造を持っており，これはマイケルソンとエドワード・モーリーによって早くも1887年に示された通りである．1913年までには，微細構造分裂が何度か測定されていたが，ボーアはこの現象に気づいていなかったように思われる．ボーアの理論にこの現象が入る余地はなかった．しかし再び，見かけ上の変則事例が確証へと転じることになった——もっとも，今回は理論の大幅な拡張を必要としたのだが．その拡張は，ミュンヘンのアルノルト・ゾンマーフェルトによって行われた．彼は，1915年から16年に，ボーアの原子の力学に特殊相対論を導入したのである．こうして，ゾンマーフェルトは，

電子軌道が主量子数と方位量子数によって記述される2量子原子と，この二つの量子数に依存するエネルギー表現とに導かれた．ゾンマーフェルトのより洗練された理論によれば，ボーアの1913年の理論におけるよりもはるかに多くの定常状態が存在し，このことによって微細構造の説明が可能になるのである．ゾンマーフェルトは微細構造分裂の値を導き出し，これがテュービンゲン大学のフリードリヒ・パッシェンによって1916年に完全に確証された．理論と実験の著しい一致は，ボーア-ゾンマーフェルト理論と相対性理論の偉大な成功とみなされた．実際には，理論と実験の関係はかなり曖昧である．なぜなら理論は振動数の計算のみを可能にしたのであり，強度の計算を可能にしたのではないからだ．しかし，この成功はドイツで幾人かの物理学者によって疑問視されはしたものの，多数派の物理学者にとっては，ゾンマーフェルトとパッシェンの仕事はボーアの原子の量子論の印象的な確証であるように見えたのである．

文献案内

Conn and Turner 1965 は，1895年から1914年までの原子理論における重要な論文の多くのリプリントおよび抜粋を収める．トムソンの原子モデルのさまざまな側面は Sinclair 1987 と Kragh 1997a および 1997b で扱われている．【Baily 2013 にある詳細な説明も見よ．】ニコルソンのモデルは McCormmach 1966 で，ラザフォードの有核原子は Heilbron 1968 で分析されている．ボーアの原子理論については，Heilbron and Kuhn 1969, Heilbron 1981, そして French and Kennedy 1985 を見よ．ボーアの1913年論文とマンチェスター・メモは Bohr 1963 に復刻されており，レオン・ローゼンフェルドによる序文が付せられている[14]．

---

14) 本章に関連する重要な原論文の多くは，物理学史研究刊行会編『物理学古典論文叢書9 原子模型』（東海大学出版会，1970年）および『同10 原子構造論』（1969年）で邦訳されている．

第 5 章

量子論のゆるやかな出現

黒体輻射の法則

　量子論はその起源を熱輻射，特にローベルト・キルヒホッフが1859年から60年にかけてはじめて定義した「黒体」の輻射に負う．キルヒホッフによれば，完全黒体とはそれ自体に当たった輻射すべてを吸収するようなものである．このとき放出されるエネルギーはその物体の性質からは独立となり，その温度のみに依存するようになる．オーストリアの物理学者ヨーゼフ・シュテファンは1879年，キルヒホッフの理想的な熱輻射のエネルギーが絶対温度 $[T]$ の4乗に比例して変化すると提案した．彼の提案に証明が与えられたのは5年後，同輩のルートヴィヒ・ボルツマンが熱力学第二法則をマクスウェルの電気力学と結びつけ，$u=\sigma T^4$（ここで u は全エネルギー密度，σ は定数）であることを示したときである．黒体輻射のいくつかある法則のうちで最初のものであるシュテファン-ボルツマンの法則は，この理論物理学と実験物理学の新領域に注意を向けさせるのに役立った．シュテファン-ボルツマンの法則は，輻射のスペクトル分布については何も言っていなかったが，これはすぐに広く論じられる重要な問題となった．この問題の解決に向けての重要なステップはヴィルヘルム・ヴィーンによって踏み出された．彼は1894年に，もし黒体輻射のスペクトル分布がある温度で知られれば，それが任意の温度についても導出できることを示した．分布関数 $u(\lambda,T)$ は T と波長 λ に別々に依存しているのではなく，ある関数 $\phi(\lambda T)$ を通じて積 λT に依存している，すなわち $u(\lambda,T)=\lambda^{-5}\phi(\lambda T)$ であるというのである．ヴィーンの変位則——T が増大するにつれて，関数 $u(\lambda,T)$ のピークが短い波長のほうへとずれていくことからそう呼ばれたのだが——は実験と見事に一致することがわかった．関数 $\phi(\lambda T)$ は，普遍的な重要性を持つことが認識されたが，その関数形もその説明も知られていなかった．1896年，ヴィーンは解と思われるも

のを発見した．すなわち，$\phi(\lambda T)$ は，α を普遍定数として，$\exp(-\alpha/\lambda T)$ という形を持つ，というのである．ヴィーンの輻射法則は正しいように思われ，特に1897年から1899年にかけてベルリンで行われた一連の注意深い実験で確証されてからは，一般に受け入れられるようになった．ところがヴィーンの法則は，経験的にはもっともらしく見えても，不満足な理論的議論に基づいており，このためより厳密な導出が求められた．ここで，キルヒホッフの後任としてベルリン大学の物理学教授に就任していた，マックス・ルートヴィヒ・プランクがこの発展に加わったのである．

　プランクは熱力学の専門家であり，第二法則と，その物理学・化学への応用に深い関心を持っていた．1890年代前半におけるプランクの主たる仕事は理論物理学ではなく，むしろ化学熱力学であり，これに彼は第二法則に基づいたより厳密な基礎を与えようとしていたのだ．この仕事においては，エントロピーと不可逆性の概念が中心的であった．プランクの研究プログラムの核心は，不可逆過程を厳密な熱力学的基礎に基づいて説明するという試み，つまりボルツマン流の統計的あるいは原子論的な仮定を導入することなしに説明する試みだった．年長のオーストリア人の同業者［ボルツマン］とは反対に，プランクは第二法則の絶対的な妥当性を固く信じており，エントロピーと確率のあいだに何がしかの関係がありうるなどとは認めなかったのである．1895年，プランクは推論の結果，熱力学と電気力学の関係を調べることにした．彼は不可逆性の問題に電気力学的な観点から挑戦し，輻射過程の不可逆性はマクスウェル方程式における時間対称性の欠如に由来すると論じた．しかし，この電気力学的なアプローチは失敗であることが明らかになった．ボルツマンが2年後に示したように，電気力学は，力学と同様に時間非対称ではない——「時間の矢」を与えない——，したがってプランクは黒体輻射のスペクトルを決定するために別の道を探さなければならなくなった．新たにプランクが努力した結果，1897年から1900年にかけて『物理学年報』（*Annalen der Physik*）に，不可逆な輻射過程についての一連の6本の論文が出版された．1899年，プランクは振動子のエントロピーの表式を見出し，これによってヴィーンの輻射法則を導くことに成功した．これこそプランクが望んでいたことであり，もし実験家というものが存在しなければ，彼はここで歩みを止めていたかもしれない．プランクがヴィーンの法則を導出したのと同じ年，実験家たちは，ヴィーンの法則が完全に正しいわけではないことを証明した．これは

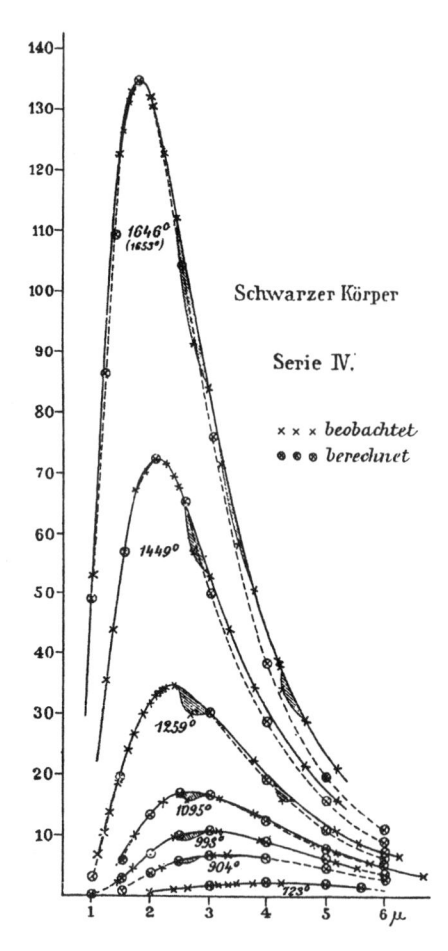

図 5.1 1899 年 11 月，ルンマーとプリングスハイムにより測定された，異なる温度における黒体スペクトル．λT の値が大きい場合には，測定された曲線（実線）は計算された曲線（破線）よりも上に位置する．このことはヴィーンの輻射法則が不十分であることを示している［Schwarzer Körper ＝黒体，Serie IV ＝第 IV 系列，beobachtet ＝測定値，berechnet ＝計算値］

出典：Kangro 1976, 176.

プランクをはじめとするほとんどの物理学者の想定には反していた．

　黒体輻射の歴史においては，したがって量子論の誕生においては，実験は理論と同じくらい重要である．ほとんどの決定的な実験はベルリンの帝国物理工学研究所で行われた．そこでは黒体輻射の正確なスペクトルは，純粋な学問的興味以上の問題となっていた．それは，帝国物理工学研究所最大の顧客の一つであった，ドイツの照明産業や暖房および鉄鋼に関係する産業にとって，有用かもしれない知識につながるであろうと考えられていたのである．1899 年，オットー・ルンマーとエルンスト・プリングスハイムによって行われた実験では，ヴィーンの法則が長波長で正しくないことが示された．ハインリヒ・ルーベンスとフェルディナント・クルルバウムによるさらなる実験は，1900 年秋に出版され，「ヴィーン-プランクの法則」が近似的にしか正しくないことを決定的に証明した（図 5.1 を見よ）．「ヴィーン-プランクの法則」によれば，放射のエネルギー密度 $u(\nu,T)$ は $\nu/T=c/\lambda T$ が小さいところではゼロに近づく［ν は輻射の振動数］．これに対して，ルーベンスとクルルバウムの実験が示したのは，$u(\nu,T)$ が T に近づく，ということだったのだ．新しい測定の結果，経験的

な基礎を持つ法則がいくつか新しく提案されたが，しかしこうした法則は理論家にとっては何の重要性も持たなかった．プランクの主要な興味は経験的に正しい法則を見出すことではなく，それを第一原理から導くことだったのだ．彼はいまや自分の仕事を考え直すことを余儀無くされた．ヴィーン則の導出には何かおかしいところがある．しかしそれは何か？　どうすれば，物理学の基本的な原理から，ν/T が大きいところではヴィーンの表現を満たし，小さいところでは T に近づくような分布をひねり出せるのだろうか？　プランクは再考の結果すぐに，明確な理論的正当化はできなかったものの，振動子のエントロピーの新しい表式を思いついた．この表現については，正しくも，こう評されている．「物理学の歴史の中で，このような目立たない数学的改変が，かくも広範な物理学的・哲学的帰結を持ったことは一度もなかった」（Jammer 1966, 18［邦訳 20 頁］）．

　エントロピーの新しい表式を使って，プランクは，ヴィーンの法則の単なる改良版（と自分では考えていたもの）を導出することができた．この新しい分布則は——プランクの輻射法則のことだが，未だエネルギー量子の考えはなかった——1900 年 10 月 19 日のプロイセン科学アカデミーの会合で発表された．黒体輻射の法則のこの最初の修正版によれば，スペクトルのエネルギー密度は ν^3 を $\exp(\beta\nu/T)-1$ という量で割ったものに比例して変化する．この法則は，実験データと完全に一致するように思われたし，この点で，長いあいだ探し求められてきた解答でもあった．しかしながら，プランクの新しい法則は，直観による推測以外のほとんど何物でもないエントロピー表式に基礎を置いており，理論的には満足のいくものではなかった．そしてプランクは再び，なぜこの公式がこんなにもうまくいくのかを考察することになった．この新しい法則を理解するまで，彼は安んじてはいられなかったのである．

　満足のいく理解を得ようとする試みにおいて，プランクは新しいアプローチを導入する必要があることを認識した．すなわち，分子混沌の表現としてのエントロピーというボルツマンの考え方に助けを求めることである．これは，プランクがボルツマンによるエントロピーと不可逆性の確率的な見方に屈したということではない．そのような考えを受け入れるというよりはむしろ，プランクはボルツマンの理論を，自身の非確率的な仕方で再解釈したのである．彼は自分の新しいアプローチの基礎を有名な「ボルツマンの式」$S=k\log W$ に置いた．ここで k はボルツマン定数，W は分子的無秩序の組み合わせ論的表現である．実際にはこ

の式はボルツマンのものではなく，プランクの仕事とともにはじめてこの形で現れた．そして，最初に「ボルツマン定数」を重要な自然定数として導入したのもプランクである．Wを知るために，プランクは彼が言うところの「エネルギー要素」を導入した．すなわち黒体の振動子の全エネルギー（E）は，有限なエネルギー部分εに分割される，という仮定である．プランク自身の言葉では次のようになる．「私はEを……完全に決まった個数の，有限で，互いに等しい部分からなっているとみなす．そしてこの目的のために，自然定数$h = 6.55 \times 10^{-27}$ (erg sec) を用いる．この定数に，共鳴子の共通の振動数をかけると，エネルギー要素εが erg 単位で得られ，またEをεで割ると，N個の共鳴子に分配されるエネルギー要素の数Pが得られる」（Darrigol 1992, 68）[1]．この新しい導出は，1900年12月14日のプロイセン科学アカデミーの会合で報告された．この日付は，後から見れば量子仮説が最初に提案されたのがここであるために，しばしば量子論の誕生日として言及されるものである．しかし，プランクはエネルギー要素の導入がエネルギーの量子化を意味すると理解していたわけではない．つまり，振動子のエネルギーが離散的な値しか取りえないことを本当に理解していたわけではない．彼は量子的な非連続性をまったく強調しておらず，$\varepsilon = h\nu$を，その背後に何の物理的な実在もない数学的な仮説だとしている．それは，最終的な定式化においては除かれるべき，理論の一時的な特徴である，と彼は信じていた．

1931年，アメリカの物理学者ロバート・ウッドへの手紙の中で，プランクは輻射法則へ至る道のりを次のように記述している．

> 要するに，起こったことすべては単にやけくそな行いとして記述できるものです……その頃までに私は（1894年から）6年間も，輻射と物質のあいだの平衡という問題に取り組んで失敗しており，そしてこの問題が物理学にとって根本的な重要性を持つものであることがわかりました．通常スペクトルにおけるエネルギー分布を表現する式も知っていました．ですから，どんな高い代償を払っても，理論的な解釈を発見しなければなりませんでした……〔その新しい〕アプローチは，熱力学の二つの法則を維持することによって開けました……そ

---

1) M. Planck「正常スペクトルにおけるエネルギー分布の法則の理論」辻哲夫訳，物理学史研究刊行会編『物理学古典論文叢書1 熱輻射と量子』（東海大学出版会，1970年），221頁．

れらはどんな状況においてでも維持しなければならないように私には思えたのです．そのほかのことについては，物理法則についての以前の自分の信念はどれでも犠牲にする用意ができていました．ボルツマンはいかにして熱力学的な平衡が統計的な平衡という手段によって確立されるかを説明しており，もしそのようなアプローチが物質と輻射のあいだの平衡に適用されるならば，エネルギーが輻射へと連続的に失われることは，エネルギーがある量にまとまったまま保たれるように最初の時点でさせられている，と仮定することによって防がれることがわかります．これは純粋に形式的な仮定であって，私はそれに深い考えを持っていたわけではありませんでした．どのような代償を払おうとも，積極的な結果を出さなければならない，ということを除いては．(Hermann 1971, 23)

プランクにとっても彼の同時代人にとっても，量子的な非連続性は，最初は深刻な注意に値するような特徴ではなかった．重要だったのはむしろ，のちの多くの実験によって確証された，新しい輻射法則の印象的な正確さであり，これがシュテファン-ボルツマンの法則，ヴィーンの変位則，そしてν/Tの［無限大への］極限においてはヴィーンの輻射法則も含んでいる，という事実であった．プランクはこの法則に出現する自然定数を強調し，それをk，N（アヴォガドロ数），e（素電荷）の数値を導くために用いた．黒体の測定から，彼はkを見出すことができ，そしてRを気体定数とすると$k=R/N$であるから，Nが導かれた．さらに，Fを電気分解から知られるファラデイの定数であるとすると，$e=F/N$からeを見出すことができた．プランクによる数値の決定は，当時ほかの方法によって得られていた，いくぶん粗い推定に対しては大いに優位に立っていた．

1900年12月には，プランクはこの新しい輻射法則が古典物理学との決別を避けがたくするものだとは認識していなかった．その点に関しては，ほかの物理学者も同様であった．プランクの輻射法則の形成に，「紫外発散」が何も関係していないことは注意に値する．この「発散」の根拠は，古典力学における等分配則が，黒体の振動子に適用されたときには，ν^2Tという形のエネルギー密度に行きつき，それゆえすべての振動数にわたって積分されたときには，全エネルギーが無限大になってしまう，ということであった．この意味で，古典物理学と黒体のスペクトルのあいだには対立がある．しかしこの対立は，プランクの仮説に至る

実際の出来事においては何の役割も果たしていない．上で述べた法則は，レイリー卿によって1900年夏に得られていたが，彼は公式をデータによりよく合わせるために，アド・ホックな因子 $\exp(-a\nu/T)$ を付け加えていた．$u \sim \nu^2 T$ という形の式は，今日レイリー–ジーンズの法則として知られているが，これは1905年にレイリーによって再導出され，同年にジェイムズ・ジーンズによって数値的な修正を加えられたことによる．ルーベンスとクルルバウムはレイリーの式を1900年に発表した論文に含めているが，プランクは等分配則とともにそれを無視した．レイリー–ジーンズの法則は，例の［アド・ホックな］指数の因子がなければ，明らかに高振動数で誤りとなる．しかしこの不一致は，古典物理学にとって重大な問題だとはみなされなかった．当時，多くの物理学者は，レイリーもジーンズも含めて，等分配則が一般に妥当であるかどうかを疑問視していたのである．

量子仮説についての初期の議論

もし1900年12月に物理学で革命が起こっていたのだとしても，誰も，特にプランクは，それに気づいてはいなかったように思われる．プランクの黒体輻射の法則の導出にいくぶん目立たない形で含まれていた量子仮説については，20世紀の最初の5年間はほとんど完全な沈黙が続いた．他方でこの法則自体は，実験との説得力ある一致により，すみやかに採用された．早くも1902年には，プランクの放射公式はハインリヒ・カイザーの権威ある『分光学便覧』の第2巻に掲載されていたが，これは量子仮説の本性については何も言及していなかった．批判は時折聞かれたが，1908年までにはプランクの結果は黒体のスペクトルの問題に対する正しい解答として一般に受け入れられた．プランクの計算の詳細を検討することに価値があると判断し，そしてなぜこの公式が正しいのかと問うた理論家は，ごく少数だった．

その数少ないうちの一人がヘンドリック・A・ローレンツである．彼は1903年，レイリー–ジーンズの法則を自身の電子論に基づいて独立に導出し，このときから黒体理論に取り組みはじめた．その結果にローレンツは困惑した．5年後，ローマでのある数学の会議で，彼は黒体の問題，あるいは彼の言葉で言えば，可秤量物質とエーテルのあいだでのエネルギーの分配に関する総説を行った．ロー

レンツの見たところでは，一方に理論的には満足だが経験的には不十分なレイリー–ジーンズ–ローレンツの公式があり，他方に経験的には確証されているが理論的には不満足なプランクの公式があり，選択が両者のあいだでなされなければならなかった．興味深いことに，ローレンツは前者を好んだが，どちらの候補を選択するか決めるためには新しい実験が必要である，と曖昧な言い方で提案した．ドイツの実験家は［ローレンツより］よく状況を知っていた．問題はすでに決着していることを確信していた彼らは，レイリー–ジーンズの法則を相手にせず，ローレンツの提案に抵抗した．結果的に，ローレンツはプランクの公式を受け入れ，その真の意味を理解しようとせざるをえなかった．ローレンツは，プランクの理論に非古典的な特徴が含まれていることを認識し，新しい量子論の指導者の一人となった．

　ローレンツのローマ講演の結果として，古典的なレイリー–ジーンズの法則の「破滅的な」結果が物理学者のコミュニティに広く知られるようになった．「紫外発散」が議論の中で主要な役割を果たすようになったのは，ようやくこのときからである．（「紫外発散」(ultraviolet catastrophe) という用語はエーレンフェストによって 1911 年に導入され，物理学の教科書ではポピュラーなテーマとなった．）電子論は当時支配的かつ成功したミクロな理論であったので，これがどうにかして黒体輻射の難問を解決してくれるだろうと考えることも魅力的であった．これはローレンツが 1903 年に試みたことであるが，レイリー–ジーンズの法則に行きついただけであった．しばらくのあいだ，プランクは，電気の量子がエネルギーの量子をもたらすかもしれない，という考えを追究していた．たとえば，1905 年に彼はパウル・エーレンフェストにこう書き送っている．「この仮定（電気の基本量の存在）が基本エネルギー量子 h の存在への架け橋となることは，特に h が e^2/c と同じ次元を持っていますから，私には不可能であるとは思えません」(Kuhn 1978, 132)．ここに我々は，単に暗黙のうちにではあるが，微細構造定数 $2\pi e^2/hc$ の最初の示唆を認めることができる．しかし，この考えからも，あるいは既存の理論から作用量子を導こうとするほかの試みからも，何も生み出されることはなかった．それにもかかわらず，普遍的な自然定数とそれらのあいだの可能な相互関係にプランクが強い興味を持っていたことには注意する価値がある．1899 年のある論文では——これはプランク定数が暗黙のうちに現れた最初の論文であるが——彼はすべての通常の単位系は「我々地球上の文化の特殊な必要」に基

づいており，代替案として定数 h, c, G に対応したものに基礎を持つ体系を提案した[2]．そのような単位は，「特殊な物体や物質から独立に，すべての時代，すべての文化（たとえ地球外や人間でないものであっても）に対して，必然的に有意味である」[3]と彼は書いている．プランクによって提案された単位は実践的な価値を持たず，長いあいだ無視された．しかし，1970 年代に量子重力の理論が登場すると，それは広く議論されるようになり，20 世紀の終わり頃には，プランク質量（10^{-5}g）とプランク時間（10^{-43}秒）が宇宙論において重要な量となっている（第 27 章も見よ）．

ほぼ 10 年間にわたって，プランクは自身の輻射法則が古典力学および電気力学と調和しうるものであり，そして非連続性は原子的な振動子の特徴であって，エネルギー交換それ自体の特徴ではない，と信じていた．彼は何らかの種類の量子化が関係していることは認識していたが，それは個々の振動子のエネルギー値が離散的な集合 $h\nu$, $2h\nu$, $3h\nu$...に限られている，という意味においてではなかった．プランクは初期の論文で，エネルギーの式を $E=nh\nu$（$n=0, 1, 2,...$）と書いているが，ここで E は振動子の全エネルギーであり，個々の振動子のエネルギーも同様に制限することを要求したわけではなかった．1908 年頃になってようやく，プランクは作用量子が古典物理学の理解を超えた還元不可能な現象であるという見解に転換した．これは部分的にはローレンツとの文通の結果である．この時まで，プランクは $h\nu$ をエネルギー連続体の最小部分であると考えており，それ自身で存在しうるもの，すなわち電子という電気的な量子と類比的に捉えられるエネルギー量子とは考えていなかった．ローレンツに 1909 年に送った書簡では，プランクはいまや「電子と自由エーテルのあいだでのエネルギー交換が量子 $h\nu$ の整数倍でのみ発生する」という仮説を採用している（Kuhn 1978, 199）．

20 世紀の最初の 10 年が終わる頃，量子論は未だよく理解されず，ごく少数の理論物理学者によって研究されていただけだった．その中にはローレンツ，エーレンフェスト，ジーンズ，アインシュタイン，ラーモア，そしてもちろんプランクがいた．1906 年までは，プランク理論の根源的で非古典的な性格を認識して

---

[2]　M. Planck「非可逆的な輻射現象について」辻哲夫訳，物理学史研究刊行会編『物理学古典論文叢書 1　熱輻射と量子』（東海大学出版会，1970 年），137-190 頁．
[3]　同書，189 頁．

いたのはアインシュタインだけであったが，4年後には，ほとんどの専門家が，エネルギーの量子化は現実であり，何らかの形での古典物理学との断絶は必然的であることを認識していた．最初の10年間は，量子論とはおおむね黒体輻射の理論のことであり，そのような小さな領域が物理学者のコミュニティ全体に大きなインパクトを与えることはなかった．

このことは図 5.2 に示されている．この図は，1905 年から 1914 年までに量子に関するトピックで論文を書いた著者の数を示している．これより前は——すなわち，1900 年から 1904 年までは——量子論に関する著者の数は 0 か 1 であった（その一人とはマックス・プランクであり，1900 年と 1901 年のことである）．この図は，量子論のゆるやかな離陸のみならず，1910 年まで黒体の物理学が優勢であったことを例証している．1910 年には比熱に関する出版件数が，そして 1913 年頃からは原子・分子物理学が量子論の構成と進み具合を変えはじめることになる．

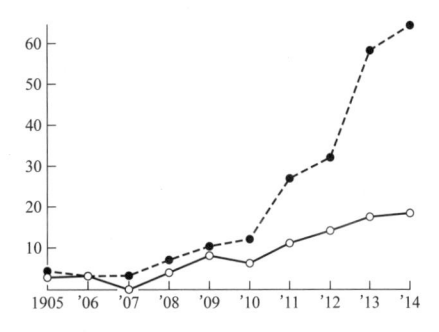

図 5.2　量子論のゆるやかな出現．黒丸は量子的なテーマで論文を書いた著者の数，白丸は黒体（初期の量子物理学の一部）を扱った著者の数を示す

出典：Kuhn 1978. Copyright © 1978 by Oxford University Press, Inc. Oxford University Press, Inc. の許可を得て掲載．

アインシュタインと光子

たとえプランクが黒体輻射の法則の公式を発見し，前期量子論の扉を開くことがなかったとしても，それでも量子論は 20 世紀の最初の数年のうちに登場したであろう，とはよく言われるところである．そのような仮定の上での量子論の発見者の候補はアインシュタインである．彼がもっとも知られているのは，もちろん，相対性理論を作り出したことによる．しかし，若きアインシュタインは前期量子論にも非常に重要な貢献をしたのであり——しかも，1905 年，相対性を導入したのと同じ年に——先の主張はこのことにより可能になるのである．実際，アインシュタインは量子に関する自分の理論を，直後の特殊相対性に関する仕事よりもはるかに重要であると考えていたようである．1905 年 5 月の，友人コンラート・ハビヒトに宛てた手紙では，アインシュタインはまもなく出版される

「輻射と光のエネルギーの性質」についての論文を指して,「きわめて革命的である」としている.特殊相対性に関して準備中だった論文は,より穏健に,「空間と時空の考えを修正して用いる,運動する物体の電気力学」とされている.よく言われるように,プランクが自分の意思に反して革命家になってしまった一方で,アインシュタインは量子仮説の革命的な含意をずっと明瞭に認識しており,量子革命の予言者として積極的に活動した.量子論が本格的に始まったのは1905年,アインシュタインの業績が登場してからだ,という主張にはかなりの真理が含まれている.

　それでは,1905年6月9日,『物理学年報』に出版された,アインシュタイン自ら革命的と認めた輻射についての仕事の本質とは,いったい何であったのか? まず,アインシュタインのアプローチはプランクのものとはいちじるしく異なり,プランクの輻射法則とそれに付随する作用量子には,ほとんどまったく依拠していない.アインシュタインはプランクの輻射法則に言及してはいるが,使っていないのである.代わりに彼は,実験的に確証された領域においては,すなわち高振動数・低温度では,古いヴィーンの法則に焦点を合わせている.アインシュタインはこれが,スペクトルの興味深くまた問題に満ちた部分であること,すなわち新しい物理的仮説を必要とするものであることを明確にした.古典論はレイリー-ジーンズの法則に至ることをアインシュタインは強調し,そしてこの法則を$\nu^2 T$の前にある因子まで含めて正しく簡潔に導出した.先取権の観点から言えば,この法則はアインシュタインの輻射法則,またはレイリー-アインシュタインの輻射法則(さらに言えば,わずらわしくなるかもしれないが,レイリー-ローレンツ-アインシュタイン-ジーンズの法則)と呼ばれてもよいものであろう.しかし,アインシュタインが1905年の仕事で焦点を合わせたのはヴィーンの法則であった.単純かつ巧妙な熱力学的議論と,ボルツマンの確率的理論(エントロピーの表現$S = k \log W$)を最大限に用いることにより,アインシュタインは容器中の輻射エネルギー全体がその全体積の小部分に含まれる確率を計算した.この結果から彼は,古典的な気体論とのアナロジーにより,「密度の小さい単色輻射は——ヴィーンの輻射公式が妥当である限り——……大きさ$R\beta\nu/N$の,互いに独立なエネルギー量子から構成されているかのように振舞う」[4]と推論した.つまり,アインシュタインによれば,輻射それ自体が離散的あるいは原子論的な構造を持つのである.これは,プランクにより提案されたものをはるかに超える仮説である.さら

に，アインシュタインによれば，光の放出と吸収を担う振動子のエネルギーは，離散的に，すなわち $h\nu$ の倍数として変化する．記号 β は h/k を表すことに注意してほしい．h/k はプランクが 1900 年 12 月に，明示的に量子化仮説と作用量子を導入する前に用いていたものだった．アインシュタインが，プランクの記法も，より成熟した黒体輻射の理論も使わなかったことは偶然ではない．そのとき，アインシュタインはプランクの理論が光量子という考えとは相容れないものであると信じていたのだ．この誤りは，1906 年の論文で修正された．$k=R/N$, $\beta=h/k$ とすると，通常の輻射量子の式 $E=h\nu$ を得るのである．

アインシュタインは，離散的な量子，あるいは，のちに呼ばれる名では，光子を構成するものとしての自由輻射が持つ「発見法的観点」の急進的な性格をよく自覚していた．（光子（photon）という名前は，1926 年にアメリカの化学者ギルバート・ルイスによって提案された．）そもそも光の波動説には印象の強い証拠があり，それゆえアインシュタインは，光量子の概念は仮のものであることを強調した．しかし，彼は光量子の実在を確信しており，自分の仮説が経験的に実り豊かであることをしきりに示そうとしていた．特に，光電効果を，光に照らされた金属の表面から電子が解放されるようなエネルギー交換のプロセスであるとみなすことで，彼はフィリップ・レーナルトが 1902 年に行った実験に説明を与えることができた．さらにアインシュタインの理論からは，その光によって生成された電子の最大エネルギー（E）が，入射光の振動数と線形の関係を持たなければならないということが直接的に導かれた．アインシュタインの式は $E=h\nu-P$ というものであり，ここで P は陽極の金属によって異なる仕事関数である．当時，レーナルトもほかの人々も，E を ν の関数として測定することはしておらず，したがって，アインシュタインの光電効果の式は，真に新奇な予言であった．アインシュタインの理論は，古典論が説明できなかった実験上の変則事例への対応ではなかった．というのは，1905 年には，光電効果は問題含みであるとは考えられていなかったからだ．実験家たちが E と ν の関係という問題を取り上げるようになるのは数年後になってからのことである．そしてそのときでも，それはアイン

---

4) A. Einstein「光の発生と変脱とに関するひとつの発見法的観点について」髙田誠二訳，物理学史研究刊行会編『物理学古典論文叢書 2 光量子論』（東海大学出版会，1969 年），13 頁．

シュタインの理論をテストするという目的は持っていなかったのである.

　実験データに関する限り，数年間にわたって，2乗から対数，線形関係に至るまで（つまり $E\sim\nu^2$ から $E\sim\log\nu$, $E\sim\nu$ に至るまで）のあらゆる可能性を示すような，混乱を招く不統一が明らかになった．1914年頃になってようやく，線形の法則を支持する証拠が集まり，1916年，ロバート・ミリカンの有名な一連の実験によって，最終的な合意が得られた．放出された電子の最大エネルギーが，まさしく光の振動数に線形に比例することはいまや疑いようもなく確立され，これはアインシュタインが1905年に予言した通りだった．このことはアインシュタインの理論の偉大な成功であるとして歓迎され，これによってほとんどの物理学者が光量子仮説を受け入れるようになったに違いない——そう信じる人がいるかもしれない．もしそうなら，それは誤りであろう．実験家は誰も，アインシュタインの，（ミリカンが1916年に評価したところでは）「無謀とは言えないまでも，大胆な仮説」を支持する結論を出したわけではない．ミリカンが確証したのは，アインシュタインの関係式であり，その理論ではなかった．そして理論と関係式のあいだに一対一の対応関係があるわけではなかった．実験的に確証された関係式を光量子仮説なしに導出することは可能であり，こうした程度の差はあれ古典的な（そして実際には，多かれ少なかれアド・ホックな）代替案が維持できないと判明したときにも，光電効果は当面のところ説明されていないのだと断言される可能性は，常に存在していたのである．これが実際に起こったことである．アインシュタインの光量子の理論は，実験家にも理論家にも，同じように無視されるか拒絶されるかした．あまりにも急進的な仮説だったのだ．1913年，アインシュタインは名誉あるプロイセン科学アカデミーの会員に推挙されるが，このときにプランクやヴァルター・ネルンストを含めた推薦者はアインシュタインを賞賛したものの，同時に，「彼は時々，たとえば光量子仮説のように，的外れな思弁を述べてきたかもしれない」と述べている（Jammer 1966, 44［邦訳49頁］）.

　光量子に対する冷淡な反応に影響を受けることなく，アインシュタインは量子論に取り組み続けた．量子論は1906年から1911年にかけての専門的活動の主たる領域であり，彼にとっては相対性理論よりも重要なものであった．1909年の論文では，アインシュタインは黒体輻射のエネルギーのゆらぎを計算している．彼の公式は二つの項からなっており，一つは彼が放射の量子・粒子的な性質に由来するとしたもの，もう一つは彼が古典的な波動項として解釈したものである.

だから，アインシュタインの見解では，電磁放射は，これらの伝統的には互いに矛盾するとみなされてきた特徴を包含することになる．1909年には，アインシュタインによる波動説と粒子説の融合はきわめて仮説的であったが，その後の一連の仕事において，彼はこのアイディアを展開させ，1925年以後にはそれは量子力学の不可欠な部分となる．1909年のアインシュタインの仕事には，もう一つ述べておくに値する側面がある．すなわち，ここで彼はエネルギーのゆらぎとともに，運動量のゆらぎも考察しているのだ．本当の粒子はエネルギーのみならず運動量も持つが，1909年にアインシュタインは，電子や原子が粒子であるのと同じ意味で，光量子を粒子であると明確に考えたのだ．しかし，光量子の運動量（$p=h\nu/c$）は相対性理論から直接に出てくるにもかかわらず，アインシュタインがその表現を書き下したのは1916年になってからであった．

比熱と1913年までの量子論の状態

アインシュタインは，量子論の持つ含意を輻射場にまで拡張した最初の人物であるが，のちに固体物理学として知られるようになる領域の問題にそれを拡張したのもアインシュタインが最初であった．彼がこれを行ったのは1907年，量子論を，固体の比熱を計算するために応用したときのことである．固体の元素の原子量と，その比熱容量のあいだに特別な関係があること，つまり，（現代の用語では）モル熱容量がおおむね一定であり，モルあたり1度あたり6.4 cal となることは1819年から知られていた．1876年，このデュロン–プティの法則（この名はフランス人の発見者にちなんで付けられた）にボルツマンによる堅固な理論的説明が与えられた．彼は，力学的な物理学の等分配則からこの法則が出てくることを示したのである．これは，一般には力学的・原子論的物質観の大きな成功であると考えられたが，完全ではなかった．炭素（ダイヤモンド），ボロン，ケイ素のような，デュロン–プティの法則に対する例外がいくつかあったのである．炭素の変則事例は1841年から知られていた．このとき，実験によってダイヤモンドのモル比熱がデュロン–プティの規則から予測される6.4ではなく，約1.8であることが示されたのだ．さらに，1870年代以後の実験では，比熱は温度とともに上昇し，ダイヤモンドの場合にはそれがかなり顕著であることが示された．1875年，ドイツの物理学者ハインリヒ・ヴェーバーは，ダイヤモンドの比熱が−100℃か

ら +1,000°C の範囲で 15 倍に上昇することを確立し，のちに 1905 年に出版されたスコットランドの化学者ジェイムズ・デュワーの実験では，比熱は 20 K 前後の温度ではほとんどゼロになってしまうことが明らかになった．この変化を説明する試みは失敗に終わり，比熱の問題はアインシュタインが 1907 年に挑戦し，大きな成功を収めるまで，変則事例のままだった．

1907 年の研究では，アインシュタインはプランクの分布則を使い，結晶中で同じ振動数で 3 次元的に振動している原子の平均エネルギーを見出した．この表現は，高温では古典的な値 $3kT$ を与え，それゆえデュロン-プティの法則に帰着したが，T がゼロに近づくにつれて指数関数的に減少するものだった．この領域では，古典的な等分配則――デュロン-プティの法則の基礎――は適用できなかった．アインシュタインは，自分が与えた熱容量の公式と，ヴェーバーの得たデータを比較することで，実験との，完全とは言わないまでも有望な一致が得られるような仕方で，振動の振動数を合わせることができた．アインシュタインの理論は，量子論への興味を引き寄せたという点において重要である．しかし，それは近似にすぎず，明らかに修正する必要があった．特に，新しい実験では，低温での［比熱の］変化が理論とは定量的に異なっていることが示されたのである．アインシュタインの理論をはるかに洗練させたものは 1912 年，オランダの理論家ペーター・デバイによって発展させられ，そしてこれが実験との非常によい一致を与えたのである．

量子論が伝統的な物理学の領域に入り込むようになり，黒体輻射の理論の細かい事柄に興味を持っていないか，あるいは理解していないような多くの物理学者に量子論が知られるようになるのにも，比熱の理論は役立った．この点で，比熱の理論は光量子の理論よりもはるかに重要であった．しかし，その衝撃は即座に伝わったわけではなかった．実際，1910 年から 11 年までは，アインシュタインの比熱の理論は光量子の理論と同様，科学文献の中で言及されずにいた．このときになってはじめて，物理学者はこの理論に注意を向けはじめ，いくらか唐突に，比熱の量子論は重要な研究トピックであると認識されたのである．1913 年には，このトピックに関する出版点数が，黒体の理論に関するものよりも多くなった．当時，量子論は未だ相当に難解な分野であったが，いまやますます多くの物理学者がそれを真剣に取り上げるようになったのだ．さらに，比熱の理論の存在感は化学においても感じられはじめた．ドイツの物理化学のパイオニアであるヴァル

ター・ネルンストは，量子論への興味をかきたてる手助けをした．プランクをはじめとする黒体輻射の研究者が，輻射場に焦点を当て，この場が物質の構造とは独立であることに利点を見出していたのに対し，ネルンストにとって量子論が重要だったのは，それが物質の構造を理解するのに役立つ可能性があるからだった．ネルンストの低温域における化学熱力学に関する仕事は，アインシュタインの比熱の理論を支持した．1911年，ネルンストはこの理論が気体分子の振動にもまた適用可能であると提案した．この考えは，ベルリンのネルンストの研究所で働いていた，若いオランダの化学者ニールス・ビェルムによって取り上げられた．1911年から1914年にかけての仕事で，ビェルムは量子論を気体の比熱と分子の赤外吸収スペクトルの双方に適用した．特に，1912年には彼は2原子分子の回転エネルギーを量子化し，その結果を用いて分子スペクトルの理論を提案したのである．この結果はすぐに実験的確証を得た．ビェルムの仕事は，のちに化学物理学として知られることとなる研究領域への初期の貢献であるが，量子論の重要な成功でもあった．1910年代のほとんどの期間，量子論を広めるためには，原子よりも分子のほうが重要であった．

　量子論への興味が増大したことは，1911年11月にブリュッセルで開かれた物理学のソルヴェイ会議によって例証されている．この会議は，重要な一連の国際的な物理学の会合の中で，最初のものであった．エルネスト・ソルヴェイは，ベルギーの実業家で慈善家でもあり，ソーダ合成の新しい手法を発明することで財をなした人物であった．彼はいくぶんアマチュア的であるにしても，理論物理学に対する深い関心を持っていた．ソルヴェイの財産とネルンストの唱導が組み合わさることで実現したのは，量子論，気体運動論，輻射の理論のあいだの問題含みの関係に関する1911年の会議であった．ローレンツがその議長を務めた．21人の招待参加者の中には，プランク，ネルンスト，ゾンマーフェルト，マリー・キュリー，ラザフォード，ポワンカレ，そしてアインシュタインを含む，ヨーロッパのもっとも優秀な物理学者たちがいた．アメリカ人は招待されなかった．提出された多くの問題に対して，ブリュッセルでの議論からはっきりした解答が与えられることは一つもなかったが，輻射の問題と量子論により鋭く焦点を合わせるのには役立った．アインシュタインはこの会議が「イェルサレムの廃墟での嘆きに似た面を持っている」と思ったが，少なくとも社交の上では刺激的だと感じた．アインシュタインは友人ハインリヒ・ツァンガーに次のように書き送ってい

る．「ブリュッセルでもっとも面白かったのは，ローレンツが知性と気転の奇跡——生ける芸術作品であることです……ポワンカレは相対性理論については，ただただ否定的でした……プランクは，疑いようもなく間違っているようなある種の思い込みにとらわれていて手の施しようもありません……すべては悪魔的なイエズス会の神父には喜ばしいことだったでしょう」(Mehra 1975, xiv). 会議の成功に気をよくして，ソルヴェイは自ら100万ベルギー・フランを寄付して恒久的な機関を創設することを決めた．1912年に設立された国際物理学研究所[5]は，5ヶ国から選ばれた9名の卓越した物理学者からなる委員会によって運営された．最初の科学委員会は，オランダからはローレンツ，カメルリング・オネス，フランスからはマリー・キュリーとマルセル・ブリルアン，デンマークからはマルティン・クヌーセン，ベルギーからはロベール・ゴールドシュミット，ドイツからはネルンストとエーミール・ヴァールブルク，そして大英帝国からはラザフォードというメンバーで構成された．20年以上ものあいだ，ソルヴェイ会議は，もっとも権威ある，そして科学的にも重要な，選りすぐりの物理学者のための会議であった．

1911年の会議は，主にネルンストによって組織された．彼は，量子論という光のもとに物質と輻射の問題についての会議を開くのに機は熟したと考えた．主にアインシュタインの比熱についての仕事の結果，ネルンストは，以前には注意を払っていなかった量子論の革命的な重要性を確信するようになっていた．1910年7月，計画中の会議の後援者ソルヴェイに，ネルンストはこのような手紙を書いている．「我々はいま，これまで受け入れられてきた物質の運動論の基礎が，革命的に変革されている真っ只中にあるように思われます……この〔エネルギー量子という〕概念は，これまで使われてきた運動方程式にとってはあまりにも異質であり，それを受け入れることには，広範囲にわたる我々の基礎的直観の変革が伴うに違いないことは疑いようもありません」(Kuhn 1978, 215). ネルンストはこの計画をプランクと議論し，プランクも量子論が物理学の古典的概念に対する深刻な挑戦であることには同意した．しかし最初のうち，プランクは1911年という早い時期に会議を開くことには懐疑的であった．1910年6月には，彼はネルンストに，「私が思うに，あなたが思い描いていらっしゃる参加者のうち，

---

[5] 現在のソルヴェイ国際研究所（International Solvay Institutes, Brussels）．

〔理論の〕改革の差し迫った必要性への関心の高まりを，会議に参加することを正当化するというほどに積極的に意識している人は，半分もいません．年長の人（レイリー，ファン・デル・ワールス，シュスター，ゼーリガー）に関しては，私は彼らがそういった問題に刺激されるかどうかを詳細に論じるつもりはありません．しかし，若い人々のあいだでさえ，こうした問題の緊急性と重要性はほとんど認識されていません．あなたが名前を挙げた人の中では，私たちのほかには，アインシュタイン，ローレンツ，W・ヴィーン，そしてラーモアだけがこの問題に真剣に興味を持つだろうと思います」(Mehra 1975, 5)．ブリュッセルでの「輻射の理論と量子」に関する会議には，量子論の重要人物がすべて参加したが，参加者のすべてが量子に関する問題に関心を持っていたわけではなかった．ジャン・ペランとクヌーセンによる2件の報告は，量子論的な側面を扱っていない．会議での報告の題目は，どのようなテーマが理論物理学の選ばれた領域の中で重要だとみなされたかについての印象を与えている．

- エネルギー等分配則の輻射への適用（H・A・ローレンツ，58歳）
- マクスウェルとボルツマンによる，比熱の運動論（J・H・ジーンズ，34歳）
- 黒体輻射の法則と，基礎的作用量子の仮説（M・プランク，53歳）
- 運動論と，完全気体の実験的性質（M．クヌーセン，40歳）
- 分子が実在することの証明（J・ペラン，41歳）
- 量子論の物理化学的問題への適用（W・ネルンスト，47歳）
- 作用量子と，非周期的な分子現象（A・ゾンマーフェルト，42歳）
- 比熱の問題（A・アインシュタイン，32歳）

ソルヴェイ会議は，重要で新しい洞察はもたらさなかったが，それでもなお，その報告と議論は，量子論の主要問題が何であるかについての共通理解を作り出すために役立った．一般的な態度は，慎重で，いくぶん懐疑的なものだった．量子の謎は解決からはほど遠く，量子論の状態は未だ不満足なままであることが認識された．「h病はもはや見込みなしと思われます」と会議の直後にアインシュタインはローレンツに書き送っている．同じ頃の別の手紙では，アインシュタインは「誰も何も本当にわかっていないのです」と結んでいる (Barkan 1993, 68)．しかし，その数少ない専門家たちは，量子論が消えることはなく，物理学の歴史の新たなる章の始まりを記したと認識していたのである．この感覚は，保守的なプランクの，ドイツ化学会における1911年の講演によく現れている．「確かに，

ほとんどの仕事はまだ片付けられていないままです．しかし，それは始まってしまったのです．量子仮説はもはやこの世界から消え去ることはないでしょう……この仮説によって理論を構築するための基礎が据えられ，さらにその理論が，いつの日か，分子世界の，急速かつ精妙な事象に新しい光とともに浸透するよう運命づけられている――こうした意見を表明したとしてもそれほど行きすぎであるとは私は思いません」（Klein 1966, 302）．

　量子論が未決着の状態だったことは，プランクが1911年から1914年にかけて，可能な限り電気力学の古典的理論を維持するために量子論を変更しようとしていたことで例証できよう．彼は新たに，振動子のエネルギーが，エネルギーの吸収も放出も離散的なプロセスであるという意味で量子化されている，という仮説を放棄することを提案した．代わりにプランクは，吸収が連続的なプロセスである一方で，放出は離散的なプロセスであるとし，後者は確率論的な法則に支配されているのだ，と提案した．プランクはこの基礎の上に，より満足だと彼には思われた方法で，黒体輻射の法則を導出することができた．1900年のもともとの理論とは反対に，1912年の導出では，振動子のエネルギーは温度ゼロでゼロになることはなかった．$T=0$ について結果は $E=h\nu/2$ となり，それゆえこれは零点エネルギーと呼ばれる．この驚異的なアイディアは多くの興味をかきたて，そしてすぐに放射能，超伝導，X線散乱などのさまざまな現象に応用された．ネルンストはこの考えを，宇宙論的な思索においても用いている．零点エネルギーの存在が最終的に確証され，自然な仕方で量子力学から導かれたのは1920年代のことである．しかし歴史的には，零点エネルギーはプランクの1912年の間違った理論に端を発するのだ．

文献案内

量子論の初期の発展については非常に多くのことが書かれてきた．もっとも包括的な著作はおそらく Mehra and Rechenberg 1982 の第1巻である．Kangro 1976 には初期の実験に関する十分な情報が含まれている[6]．Kuhn 1978 はボルツマンからプランクに至る理論的発展の詳細な

---

6) 黒体輻射の実験については，小長谷大介『熱輻射実験と量子概念の誕生』（北海道大学出版会，2012年）も詳しく検討している．

分析であるが，その解釈には議論の余地があり，必ずしも一般に受け入れられているわけではないということには触れておくべきだろう．ボルツマンとプランクの方法のあいだの関係という複雑な問題については，Darrigol 1988b も参照せよ．【ボーアの 1912 年から 1925 年にかけての原子理論については Kragh 2012 が完全な説明を与えている．ゾンマーフェルトの前期量子論への貢献については Seth 2010 を見よ．】量子論の歴史についてほかに薦められる本としては，Hermann 1971, Hund 1974, Jammer 1966［邦訳 1974 年］, Darrigol 1992 が挙げられる．簡潔な歴史は Klein 1970 の中で示されている．ソルヴェイ会議は Mehra 1975 で概観されており，1911 年の会議は Barkan 1993 において分析されている[7]．

---

7) 本章に関連する重要な原論文の多くが，物理学史研究刊行会編『物理学古典論文叢書 1 熱輻射と量子』（東海大学出版会，1970 年）および『同 2 光量子論』（1969 年）で邦訳されている．また，量子論の歴史については，高林武彦『量子論の発展史』ちくま学芸文庫（筑摩書房，2010 年），朝永振一郎『スピンはめぐる――成熟期の量子力学』江沢洋注（みすず書房，2005 年）も参照のこと．

第6章

低温物理学

零度へのレース

　低温学は，極低温における現象や物質の特性を扱う研究分野であり，また特に極低温をつくり出す方法を扱う．1880年頃，低温学はまだ揺籃期の科学であった．19世紀を通じて，気体の液化，特に空気の成分物質の液化へ関心が向けられていた．1877年に，低温学における最初の重要な成果が現れた．その年，フランスの鉱山技師ルイ・カイユテが液体酸素の小滴を確認したと，パリ科学アカデミーの会合で発表したのである．この発見は二重のものであった．カイユテが発表する二日前に，スイスの物理学者ラウール・ピクテが，酸素の液化に成功したという報告をパリ科学アカデミーへ打電していたのである．それは，科学史上多く見られる，独立した同時発見の一つであった．この二人の研究者は異なる方法を使っていたが，どちらの実験においても，純粋な酸素を，圧力をかけて冷却し，その後急激に膨張させていた．酸素を液化させた数日後，カイユテは大気のもう一つの主要成分である窒素に関しても再び成功を収めた．

　1883年に，ポーランドの科学者ジグムント・ヴルブレフスキとカロル・オルシェフスキは，数 mℓ という大量の液体酸素を作り出した．彼らは，カイユテの方法を，気体の急激な膨張を必要としないように改変したのであった．この方法によって，彼らは，気体から生成される小滴だけでなく，その液体が沸騰するのも確認できたのである．化学者ヴルブレフスキと物理学者オルシェフスキは，19世紀末に低温学研究の世界的中心地の一つであったクラクフのヤギェウォ大学で研究していた．（悲劇的なことに，ヴルブレフスキは1888年に自分の実験室での火災で死亡した．）クラクフでの初期の実験で報告された最低温度は約55Kであり，大気圧下での酸素の沸点を35Kほど下回るものであった．しかしながら，こうした第一世代の低温物理学者たちが使用した方法は効率が悪く，大量の液化気体

を生成することができなかった．このような状況は，新しい冷却技術が開発された 1890 年代に変化した．この冷却技術の開発には，ドイツのカール・フォン・リンデ，イギリスのウィリアム・ハンプソン，フランスのジョルジュ・クロードが中心になって貢献した．リンデは冷却技術のパイオニアであり，産業用の冷却装置の開発で成功した会社の創始者であった．1895 年に，71 歳のリンデはジュール-トムソン効果に基づく効率的な気体液化法を考案した．リンデ，ハンプソン，クロードの研究は，産業用の液体空気の生産を主な目的としていたが，科学のさらなる探究においてもそれは重要であった．全体的に見ると，低温学と低温物理学の研究分野では科学と技術が協力しあって発展したのである．たとえば，1909 年に設立された国際冷凍学会は，低温の科学と技術の両方の側面のための機関であった．低温学の初期段階のもう一つの特徴は，化学者，物理学者，技術者による，その分野の学際性である．三つめの特徴は，当時の実験物理学の標準と比べてはるかに費用がかかるということであった．ごくわずかな物理実験室だけが低温研究を始められる資金を持っていたのである．

　19 世紀の終わり頃になると，できる限り絶対零度に近づけようと，よりいっそう低い温度に達することが大きな関心事となった．あらゆる気体の中でもっとも低い沸点を持つと信じられていた水素を液化することは，低温物理学の魅力的な目標となり，その気体を液化する試みは一つのレースにまで発展した．このレースの主な参加者は，イギリス（ロンドン），ポーランド（クラクフ），オランダ（ライデン）の科学者たちであった．競争を強いる圧力と，水素，のちにはヘリウムを最初に液化することにかけられた威信の結果として，このレースは，反目，先取権論争，成功の早計な主張という雰囲気の中で展開された．この競争の参加者の一人は，ロンドンの王立研究所で研究していたスコットランドの化学者ジェイムズ・デュワーであった．化学と実験物理学双方に精通したデュワーは 1874 年から低温を研究していた．1892 年に，彼は極低温に適したきわめて有用な装置の一つを考案した．それは，真空クライオスタット，すなわちデュワー瓶（もしくは，あまり科学的でない言い方をすれば，魔法瓶）であった．1898 年に，デュワーはリンデの方法を改良することで，彼のライバルたちが失敗したことに成功した．彼の努力の成果は，沸騰する液体水素 20 mℓ であり，彼はその温度を約 20 K と見積もった．液体水素を手に入れたことで，続けてデュワーは固体状態にある水素元素を作り出すことに取りかかり，1899 年にそれに成功した．しか

し，水素の三重点（三つの相が平衡状態にある点）には到達したものの，その温度を直接測定することはできなかった．デュワーはその温度が 16K だろうと見積もったが，実験ではおそらくもっと低い温度（おそらくわずか 12K）に達していたであろう．デュワーは意識してクラクフのオルシェフスキとライデンのカメルリング・オネスと競っており，彼が水素で勝利を収めると，ヘリウムの液化を次なる目標としたレースが続けられた．

ヘリウム元素は，当時まったく新奇なものであった．その名前と存在は早くも 1868 年，ノーマン・ロッキャーが，太陽スペクトル中にある未確認のスペクトル線をある新元素の証拠としたときに提案されていた．しかし，ウィリアム・ラムジーが地球起源のヘリウムを発見するのは 1895 年になってからのことだった．1897 年に化学者のクレメンス・ヴィンクラーが述べたように，ヘリウムは当初「もっともまれな元素の仲間」に入ると考えられていたのである．数年後の 1903 年になると，ヘリウムはアメリカの天然ガス井に豊富にあることが発見された．だが，ヘリウムガスを抽出するのに必要な技術が商業レベルにまで発展するのにはさらに数年を要した．1915 年に立方フィートあたり 2,500 ドルだったヘリウムの価格は，1926 年には立方フィートあたり 3 セントにまで下がった．ヘリウムが高価で珍しかった 20 世紀の最初の数年の時点で，科学者たちは，ヘリウムの三重点が水素のそれよりも低いであろうと推測していた．そのため，低温物理学者たちはヘリウムの液化に向けて努力した．ラムジーとその助手モリス・トラヴァーズが，デュワー，オルシェフスキ，カメルリング・オネスのあいだの競争に参戦してきた．ラムジーとトラヴァーズは，不活性ガスの世界的な一流の専門家であったが，残念なことに，激高しやすいデュワーとは言葉を交わす仲ではなかった．オルシェフスキによるヘリウム液化の最初の試みは早くも 1896 年に行われていた．この試みは失敗し，デュワー，ラムジー，トラヴァーズの試みも同様だった．これらの初期の実験は，どれほど低い温度が必要かを知らずに行われていたという意味で，試行錯誤の実験であった．ヘリウムの臨界温度が信頼できる形で 5K と 6K のあいだにあると見積もられるようになるのは 1907 年になってからである．この温度は，当時の低温学のヨーロッパの中心地で得られた最低温度よりもほんのわずかに低いだけであり，成功は手に届きそうに思われた．

1908 年 7 月，カメルリング・オネスは意気揚々と，そしてデュワーにとっては大いに腹の立つことに，ヘリウムガスを液化したと発表した．これにより，イ

ギリスとポーランドの科学者たちは敗北した．7月10日午前5時45分，液体空気75ℓを使用してその実験は開始された．これは水素20ℓを液化するために使われた．さらにまた，その水素20ℓは，減圧下でヘリウム60mℓを液化するために使われた．最初のヘリウムの液化は13時間後のことだった．カメルリング・オネスは次のようにそのクライマックスを表現した．「ほとんど取るに足りないように見えるその液体がはじめて見えたときは最高の瞬間であった．……私は，友人ファン・デル・ワールスに液化したヘリウムを見せることができたとき，非常に嬉しかった．彼の理論は，最後に至るまでずっと，この液化における道案内役だったのだ」(Dahl 1984, 2)．カメルリング・オネスはすぐに，減圧下での蒸発によって，その元素を固体化できるかどうかに決着をつけようと試みた．彼は失敗し，さらなる試みも同様に成功することはなかった．固体ヘリウムは1924年になってようやくライデン研究所のウィレム・ケーソムによって得られた．それでもやはり，カメルリング・オネスが最初の液体ヘリウムを作ったのであり，その過程において，1910年，1Kという低温を得ることで低温の新記録を達成したのである．技術的にもうこれ以上温度を下げられないことが判明したこの段階で，彼はこの研究を休止し，新しく到達できるようになった1Kから6Kのあいだの温度状況下にある物質の物理的特性を研究することに決めた．

カメルリング・オネスとライデン研究所

　ヘイケ・カメルリング・オネスは，1870年代はじめにハイデルベルクのキルヒホッフのもとで研究を行うことで物理学のキャリアをスタートさせた後，1882年から1922年の退職まで，ライデン研究所の所長であり，誰もが認めるリーダーであった．ライデン大学における彼の実験物理学教授の職は，この種のものとしてはオランダ初だった．1893年頃になると，彼は，低温学の大規模な研究プログラムに乗り出して，すぐに研究所のほとんどの研究が低温に集中するようになった．（しかし，すべてではなかった．この研究所では，1896年にゼーマンがスペクトル線に対する磁気の作用を発見している．）カメルリング・オネスは，将軍として，あるいは企業における重役として，すばらしい管理能力によって体系的に長期研究プログラムを計画した．彼の研究所は，物理学におけるビッグ・サイエンス型の研究機関の最初期の事例の一つとなった．レントゲン，ラザフォード，も

しくはキュリーによる伝統的な研究所とは違い，カメルリング・オネスは自分の部門を，効率的に運営され，十分に資金提供された科学工場へと変えた．そこでは，技術的・組織的専門知識が，科学的想像力と同程度に価値あるものとされた．たとえば，手製の装置部品に頼る代わりに，カメルリング・オネスは外国の専門技術者を引き抜き，器具製作者やガラス吹き工具の養成所を設立したのである．

ライデン研究所の専門職業的組織化は，潤沢な経済上の資源（これは部分的には，所長が持つオランダの企業経営者たちとの個人的人脈によって確保された）によって支えられ，その研究所を，クラクフ，ロンドン，パリの競合する諸機関よりも優れたものにした．1906年までにこの研究所は，1時間に4ℓの生産が可能な効率的な水素液化器を稼働させ，1908年以降10年以上ものあいだ，液体ヘリウムの世界的独占権を握った．第一次世界大戦後になってはじめて，液体ヘリウムがライデン以外のところで生産されはじめた．その最初はトロント大学であり，ワシントンの国立標準局，ベルリンの帝国物理工学研究所が続いた．それ以降でさえ，ライデンは他を寄せ付けない低温物理学の世界の中心であり続けた．当時まだ貴重で高価だったヘリウムの供給は，ライデン研究所にとって決定的に重要であった．カメルリング・オネスは最初のヘリウムを，ノースカロライナ産の放射性モナザイト砂［セリウムやランタンを含むリン酸塩鉱物］を加熱し，続いて遊離された気体を純化することによって得ていた．この貴重な気体のほかの供給方法には，別の放射性鉱物であるトリアン石［トリウムの酸化鉱物］から得るというもの，もしくは外国の化学会社から提供してもらうというものがあった．

カメルリング・オネスは，階級意識を持ち，徹底的に保守的であり，旧来の学派の独裁的なリーダーであった．オランダの物理学者でのちにフィリップス研究所の所長となるヘンドリック・カシミールがかつて語っていたように，カメルリング・オネスは「慈愛に満ちた専制君主」として研究所を運営した．しかしながら，この専制君主は非常に好かれていて，彼の科学的・技術的スタッフのうちに献身と協同の精神をかきたてることができた．研究所の業績を広く知ってもらうために，1885年にカメルリング・オネスは所内学術誌『ライデン物理学研究所報』（*Communications from the Physical Laboratory at Leiden*）を創刊した．この雑誌の論文は英語で発表され，フランス語やドイツ語で発表されることはめったになかった．これらの論文は，通常，最初に『アムステルダム王立協会紀要』（*Proceedings of the Royal Academy in Amsterdam*）で発表された論文を翻訳もしくは修正したも

のであり，しばしば外国の雑誌に転載された．カメルリング・オネスは直接研究に参加しているかどうかに関係なく，所長として，研究所からのすべての公刊物の著者あるいは共著者となることを自分の権利であると考えていた．この方針を考慮すれば，彼の科学論文の驚くべき生産性が理解できるかもしれない．

ライデン研究所の地位が低温物理学の世界のもっとも重要な中心地に登りつめようとするにつれ，その無類の設備の使用を望む訪問者がますます多くこの研究所に引きつけられるようになった．ある現象が極低温で研究される必要があるときはいつも，ライデンがそれをするための場となった．そして，そのような現象はたくさん存在した．数例だけ挙げると，20世紀の最初の数年間，マリー・キュリーはライデンで放射性物質の半減期が極低温によって影響を受けるかどうかを検証する実験を行っていた．（ピエール・キュリーは同じ問題を調べたが，デュワーと研究するためロンドンに行った．）1908年，パリのジャン・ベクレルは，14Kまでの磁気光学現象の振舞いを調べ，液体水素中での実験が正電荷の電子[1]に関する，論争の的となった自分の仮説を支持することを確かめた．ベクレルは，名目上はカメルリング・オネスと共著で，「液体水素中での観察は，正電荷の電子の存在に有利な主張を強く支持しているように思える」と結論づけた（Kragh 1989b, 217）．この場合には，カメルリング・オネスは，おそらく自分が自動的に共著者となることを悔いただろう．その「強い支持」は，正電荷の電子の存在の受容を拒むほかの物理学者たちには受け入れられなかったのである．

ライデン研究所のアイデンティティは，建物，装置，組織からだけでなく，所長の科学観に由来する一種の方法論的信条からも形作られていた．定量的で精確な測定には，それらが科学の本質であると考えられる限りにおいて，大いに力点が置かれたが，一方で理論と定性的観察はあまり重要とみなされなかった．1882年のライデン大学での就任講演では，カメルリング・オネスは以下のようにその信条を表現した．「私の考えでは，諸現象の測定間にある関係を築くものとしての定量的研究を目指すことは，物理学者の実験的実践のなかで第一の座を占めるべきです．測定によって知識へ〔door meten tot weten〕と，私はすべての物理学研究所の入口の上にモットーとして書きたいと思います」（Casimir 1983, 160）．この態度はライデン精神の重要な要素であったが，もちろん，カメルリング・オネス

---

[1] ここでいう「正電荷の電子」は1930年代以降の陽電子とは異なる．第3章を参照．

のほかにも多くの科学者たちによって共有されていた．定量的測定を強調することは，世紀転換期の物理学の特徴的な点であった．ある物理学研究所の重要なオーガナイザーであり，影響力の大きい教科書の著者であったドイツの物理学者フリードリヒ・コールラウシュは「測定物理学の達人」として知られていた．彼によれば，測定とは物理学の中心であり，1900 年には彼は「自然を測定することは私たちの時代の特徴的活動の一つである」と公言していた（Cahan 1989, 129）．コールラウシュとカメルリング・オネスの態度は実験研究者に広く行き渡り，おそらく，特に分光学者のあいだで支持されていた．たとえば，マイケルソンにノーベル賞が授与された 1907 年のノーベル委員会による次の言葉がそのことをもっともよく表している．「物理学に関して言えば，それは精密科学としていちじるしく発展してきた．その発展は，大部分の物理学の偉大な発見が，物理現象の研究の中で行われる測定でいまや得ることができる高度の精密さに基礎を置いている，ということを我々が正当に主張できるような仕方においてなされてきた．〔測定の精密さ〕は，物理法則へ深く至る私たちの洞察のまさしく根幹であり，本質的な条件である．それが，新しい発見に至る私たちの唯一の方法なのである」（Holton 1988, 295）[2]．

　高い精度の測定を偏愛することは，理論や観察の価値を下げることを必ずしも意味するわけではない．ある場合においては，実験は自己を正当化するものと見られるかもしれない．しかしそのほかの場合では，実験は，発見や自然の理解の拡大といったより高い目的に仕えるものとみなされている．世紀転換期には，精密測定によって質的に新しい現象が生み出され，そして，この方法によって（古典的なマルクス主義者の表現を使えば）量から質への弁証法的転換が与えられるだろうとしばしば主張された．それこそが，マイケルソンにノーベル賞が授与されたときに，ノーベル委員会がほのめかしたことである．それは，確かにこのアメリカの物理学者にとって親しみのない考えではなかった．物理学の基本法則や今後の発見の可能性に関する 1902 年の所見の中で，マイケルソンは次のように書いていた．「これらの法則のほとんどに，明らかな例外が存在することが見出されてきているが，このことは，観察がある極限まで押し進められるとき，すなわち，極端な場合を調べることができるような実験環境においてはいつでも，とり

---

2) 中村誠太郎・小沼通二編『ノーベル賞講演物理学』第 1 巻（講談社，1972 年），217 頁．

わけ正しくなる.」いくつかのそのような例に触れた後, マイケルソンは続けてこう述べた.「ほかにも多くの事例に言及できるだろうが, これらの事例は『私たちの今後の諸発見が小数第6位において探し求められなければならない』という言明を正当化するのに十分だろう. そして, 測定の精度を増すどんな手段も将来の発見をもたらしうる要因となるということになる」(Michelson 1902, 24). これは「小数第6位のロマン」と呼ばれてきたものである. つまり, もし科学者がある自然の領域をいくらかのスケールまで知っているのならば, 少しだけ大きなスケールに至ることを可能にするような観察力の増大によって, 劇的な新しい結果が得られるかもしれない, という確信あるいは希望である. もし科学者たちが自分たちの実験をほんのわずかずつ——より精確に, より高いエネルギーで, より低い温度で, より高い分解能で,（その結果として）より高いコストで——洗練し続けるのなら, それは大きく報われるだろう. もちろん, このプロセスの中に自動機械は存在しない. つまり, 実験の精度もしくは範囲が増大することで発見が生み出されるだろうという保証は何もない. 他方, 確かにマイケルソンの見解は事実に根拠を持っている. すなわち, 科学史によって支えられている. その後の物理学は小数第6位のロマンを支持する証拠を与え続けてきた. マイケルソンは明らかに, 自分のエーテル引きずり実験をこの部類に属するものと見ていた. この実験は, 彼によれば, 相対性理論につながるものだったのである. 1911年の超伝導の発見は, おそらくさらによい例であろう.

ライデンの「測定によって知識へ」という哲学は,「洗練された現象主義」と呼ばれている. そしてそれは, 実験が, 理論研究を補足するというよりも, むしろそれを置き換えると主張するような, 未熟な経験主義とは区別されるべきである. 精密測定を強調したにもかかわらず, カメルリング・オネスの研究プログラムは, 理論と無関係では決してなかった. 新しい低温領域への挑戦にとりつかれているように映るものは, 単純な好奇心や, 彼の競争者たちよりも前に未知の領域の優先権を主張しようとする切望のみによって突き動かされたものではなかった（これらの因子は明らかに一つの役割を果たしていたが）. マイケルソンやほかの大実験家たちとは違い, カメルリング・オネスはしっかりした数学教育を受けており, ローレンツやヨハネス・ファン・デル・ワールスといったオランダの理論家たちから強いインスピレーションを得ていた. 低温学の彼の優れたプログラムをスタートさせる前に, 彼は熱力学や分子物理学を研究していた. 特に, ファ

ン・デル・ワールスの分子論の帰結を検証することに関心を持っていた．1880年，ファン・デル・ワールスは「対応状態の法則」を定式化した．カメルリング・オネスは次の年に独立にそれを発展させていた．この法則によれば，あらゆる物質は，それらの圧力，温度，体積が，これらの変数が臨界点で持つ数値の倍数として表されるとき，同じ状態方程式に従う．1894 年，カメルリング・オネスは，気体の液化プログラムに着手するための理論的基盤を明確に述べた．「私は，ファン・デル・ワールスの対応状態の法則の研究によって液化気体の研究に引きつけられた．私には，特に極低温の水素による永久気体の等温線を詳細に調べることが，大いに望ましいように思われた」(Gavroglu and Goudaroulis 1989, 51)．ライデンの低温実験とファン・デル・ワールスの理論の密接なつながりを伝える同様のメッセージが，1908 年，つまりヘリウムの液化に成功した後の，カメルリング・オネスの声明（上で引用されている）にも含まれていた．

超 伝 導

ライデン研究所で研究された特性の一つに，金属の電気伝導性がある．当時一般的に受け入れられていた理論は，1900 年にドイツの物理学者パウル・ドルーデが発表したある研究に基づいていた．それは，今日では大学の学部レベルの教科書で与えられているのとほぼ同じ理論である．ドルーデの提案によると，金属の伝導性は外部電場の影響による自由電子の運動の結果であり，そうした電子（彼は当初，電子が負と正の両方の電荷を運ぶと仮定していた）は気体のような性質を持つのであった．金属の中では，伝導電子はイオンや中性原子と熱平衡状態にあると仮定された．簡単のために，あらゆる電子は同じ熱速度 u を持ち，u はドリフト速度[3]よりはるかに大きいと仮定して，ドルーデは電気伝導率（抵抗率の逆数）について $\sigma = e^2 n \lambda T^{-1/2}$ という形の式を得た．ここで，λ は平均自由行程であり，n は単位体積あたりの自由電子の数である．1905 年にローレンツは，等速の電子という非現実的な仮定を，マクスウェル–ボルツマンの法則に従って分布する電子の速度で置き換えることにより，より洗練された理論を展開した．しかし，たいへん長い計算の末に彼がたどり着いたのは，ドルーデのものと係数だけ

---

3) ドリフト速度とは，電場の影響による電子の運動速度を意味する．

異なる式であった．続いて電気伝導性の理論は，J・J・トムソン，オーエン・リチャードソン，ニールス・ボーアらによる，さらに洗練された見解に発展した．1910年から1915年にかけてのこれらの見解では，金属導体中の電子は，理想気体の法則を満たす気体もしくは蒸気と考えられた．こうしたやり方で，電子と金属原子の相互作用のメカニズムも見出され，それが黒体輻射の法則を説明するであろうと期待された．満足のいく説明は，しかしながら，発見されなかった．また，電子の理論は，温度に伴う抵抗の変化を正確に説明することにも成功しなかった．

純金属の抵抗が少なくとも20Kまでは絶対温度に比例して変化すること，つまり $\sigma \sim T^{-1}$ であることは実験的に知られていた．このことは一つの問題を提起した．というのは，この式は恣意的に $n\lambda \sim T^{-1/2}$ と仮定したときにはじめてドルーデ-ローレンツの式と一致するからであり，ドルーデの理論でもその後継理論でも，n と λ を T の関数として計算することができなかったからであった．さらに，20世紀の最初の10年間に行われた極低温における実験は，$T^{-1/2}$ 依存性も T^{-1} 依存性も示さなかった．デュワーらによる，水素の沸点周辺における抵抗の温度依存性についての研究は，極低温で抵抗関数が平らになっていく傾向を示していた．このことは，二つの可能性のうちの一つを意味すると考えられた．つまり，その抵抗はあるゼロでない値に漸近的に近づくだろうということか，もしくは，その抵抗が最小値に達し，それから，さらに低い温度では無限大へと増大するだろうということの二つに一つであった．この後者が理論とうまく合致すると一般に推定された．絶対零度に近づくと，自由電子はおそらく「固まって」，原子の上で凝結する．そして，自由電子の密度がゼロに近づき，ドルーデ-ローレンツの式に従って，抵抗が劇的に増大するだろう．カメルリング・オネスはほかの科学者たちとともにこれを魅力的な仮説とみていた．1904年に，彼はこのことを次のように書いている．

低温にある金属中の空間を満たしている電子の蒸気が，原子の上でどんどん凝縮しているかのように見える．したがって，ケルヴィンが最初に表現したように，伝導性は極低温で最大値に達して，それから絶対零度になるまで再び減少していくだろう．絶対零度では，金属はガラスと同様にまったく伝導性を持たないであろう．伝導性が最大になる温度は，おそらく液体水素のそれよりも数

倍低いところに〔存在する〕．さらに低い温度では，自由電子は存在しなくなり，電気が金属の中で，いわば固まるかのようになる．(Dahl 1984, 6)

1910年にカメルリング・オネスは，自分が新たに生産した豊富な液体ヘリウムを準備して，この問題を体系的に調べることにした．その実験は，コルネリス・ドルスマンおよびジル・ホルストと共同で行われ，ホルストが実際の測定を担った．しかし，報告ではカメルリング・オネスだけが著者となっていた．このオランダ人たちははじめに白金抵抗を使い，そのデータを，既知の純度を持つ金による抵抗の以前の測定値と比較した．その結果から，カメルリング・オネスは次のように結論した．「ヘリウム温度［ヘリウムの沸点4.22K］へ下げていくことによって，抵抗はさらに減少していくが，ヘリウム温度に達すると，その抵抗は，もたらされた個々の温度と一切関係のない，一定の値を取るようになるように見える」(同頁)．彼は，わずかな不純物でさえもその結果に重大な影響を与えかねないことを認識し，それらが温度に伴う抵抗の実際の変化を覆い隠していると考えた．サンプルの金の比率を高めていくと，ほかのサンプルより抵抗が小さくなることに目をとめて，カメルリング・オネスは，温度がゼロに近づくにつれ，純金属の抵抗は漸近的に消失していき，5Kで実質的にゼロになるだろうと示唆した．これは大胆な推測であった．そして，ほとんどの大胆な推測と同様に，それは間違っていた．

1911年の新しい実験では水銀を利用した．水銀は高い純度の状態で手に入れることができたのである．最初の実験は4月に報告され，漸近的に消失する抵抗についてカメルリング・オネスが感じていたことを確証するように思われた．しかし，翌月により精確な実験が行われると，その実験はまったく予期しない一つの変化を示した．すなわち，4.2Kに近い温度で突然，ゼロ抵抗に変化したのだった．1913年のノーベル賞講演で，カメルリング・オネスはこの発見を次のように述べた．「測定の精度から見る限り，この実験からは，抵抗が消失したことが疑いなく理解できます．しかし同時にまた，それは何事か予期せざることが起こったことを示しています．抵抗の消失は滑らかに起こるのではなく，不連続的に起きているのです．4.2Kにおいて，抵抗は500分の1という値から100万分の1という値に落ちてしまいます．最低温度の1.5Kでは，抵抗は常温での値の10億分の1よりも小さいのです．つまり，水銀は4.2Kにおいて新しい状態へ転

移したのです．この新しい状態は，その特異な電気的性質から，超伝導状態と呼ぶことができます」[4]．1911年から1913年までのあいだに行われたさらなる実験は，水銀の超伝導が確かに存在することを実証した．だが，白金や金は同様な振舞いを示すことはなかった．しかし，水銀が特異なのではなかった．というのは，1912年12月に，スズと鉛も超伝導体であることが明らかになったからである．抵抗の消失は，スズについては3.78Kで起こり，鉛については6.0Kで起こることがわかった．予想に反して，不純物はこの新たな現象に何も影響を与えないこともわかった．さらに，抵抗の消失は突然起こることが確かめられ，抵抗曲線の「ひざ」［状に曲がったところ］は実験の不具合によるものだったことも確かめられた．

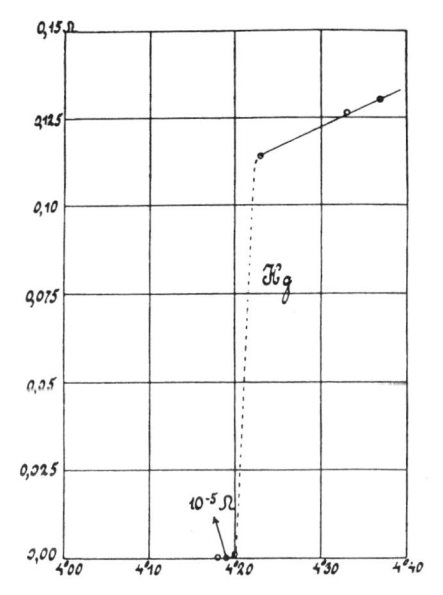

図 6.1 超伝導の発見．カメルリング・オネスによる1911年の，温度に対する水銀の抵抗の曲線

「超伝導」（superconductivity）という用語は，1913年はじめのカメルリング・オネスの論文にはじめて現れた．いまやこの不可解な現象には名前がつけられたが，その名称が意味するものに対する理解は完全に欠けていた．しばらくのあいだは，カメルリング・オネスもその現象の斬新さを完全には理解しておらず，通常の電気伝導性の極端なケースとして，すなわちドルーデ-ローレンツ理論によって与えられる枠組みの中でそれを考え続けていた．おそらく，超伝導は，電子の平均自由行程の突然の増大によって引き起こされるのだ，と彼は考えた．このアイディアによって彼は，鉛とスズに対して得られた結果とあわせて，超伝導はすべての金属が低温において持つ一般的な状態であるという考えを抱いた．しかし，このことは明らかに実験で決められるべき問題であった．そして実験では，超伝導

---

4) 中村誠太郎・小沼通二編『ノーベル賞講演物理学』第2巻（講談社，1979年），163頁．

を起こすのはわずかな元素に限られることが証明されたのである．理論的な理解は欠如したままであったが，超伝導の実験的な領域は急速に進歩した．1913年に最初の超伝導磁石がライデンで製作され，1914年にはカメルリング・オネスと彼の研究チームが超伝導状態に対する強磁場の作用に関する研究を始めた．ここでまた，ある新しい不連続性が発見された．それは，磁場のある臨界値の存在である．その値より上では，ゼロ抵抗は不思議なことに突然消えるのである．臨界磁場の強さは温度が下がるに伴って増大することがわかった．超臨界磁場の作用は，金属を加熱するのと同様なのである．実はさらに，もう一つの新奇な現象が悩める理論家たちに残されていた．

カメルリング・オネスは1911年に超流動も発見していた，と主張されることがある．この主張のわずかな根拠は，ライデン・グループが温度に伴う液体ヘリウムの密度変化の測定を行い，2.2K近くで最大密度を示唆する結果を得たというものである．しかしながら，密度の鋭い変化——ヘリウムの超流動の表れ——は，第一次世界大戦から数年経った1924年にようやく疑問の余地なく確立されたのである．そのときでさえ，カメルリング・オネスはそれを，詳細な研究に値するような，特に関心を引く現象とは考えていなかった．1911年に彼が観察したものは確かに超流動の特性であったが，真に新しい現象が現れたと理解されるまでには多くの年数を要した．観察は必要条件だが，発見のための十分条件ではない．超流動が発見とみなされる地位を得たのは1938年になってからであった．

超伝導の発見はライデン研究所の活動の輝かしいピークであったが，幅広く計画された研究プログラムの中では，多くのうちのごく一部にすぎなかった．1911年の前後にも，カメルリング・オネスと彼のグループは，低温におけるほかの特性を研究するのにほとんどの時間を割いていた．それにはホール効果，ピエゾ電気，キュリーの法則，磁気光学，放射能が含まれていた．カメルリング・オネスが1913年にノーベル賞を授与されたのは，「低温における物性の研究，特にその成果である液体ヘリウムの生成に対して」であった．超伝導は，今から見ればさまざまな発見の中でもっとも重要なものだが，受賞講演で明確に言及されることはなかった．超伝導がすぐに大評判にならなかったことは，超伝導の発見から半年して開かれた1911年の第1回ソルヴェイ会議からも見て取れる．［会議の開催地となった］ブリュッセルで，カメルリング・オネスは電気抵抗測定に関する詳

細な報告をして，その中で抵抗の消失が量子論によって説明できるかもしれないと曖昧に述べた．ノーベル賞講演では彼は，超伝導が「プランク振動子のエネルギー」と関連づけられるかもしれないと同様に提案した．ソルヴェイ会議における報告の後の簡単な質疑は，ポール・ランジュヴァンからの質問に限られていた．このことは，ブリュッセルに集まった物理学者たちが，その現象に特に関心を向けてはいなかったことを示している．

　電気伝導性の修正理論を発展させ，それにより超伝導を説明するために量子論を応用する試みは，1911年の発見後，すぐに行われた．さまざまな理論のうちで有望なものの一つは1913年にヴィルヘルム・ヴィーンによって提案されたものであり，これは電気伝導性が実質的には電子の平均自由行程によって決定されるという仮定に基づいていた．低温においては，ヴィーンの量子論は，抵抗が温度の2乗に依存することを導くが，超伝導金属の抵抗が突然急降下することを説明できなかった．ほかの量子論の応用には，1914年のケーソムや1915年のフレデリック・リンデマンによるものがあったが，成功することはなかった．抵抗の突然の変化の原因は何なのか？　どうしてこの現象は周期律の中のわずかな金属だけに限定されるのか？　理論がこれらの問題に解答することはまったくできなかった．しかし，その失敗にもかかわらず，この変則事例による危機感は存在しなかった．

　もし超伝導が理論的に理解されえないとしても，おそらく技術的にはそれを利用できるだろう．早い段階で，ライデンの物理学者たちは強力な超伝導電磁石を製作する可能性を認識した．超伝導電磁石では，非常に大きな電流に対してさえも熱的損失がないのである．そのような強力な磁石は単に科学的に興味深いだけでなく，電気技術産業においても非常に有用であろう．だが，強い磁場は超伝導状態を相殺することがわかり，超電磁石の夢は少なくとも暫定的には棚上げされなければならなかった．1914年のはじめには，超伝導性の鉛リングによって実験が行われた．その鉛リングには，10キロガウスまでの強さのさまざまな磁場が加えられた．小さな磁場の強さでは，抵抗はゼロであるが，600ガウス周辺の臨界値になると抵抗は劇的に上昇した．それは，抵抗と温度の変化に似た振舞いであった．「まるで磁場をかけることが，導体を加熱することと同じ作用をもたらすかのように……抵抗は増大する」とカメルリング・オネスは記した．抵抗と磁場の関係についてのさらなる研究は1920年代まで待たなければならなかった．

第一次世界大戦の到来で，ライデンは一時的にヘリウムの供給を止められたのである．液体ヘリウムがないため，超伝導も，5K以下の温度で起こるほかの現象も，実験を行って研究することはできなくなった．

　ライデンでの低温実験は戦争が終わると続行され，ヘリウムの新たな供給が確保された．1919年に，さらにもう二つの金属，タリウムとウランが超伝導性であることが示された．抵抗の消失する温度はタリウムで2.32Kであり，ウランで約7.2Kであった．理論側からは，その現象を理解するための試みが続けられたが，目立った進歩は見られなかった．戦後になってからのはじめの2回のソルヴェイ会議が，超伝導に関する知識が不満足な状態にあったことを例証しているかもしれない．1921年の会議では，カメルリング・オネスが「超伝導体とラザフォード–ボーアのモデル」と題する講演を行い，その中で，最新のライデンでの実験について報告した．彼は，超伝導がボーアの量子的原子によってのみ理解されうる非古典的現象であると提唱したが，カメルリング・オネスもほかの人たちもどのようにしてそれが理解できるかを述べることはできなかった．彼は八つの問いで自分の報告をまとめた．その中には，「ラザフォード–ボーア原子が金属を作るために結合した後，それらの電子には何が起こるのだろうか？　それらの電子は運動エネルギーのすべてもしくは一部を失うのだろうか？」というものも含まれていた．

　1924年の第4回会議の議題は「金属の電気伝導性」となり，そこで，超伝導が何人かの参加者によって議論された．ローレンツは金属電子論について話し，曖昧ながらも，超伝導状態の電子軌道は不規則であり「特有のもの」に違いないと結論づけた．カメルリング・オネスは，ボーアの新しい周期律の理論によって，少数の超伝導性元素の電子構造間の可能な関係を議論した．ランジュヴァンは，抵抗の不連続な消失はおそらく物質内の相の変化の結果であろうと述べた．彼は明らかに，その提案がすでにライデンで実験的に検証に付されていたことを知らなかった．ライデンでは，ケーソムのX線解析によって，相の変化が関連していないことが立証されていたのである．オーエン・リチャードソンは，電子が，互いに接する軌道に沿って自由に動くことができるというような，一つのモデルを提案した．オーギュスト・ピカールは，稲妻が常温での超伝導現象ではないかと考えた．

　ソルヴェイ会議での議論も，超伝導を理解しようとする同時代のほかの試みも，

この課題に対する説明を与えるにあたって，戦前［第一次世界大戦前］よりも前進できたわけではなかった．1922年にアインシュタインは，超伝導研究に関する彼の唯一の論文の中で次のように記した．「複合系の量子力学に対する我々の無知は広範囲にわたっており，そのため我々にはこうした曖昧な考えから一つの理論を作り出すことなど決してできない．私たちは実験にしか依拠することができない」(Dahl 1992, 106)．ちなみに，おそらくこれが，「量子力学」(quantum mechanics) という用語が科学の出版物中に姿を現した最初であった．

　1925年以降，量子力学では知りえないものの範囲が劇的に狭まってくると，超伝導の理論的理解が，新しい量子論から簡単な仕方では出てこないことがわかってきた．超伝導は最終的には満足のいく量子力学的説明を与えられたが，この奇妙な現象が十分に理解されるまでには長い時間と多くの失敗を必要とした．1935年に，現象論的理論がフリッツ・ロンドンとハインツ・ロンドンの兄弟によって展開され，1957年になって，超伝導に関する微視的な基礎に立脚した説明が，アメリカのジョン・バーディーン，レオン・クーパー，ロバート・シュリーファーによって最終的に与えられた．我々は，第24章でその後の発展を見ることになるだろう．

文献案内

Mendelssohn 1977［原書初版の邦訳1971年］は，低温物理学発展史の半ば一般的な書である．この題材は，Dahl 1992年でより学術的に扱われた．Dahlの本は，19世紀後半から1990年代初頭までの超伝導の完全な通史である．超伝導の発見については，Dahl 1984も読むとよい．【Van Delft 2007はカメルリング・オネスとオランダの低温物理学の伝統の詳細な説明を与えている．】低温学の発展の別の様相は，Scurlock 1992で描かれている．1898年から1920年代までの電気伝導性の諸理論はKaiser 1987の主題となっている．また，超伝導と超流動の歴史はGavroglu and Goudaroulis 1989の中で詳細に分析されている．Gavroglu and Goudaroulis 1989では，より一般的で方法論的な見地に力点が置かれている．ライデンのある物理学者による，超伝導発見とカメルリング・オネスの研究所についての説明は，Casimir 1983で読むことができる．

第 7 章

アインシュタインの相対論と，ほかの人々の相対論

ローレンツ変換

　相対性理論は 19 世紀の光学にその起源がある．オーギュスタン・フレネルの光の波動説が成功すると，エーテル中を運動する物体の問題が注目されるようになった．フレネルが 1818 年に提案していたある理論によれば，運動している透明物体はエーテルを部分的に引きずることになる．その場合，エーテルに対して速度 v で運動する物体の中を伝播する光の速度は，v/c という量に依存する形で，その物体の速度のうちのわずかな分だけ変化するだろう（ここで c は真空中での光速）．フレネルの理論は，のちに行われた多数の光学実験を説明した．それらはエーテル中の地球の運動が，v/c の 1 次のオーダーまででは検出できないことを示していたのである．光の弾性理論がマクスウェルの電磁理論で置き替わっても，状況は同じであった．運動物体の電気力学のいかなる理論も，「フレネルの引きずり」を含んでいなければならなかった．1892 年に公表された，電子［を含む］バージョンの最初のマクスウェル理論において，ローレンツはフレネルの引きずりを，光と運動物体中の荷電粒子（「イオン」，のちの電子）との相互作用の結果であると解釈した．しかしローレンツにとって気がかりだったのは，アメリカの物理学者アルバート・マイケルソンとその共同研究者エドワード・モーリーが 5 年前に実施し，［それ以前の］1881 年にマイケルソンが最初に行っていた実験が，自分の理論で説明できないということだった．

　1887 年の有名なマイケルソン–モーリーの実験は，エーテルに対する地球の運動を先進的な干渉計技術により測定する試みであった．実験は，マイケルソンが物理学の教授を務めていた，オハイオ州クリーヴランドのケース応用科学校で実施された．いかなる 1 次のオーダーの効果も検出されないことは期待されてしかるべきだったが，マイケルソン–モーリーの実験は 2 次のオーダーまで，つまり

$(v/c)^2$ という小さな量に依存するオーダーまで精密なものだった．ローレンツの理論によれば，エーテルの引きずりはこの精度のオーダーで検出可能なはずであるが，それに反して実験結果はゼロであった．［絶対的に静止している］世界エーテルの中での，検出可能な地球の運動がないというのは，理論家にとっても実験家にとっても驚きだった．結果を受け入れるというより，しばらくのあいだマイケルソンは実験を失敗だと考えた．「もともとの実験の結果が否定的だったのだから，問題はなお解決を求めている」と主張したのである（Holton 1988, 284）[1]．理論と実験のあいだの不一致のために，ローレンツは，のちにローレンツ収縮と呼ばれたものを仮定することで理論を修正した．すなわち，地球の運動方向に動いている物体の長さは因子 $\gamma = (1-\beta^2)^{-1/2}$ だけ，あるいは $\beta = v/c$ の2次のオーダーまででは $1-\beta^2/2$ だけ，縮むというものである．γ という量はローレンツ因子として知られる．ローレンツは知らなかったが，似たような説明はアイルランドの物理学者ジョージ・フィッツジェラルドによって，その公式こそ含んでいなかったものの，1889年に提案されていた．このため，それはフィッツジェラルド–ローレンツ収縮として言及されることがある．フィッツジェラルドもローレンツも，その仮説的収縮は分子の力の変化によって引き起こされると仮定した．しかしその仮定を支持する説明を与えることは両者ともにできなかった．

　マイケルソンの［実験］結果に関するローレンツの最初の説明は明らかにアド・ホックなもので，自分の電気力学理論に基づいてすらいなかった．続く10年間にローレンツは理論を大きく発展させ，そうして1899年，このオランダの理論家は，エーテル中を運動する物体の座標とエーテルに対して静止している物体の座標とのあいだのもっと一般的な変換から，長さの収縮を導くことができた．ローレンツはこれらの変換を，1904年にはいっそう完全な形で，私たちが今日知っているのと同じ形で書いた．しかし彼が，完全な「ローレンツ変換」を公表した最初の人物だったのではない．純粋に数学的な変換としては，それは，早くも1887年に出版されていたヴォルデマール・フォークトによるドップラー効果に関する研究の中に見つけ出せる．さらに重要なことに，1900年にはラーモアが，彼自身のバージョンの電子論からその方程式を導き出していた．ローレンツ

---

1) G・ホルトン「アインシュタイン・マイケルソン・〈決定的〉実験」亀井理訳，西尾成子編『アインシュタイン研究』（中央公論社，1977年），64頁．

–ラーモア変換によって，マイケルソン–モーリーの実験のゼロという結果は簡単に説明できた．実際ローレンツの理論からは，v/c の 2 次のオーダーまでというだけでなくすべてのオーダーについて，エーテル中での一様運動のいかなる検出可能な効果も存在しえないということが帰結したのである．

ローレンツ変換は特殊相対性理論の形式上の核を構成しており，したがって一見すると，アインシュタインの理論にはローレンツとラーモアの電子論が先行していたように思えるかもしれない．だが，まったくもってそうではなかった．1905 年のアインシュタインと同じ変換を得ていたにもかかわらず，ローレンツはそれを非常に異なった形で解釈したのである．第一に，ローレンツのものは，変換を物理的原因に，すなわちエーテルと運動物体中の電子の相互作用に帰すことのできる，動力学的な理論であった．長さの収縮は，エーテル中での物体の運動のために生じる相殺的な効果だとみなされた．ローレンツによれば，地球は実際にエーテル中を運動しているのだが，ただマイケルソンの結果と一致して，エーテルの風は測定不可能だというだけだったのである．第二に，ローレンツのエーテルは彼の理論の不可欠な部分であり，理論の中で絶対参照系として機能していた．たとえば，ローレンツは（1904 年には暗黙のうちに，1906 年には明示的に）絶対的な同時というものが存在すると主張した．この概念が時間の変換に関する現代的解釈とは相容れないということだけで，ローレンツとアインシュタインの理論の違いが例証される．どちらの理論でも，変換は $t' = \gamma(t - vx/c^2)$ を示す．ここで t' は系 (x, t) に関して速度 v で動いている系での時間である．しかしローレンツは変換を数学的道具とみなし，「局所時」t' はいかなる実在的意味も持たないとみなした．ただ一つの本物の時間 t（これを彼は一般時と呼んだ）だけがあると考えたのだった．解釈における差異のもう一つの側面としては，相対論の枠組みでは運動学的変換からただちに帰結する，速度の合成に対する相対論的公式にローレンツが到達しなかったということがある．

ローレンツやラーモアをはじめとして，ほとんどの物理学者はエーテルとそれに伴う絶対空間・絶対時間の概念に固執したが，異議を唱える声もあった．エルンスト・マッハはニュートンの絶対空間概念を強く批判しており，哲学に基づく彼の批判は，とりわけ若き日のアインシュタインにはよく知られていた．マッハはまた，（彼以前の多くの人々と同様に）ニュートンの絶対時間概念を批判して，経験にも直観にも基づいていないがゆえに形而上学的であると主張した．1889

年の本,『力学』におけるマッハの力学的世界像批判に言及して,アインシュタインは自伝ノートの中で「この本は私が学生だった頃,この点で深い印象を与えた」と振り返った（Schilpp 1949, 21）[2]．

相対論の前史の概略は,どんなに短いものであれ,ローレンツと並んでアンリ・ポワンカレに言及することを避けられない．科学の規約主義的な考え方に基づいて[3],1900年頃,このフランスの数学者は二つの出来事の同時性が何らかの客観的意味を付与されうるかどうかを問うた．早くも1898年に彼はこう書いていた．「光は一定の速さを持つ……．この前提は経験によって正しいと確かめることができず,……同時性の定義に対する新たな規則を定めている」（Cao 1997, 64）．2年後,パリでの国際物理学会議において,ポワンカレはエーテルが本当に存在するのかどうかを論じた．この質問に否定的に答えはしなかったものの,ポワンカレは,エーテルとはせいぜい物理的性質を付与されえない抽象的な準拠座標系だろうという意見であった．1902年の『科学と仮説』の中では,エーテルの問題は形而上学的であって,いつか役に立たないものとして捨てられるであろう都合のよい仮説にすぎないと断言した[4]．1904年のセントルイス会議での演説では,絶対運動という考えを批判的に検討し,ローレンツの局所時（t'）が一般時（t）よりも非実在的なわけではないと主張して,彼が相対性原理と呼んだもの,すなわち絶対的な一様運動の検出不可能性を定式化した．ポワンカレの1904年の定式化は引用しておくに値する——「『相対性の原理』に従えば,物理現象の法則は『固定された』観測者に対しても,この人に関して一様な並進運動をしている観測者に対しても同じでなければならない……そこにはまったく新しい種類の動力学が現れるに違いなく,それはとりわけ,いかなる速度も光速を超えることはできないという規則によって特徴づけられるであろう」（Sopka and Moyer 1986, 293）．この時点までは,ポワンカレによる議論への介入は主として綱領的かつ半哲学的であった．［ところが］1905年の夏,やがて現れるアインシュタインの論文を知ることなく,ポワンカレはいくつかの点でローレンツのもの

---

2) アルベルト・アインシュタイン『自伝ノート』中村誠太郎・五十嵐正敬訳（東京図書,1978年）,28頁．
3) ポワンカレは,幾何学の公理や力学の原理は経験的に得られた事実ではなく,自然現象を扱うために便利なものとして選ばれた規約であるという思想を展開した．
4) ポアンカレ『科学と仮説』河野伊三郎訳,岩波文庫（岩波書店,1959年）,241頁．

を凌駕する電気力学理論を展開した．たとえば，相対論的な速度の合成則を証明したのだが，ローレンツはこれを行っていなかった．また，電荷密度に対する正しい変換公式を与えることもした．相対性の原理を「自然の一般法則」として述べ直したのみならず，ポワンカレはローレンツの分析に修正を加え，ローレンツ変換が，$x^2+y^2+z^2-c^2t^2$ が不変，つまりどの準拠座標系においても同じであるという重要な性質を持った群を作ることを証明した．さらにその不変性は虚数時間座標 $\tau = ict$ を導入すると $x^2+y^2+z^2+\tau^2$ という対称的な形で書ける，ということさえ注意している．ポワンカレの理論は重要な改良であり，確かに一つの相対論だったのだが，あの相対性理論ではなかった．奇妙なことに，このフランス人数学者は自分の重要な洞察を徹底的に追究しはしなかったし，同時に発展したアインシュタインの相対性理論にもまったく興味を示さなかった．

アインシュタイン相対論

26歳のアルバート・アインシュタインは，1905年6月に特殊相対性理論を作り上げた当時，物理学者のコミュニティでは無名だった．『物理学年報』(*Annalen der Physik*) にアインシュタインが投稿した論文は，物理学に革命を起こした著作としての後年の地位はもちろんだが，それだけでなく，いくつもの意味で注目すべきものだった．たとえば，これには一つの参考文献も含まれておらず，そのため理論の源泉が曖昧になった．これは後世の科学史家によって詳しく調査されてきた問題である．アインシュタインは文献にそれほど通じておらず，自分の理論にまったく独力でたどり着いていた．ポワンカレの専門的でない著作のいくつかや，ローレンツの1895年の仕事については知っていたけれども，ローレンツによる（あるいはラーモアによる）変換方程式の導出については知らなかったのである．アインシュタインの論文に関するもう一つの奇妙な事実は，マイケルソン-モーリーの実験に言及していなかったこと，さらに言うならば，エーテル風の検出に失敗し，運動物体の電気力学に関する文献で日常的に議論されていた，そのほかの光学的実験に言及していなかったことである．しかしながら，アインシュタインはその論文を書いた当時，マイケルソン-モーリーの実験を知っており，そればかりかその実験はアインシュタインにとって特別な重要性をまるで持っていなかったという，説得的な証拠が存在する．アインシュタインは実験のパ

ズルを説明するために自分の理論を発展させたのではなく，単純性と対称性についてのはるかに一般的な考察から研究を行った．これらは主として，マクスウェルの理論への深い関心や，力学の法則と電磁気現象を支配している法則とのあいだには原則として違いが一切ありえないはずだという彼の信念に関連していた．アインシュタインの相対論への道にあっては，思考実験が実際の実験よりも重要であった．

　当時としてはきわめて異例なことに，アインシュタインの論文の決定的に重要な第1部は，運動学であって動力学ではなかった．アインシュタインは二つの前提から出発した．第一のものが相対性原理で，「力学の方程式が成立するすべての準拠座標系に対して，電気力学と光学の同一の法則が成り立つであろう」と定式化された．もう一つの前提は，「光は常に，それを放出する物体の運動状態によらない一定速度Vで真空中を伝わる」というものであった[5]．エーテルに関しては，アインシュタインはそれを表面的だとしてあっさり無視した．この公理的基盤からアインシュタインは，長さ，時間，速度，同時性といった，一見したところ基本的な概念についての考察に進んだ．アインシュタインの目的は，こうした基本概念を明確にすることだった．非常に単純な議論によってまず，同時性が絶対的には定義されえず，観測者の運動状態に依存することを示した．次にこの洞察を応用して，絶対時間と物体の絶対的な長さとの首尾一貫した概念が決して存在しないことを示した．静止系と，それに関して一様に運動しているもう一つの系とのあいだの（ローレンツ）変換は，純粋に運動学的に導き出された．

　ローレンツやポワンカレのものとは反対に，アインシュタインの公式は現実の，物理的に測定可能な空間・時間座標に関係していた．ある系はほかの系と同じく実在的であった．変換方程式からは，速度の合成公式や運動物体の収縮，それに時間膨張すなわち時間の幅が観測者の速度に相対的であること，が帰結した．アインシュタインの変換時はいかなる時間とも同様にこの上なく実在的であり，この点において，ローレンツの局所時とはまったく違っていた．二つの速度uとvの合成は最終速度$V=(u+v)/(1+uv/c^2)$を与え，そしてアインシュタインが注意したように，このことは光速が光源の速度と独立であるという直観に反する結

---

[5] A. Einstein「運動物体の電気力学」上川友好訳，物理学史研究刊行会編『物理学古典論文叢書4　相対論』（東海大学出版会，1969年），3頁．

果を含意している．

　相対性理論の基礎は運動学の部において，より正確にはその二つの前提において与えられた．自分の論文の標題が「運動物体の電気力学について」であることをアインシュタインが正当化したのはようやく第2部においてである．アインシュタインは，彼によれば空間・時間座標と同じ意味で相対的な量である，電磁場に対する変換公式を導いた．しかし場の量は運動状態に相対的であったけれども，それらを支配する法則は違っていた．マクスウェル-ローレンツの方程式はいかなる参照枠においても同じ形をしていると，アインシュタインは証明した．それは相対論的に不変なのである．アインシュタインの理論によれば，多くの物理量は観測者の運動に相対的だが，ほかの量（たとえば電荷や光速）や物理学の基本法則は同じままである．そしてこうした不変性こそが，根本的なのである．この理由のため，アインシュタインは本来ならば自分の理論を，「不変理論」という，多くの誤解を防いだかもしれない名前で呼ぶほうを好んだことだろう．「相対性理論」(relativity theory) という名前はプランクによって1906年に導入され，急速に受け入れられた．皮肉なことに，プランクは，アインシュタインの理論の本質はその絶対的な特徴に——相対的な特徴にではなく——あると考えていた．

　1892年にはローレンツが，磁場中で運動する電荷 q に作用する力を想定していた（ローレンツ力，$F=q\mathbf{v}\times\mathbf{B}/c$）．アインシュタインはその法則を維持したが，その地位を変更した．アインシュタインの変換からは単純なやり方でそれを導き出すことができ，かくしてそれを導かれた法則にしてしまったのである．論文の最後では，アインシュタインは運動している電荷，つまり電子の質量とエネルギーを考察した．アインシュタインの電子は同時代の電磁気学者たちによって調べられていたものとは異なっていた．というのも，アインシュタインのものは基本的な量だったからである．それらの形や内部構造の問題には，関心がなかった．アインシュタインは，電子の運動エネルギーがその速度に伴い，$m_0 c^2(\gamma-1)$ に比例して変化するであろうと予測した．ここで m_0 はゆっくり動く電子の質量，つまりその静止質量である．この結果から質量とエネルギーの等価性までは，小さな一歩でしかない．それはすなわち，アインシュタインが1905年のもう一つの論文で踏み出した一歩である．この論文では，ことによると物理学のもっとも有名な法則であるかもしれないもの，$E=mc^2$ を導いた．アインシュタインの言葉では，「物体の質量は，そのエネルギー含有量の尺度である．もしエネルギー

が L だけ変化するなら，エネルギーをエルグ，質量をグラムで測って，質量は同じように $L/(9\times 10^{20})$ だけ変化する」[6].

アインシュタインの論文を読んだほとんどの人は，おそらくそれを当時流行の電子論に対する貢献とみなし，その運動学の部にはあまり注意を払わなかった．だがアインシュタインは電子論の理論家では決してなかったし，彼の理論は，それが基づいている前提の通り，まったく一般的であった．電気的であるにせよそうでないにせよ，あらゆる種類の物質に対して結果は妥当すると主張されたのである．アインシュタインは次のように書くことで，同時代の電子論からの距離を示唆した．すなわち，自分の結果はマクスウェル－ローレンツの理論から導かれるけれども，「重さのある質点に対してもやはり妥当する．なぜなら重さのある質点は，[その質点が] どれほど小さいにせよ，電荷の追加によって，電子（この言葉の我々の意味での）にすることができるからである」(Miller 1981, 330，強調は原文のもの)[7]．この種の「電子」は，電磁気学的世界観には居場所がなかった．質量とエネルギーのあいだの等価性は 1905 年にはよく知られていたが，それはもっと狭い，電磁気学的解釈においてであった（第 8 章を見よ）．[それに対して] アインシュタインの $E=mc^2$ はまったく一般的だった．

アインシュタインの理論は，特にドイツではかなり迅速に取り上げられ，議論された．しかしながら，その真の本性はただちには認識されず，往々にしてローレンツの電子論の改良版とみなされた．「ローレンツ－アインシュタイン理論」という名前がふつう使われ，これは 1920 年代になってもなお文献中に見出される．相対論の初期の擁護者でもっとも重要だったのはマックス・プランクであり，自らの権威をもってその理論の後ろ楯としただけでなく，それを専門的に発展させるのにも一役買った．プランクは，その理論の論理的構造と統一的性格に大いに感動した．プランクはそれを，力学と電磁気学の両方を包含する根本理論だと認識し，相対性理論が最小作用の原理の形式で提示できることを 1906 年に発見したときには喜んだ．プランクはまた，アインシュタインの理論に従って粒子の動力学を発展させ，エネルギーと運動量に対する変換法則をはじめて書き下した．

---

6) A. Einstein「物体の慣性はそのエネルギーに依存するか？」上川友好訳，物理学史研究刊行会編『物理学古典論文叢書 4　相対論』(東海大学出版会，1969 年)，37 頁．

7) A. Einstein「運動物体の電気力学」上川友好訳，物理学史研究刊行会編『物理学古典論文叢書 4　相対論』(東海大学出版会，1969 年)，29 頁．

もう一人の重要な擁護者は，ゲッティンゲンの数学者ヘルマン・ミンコフスキーである．彼は 1907 年［正しくは 1908 年］の講演において，強烈な形而上学的魅力を伴った 4 次元の幾何学的枠組みの中で相対論を提示した．ミンコフスキーは粒子の世界線という考えを導入し，相対性理論が過去とのどれほど根本的な断絶であるかを熱狂的に説いた．「これより先，空間そのもの，そして時間そのものは，単なる影のうちへと消え去っていく定めなのであり，この二つのある種の統一のみが独立の実体を保持することでしょう」（Galison 1979, 97）[8]．しかしながら，ミンコフスキーはアインシュタインの理論をローレンツの理論の完成形とみなしており，それを電磁気学的世界観の枠組みの中で——誤って——解釈したのであった．

プランク，ミンコフスキー，エーレンフェスト，ラウエらの仕事のおかげで，1910 年にはアインシュタインの相対性理論は強固な支持を得，おそらくはエリート理論物理学者の多数派によって受け入れられるようになっていた．『物理学年報』が，ますます多くなる論文のための主要な学術誌となった．それらの論文では理論がテストされ，概念的にあるいは数学的に検討され，新しい領域に適用され，そして古い物理学が相対論的枠組みへと改鋳されていった．ドイツの外では受容はもっとゆっくりで，ためらいがちなものであったけれども，物理的意味においてその理論を受け入れるかどうかはともかく，1910 年には多くの物理学者がその方程式を使うようになっていた．当時，その理論は物理学者のコミュニティ外部ではほとんど知られていなかった．相対論が平均的な物理学者にまで普及するにはいくらかの時間を要し，そして当然のことながら，物理学の教科書に入ってくるにはさらに長い時間を要した．特殊相対性理論がだんだんと馴染みあるものになっていったことは，ゾンマーフェルトの有名な『原子構造とスペクトル線』によって例証される．これは主に学生と原子物理学の非専門家向けの本であることを意図されていた．1919 年から 1922 年にかけての最初の三つの版では，ゾンマーフェルトは微細構造論についての章を，相対性理論への 18 ページ分のイントロダクションで始めていた．1924 年の版［第 4 版］で，ゾンマーフェルトはそのイントロダクションを，いまや相対性理論はあらゆる科学者によく知られ

---

8) H. Minkowski「空間と時間」上川友好訳，物理学史研究刊行会編『物理学古典論文叢書 4 相対論』（東海大学出版会，1969 年），103 頁．

た知識であるという楽観的コメントで置き換えた．

特殊相対論から一般相対論へ

　一般相対性理論についての最初の考えはその2年後，すなわち1907年に浮かびました．そのアイディアは突然生じたのです［……］．私は，重力の法則を除くすべての自然法則が，特殊相対性理論の枠組みで論じられることに気づきました．この理由を見出したいと思ったのですが，容易にこの目的を達することはできませんでした［……］．ブレークスルーはある日，突然やって来ました．私はベルンの特許局で椅子に座っていたのです．突然一つの考えが浮かびました．もし人間が自由落下したとすると，その人は自分の重さを感じないだろう，と．私ははっとしました．この単純な思考実験が私に深い印象を与えたのです．これが重力の理論へと私を導いてくれました[9]．

このようにして，アインシュタインは1922年の講演で，科学史上もっとも根本的な理論の一つへと彼を導いた道筋の出発点を描写してみせた．ダーフィト・ヒルベルト，グンナル・ノールドシュトレム，それからあと幾人かによる興味深い数学的貢献にもかかわらず，一般相対論は何と言ってもアインシュタインの仕事であった．等価原理によれば，一定で（加速されておらず）均質な重力場と，重力のまったくない一様に加速された準拠座標系とのあいだには，いかなる力学的実験も区別をつけることができない．1907年にアインシュタインは，この原理を一般的に，力学的にせよそうでないにせよあらゆる種類の実験に対して妥当なものとして定式化した．この観点からすると，慣性と重力のあいだにはいかなる本質的違いもない．アインシュタインはこの考えをただちには追究しなかったが，1911年には新しい研究プログラムの最初のバージョンを展開した．すなわち，等価原理と拡張された相対性理論との両方に至るような，新しい重力理論を見出すことである．相対性原理の最初の一般化は注目すべき二つの予測を生み出した．第一に，光の伝播は重力による作用を受ける．そして第二に，1907年の論文で

---

[9] 石原純『アインシュタイン講演録』（東京図書，1971年），83-84頁；安孫子誠也『アインシュタイン相対性理論の誕生』講談社現代新書（講談社，2004年），147-148頁．

アインシュタインがすでに気づいていたように，時計の進むペースは大きな重さを持つ質量の付近では遅くなる．第一の予測に関して言えば，アインシュタインは太陽をかすめる光線に対して，偏向［角］が1秒よりも少し小さい，0.83秒になることを見出した．第二の予測の時計のほうは，単色スペクトル線によって測定されるような，光を放つ原子であってもよいだろう．そこで，アインシュタインは，受け取られる波長が重力場でどれだけ増加するか——赤方偏移するか——を計算した．その結果，すなわち等価原理の直接的な帰結は，$\Delta\lambda/\lambda = \Delta\Phi/c^2$ であった．ここで $\Delta\Phi$ は光の放射と受け取り［の地点］における重力ポテンシャルの差である．

　アインシュタインは，自分の1911年の理論が，探し求めている理論へ向かうほんの一歩にすぎないことに気づいた．その次の4年間，アインシュタインは新しい相対論的重力理論の，はるかに込み入った探究に没頭した．問題に対する鍵は数学にあるとわかった．「私はこれまでの人生で，これほど一生懸命に仕事に精を出したことは一度もありませんでした」と，アインシュタインは1912年にゾンマーフェルトに宛てて書いた．「私は数学への深い尊敬の念を抱くようになりました」(Pais 1982, 216［邦訳282頁］)．彼の友人，数学者のマルセル・グロスマンに助けられて，アインシュタインは，その理論にとって適切な数学的道具立ては19世紀のガウスとリーマンの仕事を起源とする絶対微分解析（あるいはテンソル解析）であると認識した．彼はグロスマンと協同して，時空が物理的事象の不活性な背景としてはもはや見られず，重力を持つ物体の存在によって時空そのものが変化を受けるような，重力のテンソル理論を発展させた．いまやアインシュタインは，特殊相対論の線要素［ds］を決定的に放棄し，一般には10個の2次の項からなる複雑なテンソル表現 $ds^2 = \Sigma g_{mn} dx^m dx^n$ で置き換えた．同じように，自分の理論をローレンツ変換に基づかせることももはや行わず，それをさらに一般的な不変群で置き換えようと欲した．1913年，アインシュタインは一般共変性の要請，すなわち，場の方程式はどの準拠座標系においても同じ形をしていなければならないということを論じた．この要請を満たしている物理法則は，世界像の恣意性を最小化し単純性を最大化するだろうから好ましい，と考えたのである．しかしながら，一般共変性原理を定式化するや，アインシュタインはそれを放棄し，代わりにこの性質を持たない一組の場の方程式を提示した．アインシュタインがこのように後退した主な理由は，自分の一般共変な方程式を，弱い静的

な重力場に対するニュートン極限［ニュートン力学と同等になるべき極限］に帰着させられなかったためである．アインシュタインは，のちに「穴の議論」として知られた議論を展開し，これによって，一般共変な方程式に基づく理論は正解ではありえないと信じ込んでしまった．その理由は，アインシュタインが誤って考えたところでは，そのような理論は決定論と因果性を犯すだろうからというものであった．懸命に考えること 2 年を費やした後になって，アインシュタインは，一般共変性が実のところすべての問題に対する鍵であると気づかされた．この局面は 1915 年の夏から秋までのあいだにクライマックスを迎え，1915 年 11 月，アインシュタインはベルリンの科学アカデミーに，重力に対する一般共変な場の方程式の最終形を提出した．それは，アインシュタインがゾンマーフェルトに書いたところでは，「私が人生において行ったもっとも価値ある発見」であった．

アインシュタインの 1915 年 11 月 18 日の論文には，一般共変で論理的に満足のいく一組の新しい重力場方程式だけが含まれていたのではない．アインシュタインはまた，自分の新しい理論を使って，光の重力偏向に関する以前の予測は係数 2 だけ間違っていたと結論した．改良された理論によれば，太陽［の付近］を通過する光線は 1.7 秒角だけ曲がるはずであった．理論の魅力的な論理構造を別にすれば，アインシュタインに自分の理論が正しいと本当に感じさせたのはもう一つ別の予測である．しかも今度のは既知の効果，すなわち水星の近日点の変則的な歳差運動についての予測であった．1859 年以来，水星は，ニュートン力学に従えばそうなるはずの通りには太陽の周りを動いていないということが知られていた．その近日点は，天体力学から説明されるように太陽の周りをゆっくり進んでいくのだが，回転のスピードがわずかに異なっていたのである．その変則性は 1 世紀あたりわずかに 43 秒（観測される歳差の約 8％）であったけれども，ニュートンの重力理論に対する問題を構成するには十分であった．アインシュタインは水星の変則性を説明しようとした最初の人物でこそなかったものの，その問題を解くためにあつらえたのではない基本理論に基づいた定量的説明を与えたのは，彼が最初であった．アインシュタインの計算した歳差の値は観測値とほぼ完璧に一致した．水星の近日点の問題が何にせよ新しい重力理論のリトマス試験紙になるだろうということを，アインシュタインはずっと前から知っていた．早くも 1907 年のクリスマスには，友人のコンラート・ハビヒトに宛ててこう書いていたのである．「私はこれまで説明されていない，水星の近日点長の永年変化を

解決してしまいたいと望んでいます……〔ですが〕これまでのところはうまくいっていないようです.」

　1916年の前半,ヨーロッパが第一次世界大戦で血を流しているあいだに,アインシュタインは一般相対性理論の用意を調えていた.複雑さと馴染みない数学的定式化のため,ごくわずかな数の物理学者しかその理論を理解することは(あるいは接近することさえ)できなかった.だがその理論は三つの予測を生んでおり,それらは理論が物理的に本当に正しいのかどうか,想像力豊かな数学者のただの夢ではないのかどうかを判定するために,テストすることができた.水星の近日点移動の予測は大きな成功だったが,アインシュタインの理論の正しさに対して懐疑的な人々を納得させるには,まったくもって十分でなかった.結局のところ,アインシュタインは変則性のことを最初から知っていたのだから,ことによると何とかしてその結果を自分の理論に組み込んでいたのかもしれない.そうだとすれば,疑わしい相対性理論抜きでも正しい結果が得られないものだろうか? これはドイツの反相対論者数人が主張したことであった.彼らは,パウル・ゲルバーが1902年に公表し,惑星の近日点移動に対して1915年のアインシュタインと同じ表現を得ていた理論を参照した.指導的なドイツの反相対論者,エルンスト・ゲールケは,相対性理論とアインシュタインの先取権に反対するために,その論文を1917年に再版させた.その結果はちょっとした論争になったが,ほとんどの物理学者は——反相対論者でさえ——騙されなかった.ゲルバーの理論は端的に言って間違っており,近日点の正しい表現は純粋に偶然の一致だったのである.

　重力赤方偏移の予測は,1915年と1911年で同じだったが,テストするのがきわめて困難であった.これは主として,測定されるスペクトル線は太陽の熱い大気からやってくるが,そこでは重力赤方偏移をドップラー効果といったほかの効果から簡単には区別できなかったためである.1915年から1919年までのあいだに,何人もの研究者が「アインシュタイン赤方偏移」を立証しようと試みたが,いずれのケースでもアインシュタインによって予測された大きさの効果を見出すことには失敗した.その一方,1920年にボン大学出身の二人の物理学者アルバート・バッヘムとレオンハルト・グレーベが,予測と本質的に一致する結果を報告した.驚くことではないが,アインシュタインはすぐにバッヘム-グレーベの結果を支持した.そのドイツ人たちの主張はほかの実験家から批判され,問題全

体はずっと後まで明瞭にならなかったけれども，1920年頃からは多くの物理学者が，アインシュタインの予測は観測ともっともらしい一致を示している，あるいは少なくとも明白な不一致は存在していないと考えるようになった．たとえばウィルソン山太陽天文台のアメリカ人天文学者チャールズ・E・セント・ジョンは，1917年から1922年まで，自分の注意深い観測はアインシュタインの予測と食い違っていると考えていたが，1923年に相対論に「改宗」し，自分はアインシュタインの予測を確認していたのだという判断を下した．セント・ジョンの態度の変化を，ほかの多くの研究者におけるのと同様，かなりの程度まで第三のテストの結果だと想定するのには多くの理由がある．第三のテストとはすなわち，光が曲がるという予測をあまりにも劇的に裏づけた1919年の日食観測である．

　1911年におけるアインシュタインの最初の（かつ正しくない）予測の直後，数人の天文学者が，日食のあいだに太陽のふちの近くにある星の位置を測定することでその予測をテストしようとした．1912年のブラジルと1914年のロシア南部での日食観測遠征は何の成果も生み出せなかった．第一のケースでは雨が降り続いたため，第二のケースでは戦争の勃発のためだった．1918年にリック天文台のアメリカ人天文学者たちが，アメリカ合衆国で観測できた日食の写真撮影に成功した．その報告は，1915年の予測と衝突するデータを含んでいたのだが，しかし出版されなかった．代わって［予測を］裏づける結果を生み出したのは，フランク・ダイソンとアーサー・エディントンによって率いられ，1917年までに計画が立てられていたイギリスの遠征隊であった．1919年の皆既日食が2ヶ所で，すなわち，西アフリカ沖のプリンシペ島（ダイソンによる）とブラジルのソブラル（エディントンによる）で研究された．両方の遠征隊によって写真が撮られた．分析してみると，それらはアインシュタインの理論と見事に（ただし完璧にではなく）一致する光の曲がりを示した．ダイソンは，1919年11月6日のロイヤル・ソサエティと王立天文学会の合同会議で結果を報告し，こう結論した．「アインシュタインの重力の法則に合致して光が曲げられているという，非常に決定的な結果が得られました」(Earman and Glymour 1980a, 77)．実のところこれは，アインシュタインの予測と合わないデータを却下することを含む，利用可能なデータの改竄に近い取り扱いによってはじめて得られた楽観的すぎる結論だった．イギリスの相対論の権威にして代弁者であったエディントンは一般相対性理論の正しさを十二分に確信しており，彼の先入観を伴った見方がその結論を彩っていた

のである．しかしいずれにせよ，その理論は物理学者と天文学者の，全員ではないとしても多数によって受け入れられた．ゲールケがゲルバーの古い理論をアインシュタインによる水星の近日点計算に代わるものとして引き合いに出したように，ヴィーヒャートやラーモアといった保守派が，光の曲がりについての手の込んだ電磁気学的説明を1920年代前半に提案した．だがアインシュタインの理論に対する非常に大きな関心と比べて，これらをはじめとする非相対論的な試みはほとんど注目を集めなかった．1919年の日食観測遠征は，科学的という以上に社会的な観点からであるとしても，相対論の歴史における転換点となった．

1919年にベルリン大学で哲学と物理学の学生をしていたイルゼ・ローゼンタール゠シュナイダーの回想によれば，ダイソン-エディントンの確証に関する知らせを受け取ったとき，アインシュタインは「まったく平然としていた．」アインシュタインは彼女にこう言った――「私は理論が正しいと知っていたのだよ．君は疑っていたのかね？」もし観測が理論と一致していなかったとしたら何と言ったのかというローゼンタール゠シュナイダーの質問に対して，アインシュタインは答えた．「我々の親愛なる神を哀れまなくてはならなかっただろうね．理論はそれでもやはり正しいのだ」（Rosenthal-Schneider 1980, 74）．

あらゆることを知っており，実験など気にかけない少々尊大な合理主義者としてのアインシュタイン，という描像は疑いなく広まっており，アインシュタイン神話の一部となっている．だが，少なくとも若い頃のアインシュタインに関する限り，それは基本的に誤りである．反対に，アインシュタインは自分の理論の実験的テストに深く関心を寄せており，しばしばそうしたテストを手配しようとした．たとえば，1911年に光が重力場の中で曲げられるだろうと予測したさい，天文学者たちに予測のテストに対する興味を持たせようとしたのはアインシュタインであった．アインシュタインは自分の一般相対性理論の閉じた論理構造を強調したが，それは彼にとって，したがって理論は正しいに違いないということではなく，何らかの実験的反駁に適合させるためにそれを修正することはできないということを含意していた．エディントンへの1919年の手紙の中で，アインシュタインはこう書いた．「スペクトル線の赤方偏移が相対性理論の絶対的に必然的な帰結だと確信しています．もしこの効果が自然の中に存在しないことが証明されたとしたなら，理論全体が捨てられなければならないことでしょう」（Hentschel 1992, 600）．光線の曲がりの予測に関してもアインシュタインは同じように

表明していた．「平然としていた」どころか，その結果について聞いたとき，彼は大変な喜びを表したのである．ローゼンタール＝シュナイダーの物語は信頼できない．アインシュタインがのちに，実験対数学的理論ということに関してプラトン的，合理主義的な態度を採用するようになったというのは，また別の話である．

受　容

　アインシュタインの相対性理論が，ダーウィンの進化生物学やレントゲンの不可視光線やフロイトの精神分析と共有していたのは，科学者共同体の中はもちろんその外でも多大な関心をもって迎えられたという事実である．それは戦間期のモダニズムの一つのシンボルとなり，そういうものとして，その重要性は物理学をはるかに超えて広がった．アインシュタインの理論には「革命的」というラベルが貼られたけれども，この言葉からはふつう，ニュートンの物理学からアインシュタインの物理学への移行が連想される．相対性理論は事実，一種の思考の革命であったし，1920年代初頭には革命のメタファーが，政治革命と自在に結びついて，アインシュタインの理論のトレードマークになった．それはアインシュタインが認めたくなかったものである．アインシュタインは自分のことを革命的とは考えておらず，論文や講演の中では，科学の発展の進化的性質を繰り返し強調した．アインシュタインがよく言っていたことだが，相対性理論はニュートンとマクスウェルによって置かれた物理学の基礎からの自然な産物であった．だからこそ，1921年の論文において，アインシュタインはこう記したのである．「一連の考えの進化をできる限り簡潔な形式で，しかし発展の連続性を通じて保全されるのに十分なだけの完全さを伴わせて提示することには，魅力的なものがある．相対性理論に対してこのことを成し遂げ，その向上全体が小さな，ほとんど自明な思考のステップからなっていることを示すべく，我々は努力することになるだろう」(Hentschel 1990, 107)．

　一般の人々は――多くの科学者とほとんどの哲学者も含まれるが――相対論を第一次大戦後になってようやく発見した．これはある程度まで，アインシュタインの理論の確証を告げる，広く公表された日食観測遠征の結果としてであった．1920年代に相対論について書かれたもののうち大部分は科学者でない人々の手

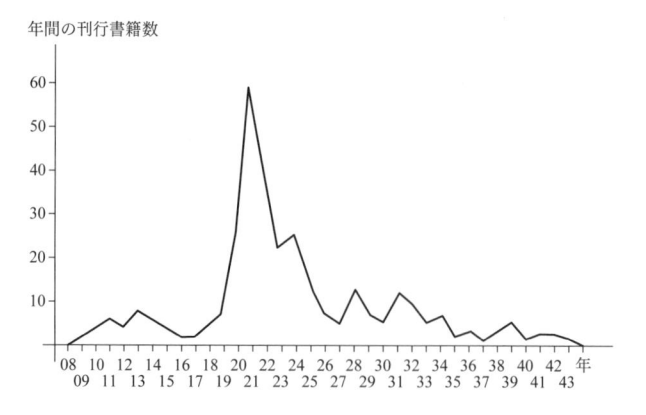

図 7.1 相対論についてのドイツ語の本，1908〜43 年
出典：Goenner 1992. Einstein Studies（series editors Don Howard and John Stachel）の許可を得て転載．

によるもので，彼らはたいていの場合，この理論をすっかり誤解し，正当に適用することのできない領域での含意について議論していた．相対論を，ある書き手は芸術理論に，別の書き手は心理学の諸理論に「適用」し，また別の書き手は，アインシュタインの理論から広範囲にわたる哲学的・倫理的帰結を引き出した．珍しいことではないが，倫理的相対主義が相対性理論から出てくると主張され，一部ではこの理由から相対論は望ましくないと宣言された．すべては相対的であり，どの観点もほかの観点より決してよいわけではないと，アインシュタインは主張しなかっただろうか？［というわけである．］

　高名なスペインの哲学者ホセ・オルテガ・イ・ガセットは，自分のお気に入りの哲学を論じるためにアインシュタインの理論を誤用した一人であり，それを彼は「遠近法主義」（perspectivism）と呼んでいた．次がその見本である——「アインシュタインの理論は，可能な限りのあらゆる視点が調和した多元性についての，驚嘆すべき証明である．もしその理念が道徳や美意識にまで拡張されるならば，我々は歴史や生を新たな流儀で経験するようになるであろう……．ヨーロッパ的でない諸文化を野蛮とみなすのではなく，世界に立ち向かうための，我々のものと同等な方法として，我々はそれらに敬意を払いはじめることだろう．西洋のものと同じく十分に正当化される，中国の展望というものがある」（Williams 1968, 152）[10]．ちなみに，オルテガ・イ・ガセットの遠近法主義はのちに多くの西洋人によって政治的に正しいものとして受け入れられ，科学的世界観を批判するのに

用いられることになる．遠近法主義や相対主義の利点が何であるにせよ，こうした考えは相対性理論と何の関係もない．

　図 7.1 は，1908 年から 1944 年にかけての，相対論に関するドイツ語の本の年ごとの分布を示しており，世間での議論が最高潮に達した 1921 年に鋭いピークがある．この図は物理学の教科書と，大衆的・哲学的なものや反相対論の本・小冊子との両方を示しており，このうち後者のカテゴリーが，ピークの 1920～22 年に出版された総点数のうち約 4 分の 3 をなしていた．もちろん，物理学者たちは相対論を 1921 年より何年も前に，特殊［相対性］理論という形で「発見」していた．しかし，先にも触れたように，1913 年頃まで多くの物理学者はアインシュタインの相対論と電子論の方程式を明確に区別していなかった．初期の相対論関係出版物の詳細な構造は図 7.2 において，奇妙なことに 1900 年から始まって表示されている．1912 年頃までのドイツの支配的状況とフランスの文献の欠如，ならびに 1910 年から 15 年にかけての出版総数の減少に注意されたい（表 7.1 も見よ）．後者の特徴はおそらく，1911 年までに特殊相対性理論は物理学者のあいだで広く受け入れられていたのだが，物理学の最先端にあるとはもはや考えられていなかったということの反映である．ようやく勢いを取り戻したのは，拡張された［一般相対性］理論が 1915 年に出現してからのことであった．

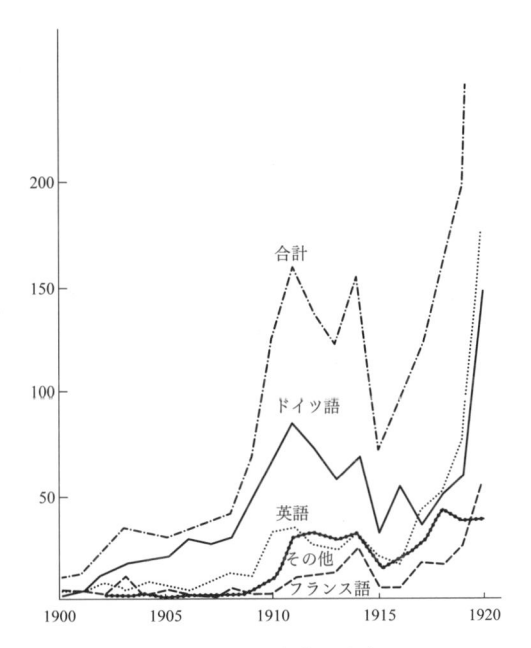

図 **7.2**　相対論に関する出版物の分布，1900～1920 年

出典：Illy 1981 より，Elsevier Science の許可を得て転載．

10）ホセ・オルテガ・イ・ガセット「アインシュタイン理論の歴史的意味」井上正訳，『オルテガ著作集 1』（白水社，1970 年），313-314 頁．

表 7.1 相対論に関する科学出版物の，1924 年までの国別分布

国	著者数	出版点数
ドイツ	350	1,435
イギリス	185	1,150
フランス	150	690
アメリカ合衆国	128	—
イタリア	65	215
オランダ	50	126
オーストリア（-ハンガリー）	49	—
スイス	37	—
ロシア（ソ連）	29	38

注：Hentschel 1990, p. 67 のデータより．

相対論の受容は特定の国家的・文化的環境に依存していた．フランスでは，アインシュタインの理論は当初沈黙とともに迎えられたのだが，この事実は疑いなく，フランスの厳格で集権化された教育研究システムに，そしてあるいはポワンカレの影響にも関係していた．ポール・ランジュヴァンとその学生数人を除けば，フランスの物理学者は 1919 年の日食観測が国際的なトップニュースとなってはじめて相対論を発見したのである．そしてそのときでさえ，相対論はいくらかの疑念を伴って広く受容された．［第一次］大戦の直後の時期には，相対論がドイツの理論であるということが，その認識を容易なものにしなかったのだった．

　アメリカの状況は，別の理由によるものだとしても，大して変わらなかった．重要なことに，最初のまじめな研究は二人の物理化学者，ギルバート・N・ルイスとリチャード・C・トールマンによって書かれた 1909 年の論文であった．ルイスとトールマン，およびほとんどのアメリカの物理学者には，その理論を実証主義的な規範に従って提示する傾向があった．彼らにとって，相対性理論は実験事実からの帰納的一般化だった．これはアインシュタインやドイツの同業者たちが抱いていたのとは，大きく異なる態度である．ミリカンの，「特殊相対性理論は本質的にはマイケルソンの実験からの一般化において始まっているとみなされよう」という見解が，アメリカの物理学者のほぼ全員によって共有された（Holton 1988, 280）[11]．アメリカにおいては特に，アインシュタインの理論を「非民主的」で人々の良識に反していると批判することが珍しくなかった．プリンストン大学の物理学教授ウィリアム・マギーがこの種の半ば政治的反対のスポークスマンであった．1912 年の演説で，マギーは，物理学の根本理論は「すべての人に，

---

[11] G・ホルトン「アインシュタイン・マイケルソン・〈決定的〉実験」亀井理訳，西尾成子編『アインシュタイン研究』（中央公論社，1977 年），57 頁．

訓練を受けた学者はもちろん普通の人にも理解可能でなければならない」と主張した．いくらか現実離れしているが，「以前の物理理論はすべてそのように理解可能であった」とマギーは考え，科学の民主的基盤は「人間という種全体によって理解されているような，力，空間，時間という初歩的概念」にあると示唆した．しかしアインシュタインの理論はこうした自然な概念に依拠しておらず，そのことがマギーに，レトリカルにもこう尋ねさせた．「相対性理論の発展に関して我々が恩恵を受けている，こうした思想の指導者たちに対し，次のように頼む権利を我々は持っていないのだろうか？ 彼らが……相対性の原理を，物理学の初歩的概念で表現される作用様式に帰着させて説明することに成功するまで，その輝かしい歩みを引き続き進めていってくれるように，と」(Hentschel 1990, 75)．

相対論はアメリカよりも少し早くロシアにやって来て，パウル・エーレンフェストのサンクトペテルブルクでの理論ゼミナールで1907年頃から議論された．内戦の少し後，ロシアがソヴィエト連邦になったときには，拡張された［一般］相対性理論についての授業がサンクトペテルブルクで提供され，そこではアレクサンドル・フリードマンが理論物理学の重要な学派を打ち立てて，相対論的宇宙論に根本的な貢献をした．［のちの］1930年代や40年代の状況とは異なり，相対論は，イデオロギーを帯びた議論を呼ぶ理論だとは見られていなかった．真のマルクス主義信仰の擁護者の中には弁証法的唯物論の名のもとに相対性理論を拒絶した者がいたけれども，哲学的・政治的反対はサンクトペテルブルク（あるいは1924年からはレニングラード）をはじめとして，広大な共産主義帝国の中で行われた相対論の科学的研究には干渉しなかった（第16章も見よ）．

相対性理論はまさしくドイツの理論であり，一部によって主張されたように，あるいはドイツ-ユダヤの理論かもしれなかった．ドイツでの活発な議論とこの国からの重要な貢献と比べ，イギリスの物理学者はその新しい理論に対して建設的に反応するのが遅れた．問題の一部は，アインシュタインによるエーテルの拒絶であった．これはイギリスの物理学者のほとんどが固執し，放棄するのをためらった概念である．イギリス人によって書かれた相対論についての最初の教科書はエベニーザー・カニンガムの『相対性の原理』で，1914年に出版された．この本は，若きポール・ディラックがそこから相対論を学んだのだが，エーテルの世界観の痕跡をなお含むものであった．たとえば，相対性の原理とは「経験から示唆される一般的な仮説であって，エーテル媒質の本性が何であるにせよ，我々

はそれに対する物体の速度の見積もりを想定可能ないかなる実験によっても手にすることができないということ」であると定式化されていた（Sànchez-Ron 1987, 52）．イギリスでは，ほかの国と同様，1919年よりも後になってはじめて相対論が本当に姿を現し，いまやエディントンがその理論の源泉であった．相対性理論に関するいくつもの著作が1920年から23年にかけて現れ，そのうちエディントンの『空間・時間・重力』（1920）と『相対性の数学的理論』（1923）は国際的ベストセラーとなった．相対論への関心が突然上昇したというのは，ある仕方で，第一次大戦後の一般的な文化状況を反映していたのであろう．これはディラックが回想したことであった——

> この物凄い衝撃の理由は簡単にわかります．私たちは，恐ろしく，とても深刻な戦争の中でまさに生活していたのです……．誰もがそれを忘れたいと思いました．そしてそのときに相対論が，思想の新たな領域へと導くすばらしいアイディアとしてやって来たのです．それは戦争からの逃避でした……．相対論は，一般的・哲学的なやり方で自分もそれについて書くことができると，誰もが感じる主題でした．あの哲学者たちは，あらゆるものは何かほかのものに対して相対的に考察されねばならないという見解をまさしく打ち出しましたし，またむしろ相対論については最初から知っていたのだと主張したのです．（Kragh 1990, 5）

ディラックの1977年の回想は，たとえばイギリスの新聞モーニング・ポスト紙の1922年9月27日の論説といった一次資料によって支持される．それはもう一つのありうる説明を提供してくれるのだ．「戦争の帰結の一つは——そのさいにこの国の科学的頭脳があれほど効果的に動員されたわけだが——理論的なものであれ実用的なものであれ，科学の成果に対する一般の関心が目に見えて高まったことである．戦争前の日々には，街行く人もクラブ通いの人も，アインシュタインとニュートンの論争についての記事を読め，などと説得されたりはしなかっただろう」（Sànchez-Ron 1992, 58）．

けれども，ことが本当に起こったのはドイツ語圏のヨーロッパにおいてであった．そこはアインシュタインの世界だっただけでなく，プランク，ラウエ，ヴァイル，ヒルベルト，ミンコフスキー，ミー，ボルン，ローレンツ，パウリの世界でもあった．数学的にも概念的にも詳しい建設的な議論が生じたのは，ドイツに

おいてだけだった．そして破壊的な反相対論の議論が最初に栄え，もっとも長く続いたのもまたこの地においてであった．相対性理論は，政治的に極端な右派であっただけでなく保守的な科学的徳——古典力学主義，因果性，直観性，理論よりも実験に基づく物理的洞察といったもの——を支持していたドイツの右派物理学者の，ゆるやかに連帯したグループから攻撃された（第10章も見よ）．反相対論の，そしてまたときには反量子論の陣営のうち，特にはっきりとものを言う過激なメンバーはフィリップ・レーナルト，ヨハネス・シュタルク，エルンスト・ゲールケで，全員が有名な物理学者だった．レーナルトとシュタルクはノーベル賞受賞者であり，ゲールケは1921年以来，帝国物理工学研究所の正教授職にあって，実験光学の第一人者であった．この反相対論の物理学者たちはアインシュタインの理論を拒絶し，それは馬鹿げていて，精神的に危険で，実験による確証を欠いていると見た．相対論的な方程式の中に確かめられたものがあるとしても，その方程式は古典的な基礎の上で同じように首尾よく導出されうると彼らは主張した．4次元の時空，曲がった空間，双子のパラドックスが，物理的意味のない数学的抽象だと宣告された諸概念の中に含まれていた．1920年以降，相対論に反対するドイツの十字軍は，政治活動家のパウル・ヴァイラントによって計画されたゲールケを演者とするベルリンでの反アインシュタイン集会によって加速した．この集会はアインシュタインからの鋭い公開返答をもたらすことになり，その中でアインシュタインは，反ユダヤ主義が反相対論キャンペーンの行動計画の一部になっていると指摘した．続く数年間，レーナルト，シュタルク，ゲールケとその同志たちは，多数の論文やパンフレットや本の中でアインシュタインと相対性理論を攻撃し続けた．彼らによれば，相対論は科学理論などではまったくなく，むしろイデオロギーであった．アインシュタインと，ドイツの物理学界で力を持っているその友人たちの手でずる賢くカムフラージュされた，大衆幻想なのである．ゲールケによる反相対論の小冊子の一つ（1920年）は，特徴的なことに，『相対性理論——科学的大衆暗示』と題されていた．騒々しく，またかなり数が多かったものの，反相対論者たちは1920年代におけるドイツの理論物理学の進展を妨害できず，その代わりに自分たちを周縁に追いやってしまった．反相対論がドイツの科学においていくらか——やはり限定的でしかなかったにしても——重要になったのは，新たな政治制度が権力を掌握した，1933年以降のことでしかない．

文献案内

特殊相対性理論とその先駆については，Holton 1988[12]，Goldberg 1984，Darrigol 1996 など豊富に文献が存在する．アインシュタイン以前の理論については，Hirosige 1976［邦訳 1977 年］[13]，Nersessian 1986，Darrigol 1994 を見よ．アインシュタインの 1905 年の理論は Miller 1981 において非常に詳しく分析されている．多くのアインシュタイン伝のうちで最良なのは Pais 1982［邦訳 1987 年］である．初期の発展の一部は Goldberg 1976 と Galison 1979 で分析されている．一般相対性理論の初期の歴史については Mehra 1974 と，Norton 1985 および Earman and Glymour 1978 の詳細な分析を参照せよ．一般相対論の古典的な三つのテストは，たとえば Roseveare 1982（近日点移動），Earman and Glymour 1980a（光の曲がり），Earman and Glymour 1980b（重力赤方偏移）で分析されている．Hentschel 1992 は実験に対するアインシュタインの態度に関しての有用な分析であり，Hentschel 1990 は相対性理論に対する科学の内外からの反応に関する詳しい説明となっている．さまざまな国における相対論の受容については，Glick 1987 も参照のこと[14]．

---

12) この論文集（初版は 1973 年）に収められた論文のうち，本章に関連する 1 篇には邦訳がある．G・ホルトン「アインシュタイン・マイケルソン・〈決定的〉実験」亀井理訳，西尾成子編『アインシュタイン研究』（中央公論社，1977 年），56-164 頁．

13) この英語論文と関連する日本語の諸論文は，西尾成子編『広重徹科学史論文集 1 相対論の形成』（みすず書房，1980 年）に収められている．

14) アインシュタインの相対性理論については，安孫子誠也『アインシュタイン相対性理論の誕生』講談社現代新書（講談社，2004 年）もあわせて参照されたい．また，日本における相対論の受容を文化史的に扱ったものとしては，金子務『アインシュタイン・ショック (1, 2)』岩波現代文庫（岩波書店，2005 年）がある．

第8章

失敗に終わった革命

　これまでの章の中で，我々は物理学の力学的見方の主要な対抗馬として，電磁気学的世界観にたびたび言及してきた．この間違った世界観を，正しい相対性理論の出現を描いた後になって取り扱うのは奇妙に思えるかもしれない．というのも1905年以降，物理学者たちは（広い意味での）電子論が相対論に劣っていることを認識したに違いないと思われるからである．しかし，そうあるべきだったのかもしれないが，そうはならなかった．実のところ，電磁気学的世界観は1905年の直後にその絶頂を迎えたのである．そして，物理学の新たな基礎を定式化しようというこの偉大な試みがたぶん支持できないだろう，ということが認識されるまでには，少なくともあと5年が必要であった．

電磁質量の概念

　第1章で触れたように，世紀転換期には力学的世界観が攻撃にさらされ，電磁場に基づく世界観に取って代わられる途上にあった．電磁気学的世界観として知られる新たな構想の，さらに急進的で手の込んだ見解が1900年頃に出現し，およそ10年間栄華を誇った．その中核にあったプログラムは，力学を電磁気学へと完全に還元することであった．すなわち，実体としての物質が消滅し，電磁場の諸効果——電子——で置き換えられるような新しい物理学へと，である．このプログラムは，1880年代と90年代における電気力学の発展に基づいていた．この時期に，それほど完全ではないものの電磁気学的自然観が出現して，ラーモア，ローレンツ，ヴィーヒャートの電子論に至ったのである．この過程では，二つの伝統が役割を演じた．一つは，ローレンツとヴィーヒャートにとってのみ重要だったのだが，ヴェーバーとそれに続いた人々の粒子論的電気力学の伝統である．これは瞬間的に相互作用する電気的粒子を用いるもので，電磁場の概念を使

わない．反対に，もう一方の伝統は，マクスウェル流の場の電気力学にしっかりと根差していた．すでに1894年の時点で，ヴィーヒャートは，物質的な質量というのが付帯現象かもしれず，唯一の真の質量は電磁気的起源のものであって，エーテル中の励起として描き出される仮説的な電気粒子からなっている，という確信をはっきり表明していた．ヴィーヒャートの提案は電磁気学的世界観を予期させるものだったが，この方面での彼の仕事は，ローレンツの仕事ならびにマックス・アブラハムやアードルフ・ブッヘラーといったドイツの理論家たちの仕事によって，影が薄くなってしまった．

　1881年，若きJ・J・トムソンが，電荷を持つ球がエーテル中を運動すると，非圧縮性流体の中を運動する球と類比的に，一種の見かけの質量を獲得することになるということを示した．電荷 e，半径 R の球に対して，トムソンは電磁的に誘導された質量が $m' = (4/15)e^2/R^2c$ になることを見出した．この電磁質量の最初の導出はその後，イギリスの風変わりなエンジニア・物理学者のオリヴァー・ヘヴィサイドによって改良され，ヘヴィサイドは1889年に $m' = (2/3)e^2/R^2c$ という表式を導いた．「見かけの質量」を実在だと考えなかったトムソンとは対照的に，ヘヴィサイドはそれを物質的な質量と同じく現実のものとみなした．それは球の測定可能な「有効」質量の一部なのだった．さらなる改良がヴィルヘルム・ヴィーンの手で1900年に，意味ありげにも「力学の電磁気学的基礎の可能性について」と題された論文の中で得られた．ヴィーンは速度の遅い極限でヘヴィサイドの表式を確かめた上，電磁質量は速度に依存していて，速度が光速に近づけばヘヴィサイドのものと異なるであろうという重要な結果を付け加えた．電子あるいは何らかの電荷を持つ物体の質量が正確には速度にどう依存するのかということが，さっそく新しい電子物理学において決定的に重要な問題となった．ヴィーンの1900年の論文は電磁気学的世界観の最初の明確な表明とみなされてきた．そのことは（ヴィーヒャートのこれより早い定式化にもかかわらず）ヴィーンがすべての質量を電磁気学的性質のものだと仮定したという点に関する限り，正当化される．ヴィーンの主張では，物質は電子からなっており，かつ電子とは電気の粒子なのであって，電気が備わっている小さな球なのではなかった．さらに，ニュートンの力学法則は電磁気学的に理解されねばならず，もし完全な対応関係が達成されないとすれば電子論のほうが二つの理論のうちでより深遠かつ基本的なのだ，ともヴィーンは主張した．

最初の詳しい電子モデルは，1897年にプランクのもとで学位を取得したゲッティンゲンの物理学者，マックス・アブラハムの手で作られた．アブラハムが1902年に書いているところによれば，物理学におけるもっとも重要な問題とはこれである——「電子の慣性は，電荷と独立な質量の助けを借りることなく，場の動力学的作用によって完全に説明されうるか？」(Goldberg 1970, 12)．それはいくぶんレトリカルな問いであった．アブラハムは，それは肯定的に答えられねばならないと信じていたのである．アブラハムは1903年の論文で，電子の動力学について詳しい研究を行った．それは少なくとも二つの点で，2年後のアインシュタインの相対論論文とは対照的だった．アインシュタインの論文が数学的に単純だったのに対し，アブラハムの論文は数学の離れ業であった．また，アインシュタインが31ページを費やしたのに対し，アブラハムのものは75ページを超えていた（どちらの論文も『物理学年報』(Annalen der Physik) に載ったのだが，この雑誌には現代の物理の専門誌では聞いたこともないような長さの論文が収められていることがよくあった）．アブラハムは，1902年から1903年にかけての諸論文の中で，電磁気学の用語で完全に理解できるような唯一の種類の電子とは，電荷が表面または体積に一様に分布した剛体球であると主張した．そのような電子について，アブラハムは質量——純粋に電子自身の場から生じるもの——を計算し，$\beta^2 = (v/c)^2$ の1次のオーダーまでで $m = m_0\{1 + (2/5)\beta^2\}$ と書けるような，速度による［質量の］変化を見出した．ここで m_0 は電磁気学的な静止質量，すなわち $(2/3)e^2/R^2c$ を表している．我々はすぐに，アブラハムの重要な仕事へと戻ってくることになるだろう．とはいえこれが当時唯一の電子論だったというわけではない．

　速度とともに変化する質量というアイディアは，ローレンツが1899年以降に展開した研究プログラムの一部であった．ローレンツのアプローチはヴィーンやアブラハムのものと異なっており，質量がすべて電磁気学的だという彼らの信念についていくのには乗り気でなかった．しかし1904年，ローレンツは自身の本性からの警告を振り切り，その年から電子論の中で電磁気学的世界観を支持するようになった．電子の質量が電磁気学的起源のものだというのみならず，運動する物質はすべて（電子からできていようがそうでなかろうが）電子に特徴的な質量変化に従わねばならないとローレンツは主張した．1906年，コロンビア大学で行われた講義では，「私も物質および物質粒子間の力の電磁理論を心から進んで

第8章　失敗に終わった革命　141

採用する一人である」と述べ，こう続けている．「物質に関しては，その究極粒子が常に電荷を担っており，この電荷は単なる附属物でなくきわめて本質的なものであるという結論を多くの議論が指し示している．もしこれらの電荷，およびそれ以外に粒子中に含まれるかもしれないものを，互いに区別されるものだとみなすならば，私には不必要と思われる二元論を導入しなければならないであろう」(Lorentz 1952, 45 [邦訳 49-50 頁])．しかしながら，ローレンツの電子はアブラハムの剛体粒子とは違っていた．それは変形する電子であった．つまり，電子は運動方向に収縮し，静止していたときに持っていた球形ではなく楕円体の形を取るだろうというのである．アブラハムはローレンツ理論のこの特徴について，電子の安定性が何らかの非電磁気学的な力を要求するのではないかという理由で反対した．アブラハムの主張では，これは電磁気学的世界観の精神に反している．しかしこの精神というのがまさに何であるのかについては，議論の余地があった．物理学者全員がアブラハムの理論に電磁気学的世界観の本質を見たわけではなかった．たとえば，1908 年にミンコフスキーは剛体電子のことを「マクスウェルの方程式に関して言うならモンスター」だと考え，機知を働かせてこう述べた．「マクスウェルの方程式に剛体電子の概念をもってアプローチするのは，耳に綿を詰めてコンサートを聴きに行くのと同じと私には思えます」(Miller 1981, 350)．

　質量の変化について言えば，今日ではもっぱらアインシュタインの相対性理論と結びつけられている有名な逆平方根の表式を，ローレンツが導いた．すなわち $m = m_0(1-\beta^2)^{-1/2}$，あるいは近似的に $m = m_0\{1+(1/2)\beta^2\}$ である．すぐにわかることだが，ローレンツの公式とアブラハムの公式の実際上の違いは小さく，実験的に区別するには非常に大きな速度の電子が必要とされる．

　アブラハムの剛体電子とローレンツの変形電子がもっとも重要なモデルだったが，これだけしかなかったわけではない．ドイツの物理学者アードルフ・ブッヘラーと，それとは独立にパリのポール・ランジュヴァンが，1904 年にさらに別のモデルを提唱した．ある方向での電子の収縮がほかの方向での膨張と相殺するような，運動時の体積不変性によって特徴づけられるモデルである．ブッヘラー-ランジュヴァン理論からは，アブラハムやローレンツのものと異なる質量-速度関係が導かれた．さまざまな理論——その中にはアインシュタインの理論も含まれていて，たいていはローレンツの理論の変種と見られていた——の中から一つに決めるには，精密な測定に訴える必要があった．その実験と理論の話題に

移る前に，電磁気学的世界像の広範な側面を少しばかり考察することにしよう．

世界観としての電子論

　1904年までに電磁気学的世界観は盛り上がりを見せはじめ，時代遅れで唯物論的で原始的だという見方の広まっていた力学的世界観に代わる，非常に魅力的なものとして姿を現した．新しい理論の影響力を示すものとしては，専門誌で議論されただけでなく物理学の教科書にも登場したという事実が挙げられる．たとえば，ブッヘラーは自分の電子論を1904年の教科書で紹介した．いっそう重要だったのはアブラハムが同じ年に出版した電気力学の教科書で，これは何度も版を重ねる中，ドイツでも諸外国でも20年以上にわたって広く用いられるようになった．この本は，1894年にアウグスト・フェップルが著したマクスウェルの理論の教科書（とりわけ，若い頃のアインシュタインが使っていた）を改訂したものだったのだが，フェップルがマクスウェルの方程式の力学的導出を与えていたのに対し，アブラハムは自分の改訂版を利用して，フェップルによる力学と電磁気学の優先順位を逆転させた．1905年の姉妹編では，アブラハムはさほど躊躇することなく，電磁気学的世界観の伝道師として登場した．

　アメリカによるルイジアナ購入100周年を記念して，1904年9月にセントルイスで学術会議が開かれた．物理学の代表にはその国際的リーダーが何人もいて，ラザフォード，ポワンカレ，ボルツマンもその中に含まれていた．多くの演説のメッセージは総じて，物理学が転換点を迎えており，電子論が物理学における新たなパラダイムを確立しつつあるというものであった．数理物理学の諸問題を広範に概観した中で，ポワンカレはその時代を特徴づけている「諸原理の全般的瓦解」について述べた．ポワンカレ自身，電子論に対しては重要な貢献をしており，「電子の質量，あるいは少なくとも，負の電子の質量はもっぱら電気力学的な起源のものであり……電気力学的な慣性以外の質量などありません」と結論してしまいたいほどであった（Sopka and Moyer 1986, 292）．もう一人のフランス人物理学者，32歳のポール・ランジュヴァンの演説はもっと詳細なものだったが，劣らず壮大かつ雄弁で，電磁気学的世界観に対して好意的だった．ランジュヴァンは自分自身の（ならびにブッヘラーの）電子モデルを支持していたが，電子の詳細な構造が実際に問題だったのではない．結語でランジュヴァンが説明したよう

に，重要なのは物理学の新時代がやって来ているということであった．

　いま素描した急速な展望［の変化］は前途有望なもので，物理学の歴史上，これほど遠くまで過去をのぞき込んだり，これほど遠くまで未来をのぞき込んだりする機会というのはまずなかったように思うのです．この広大にしてほとんど探索されていない領域のうち，ある部分の持つ相対的重要性は，今日においては，前世紀にそうであったのと異なっているように見受けられます．すなわち，新しい観点から，さまざまな図面が新たな秩序のもとで自ずと配置されるのです．電気に関する観念，というのが最後に発見されたわけですが，これが今日ではすべてを支配しているように見受けられます．それは，探検家が新たな土地へと踏み出していく前にそこに都市を築けそうだと感じるような，そういう好適な場所としてです．……電磁気学的な諸概念に重みある地位を占めさせよう，という現行の趨勢は，私が示そうとして参りましたように，電子の概念が依拠する二重の土台〔マクスウェルの方程式と経験的な電子〕の堅固さによって正当化されます．……つい最近のことではありますが，今しがた私がまとまった見解を提出しようとしてきた考え方というのが物理学全体のまさに中心にまで浸透しようとしているのでして，互いにひどく隔たっていた事実が，その周囲において，新たな秩序のもとに結晶化されるべきであるような，そういう生産的な芽としての役割を果たそうとしております．……この見解はここ数年でたいへんな展開を見せておりますが，それにより，古い物理学の枠組みが粉砕され，そしてまた，単純で調和的で実りあるものと予感されるような組織体の中で再び枝を広げてゆくために，既成の観念と法則の秩序がひっくり返されるということが，引き起こされているのです．（同，230）

ランジュヴァンの評価に似た，往々にして同じ系統に属する言葉や表象を用いた評価が，1905年頃に書かれたものの中にはあり余るほど見つけられる．量子論や新しい相対性理論への言及が，そこに含まれていることはめったになかった．

　電磁気学的な研究プログラムの背後にある方法論は際立って還元主義的であった．その目標は，世界に存在するあらゆる物質と力についての一元的理論を確立することだったのである．理論の基礎は，おそらくはいくらか修正され，一般化された形のマクスウェル流電気力学であろう．それはとてつもなく野心的なプログラムだった．完結したあかつきには，説明されずに残るものは一切ないだろ

う——少なくとも，原理的には．この意味で，それは明らかに「万物理論」の一例であった．素粒子，原子や量子に関する現象，さらには重力さえもが，世界のあの根源的基層，電磁場の表れなのだと主張された．重力を電磁気学的な相互作用によって説明しようとする試みは，そうした理論がイタリアの物理学者オッタヴィアーノ・モッソッティによって提案された1830年代にまで遡る．世紀後半にはそのアイディアが，ドイツのヴィルヘルム・ヴェーバーやフリードリヒ・ツェルナーによって数学的に詳しく展開された．彼らは瞬間的に相互作用している電気的粒子という概念を理論の基礎に置いていた．電気的重力の理論は，場の電気力学が電磁気学の支配的枠組みとなった後も議論され続けた．たとえば1900年にローレンツは，自らの電子論に基づき，ニュートンの重力法則のありうる一般化だと考えたものを導いている．宇宙の基本的な二つの力を統一しようとする試みは，重力を電磁気学に還元することによるのが普通であって，電磁気学的プログラムの一部となっていた．だが多くの研究にもかかわらず，いかなる満足のいく解答も見つかることはなかった．

　電磁気学的世界観は物理学の外でも関心事となっており，ときおり，哲学者によって議論された．さらには政治にさえも入り込んだ．このことは，ジュネーヴとロンドンに亡命していた1908年のあいだにレーニンが書いた政治哲学的著作，『唯物論と経験批判論』が例証している通りである．弁証法的唯物論の自然概念を定式化しようとするさい，レーニンは物理学が危機的状態にあるという趣旨で，ポワンカレ，リーギ，ロッジなどの物理学者の文章を引用した．この未来のソヴィエト連邦指導者は，「電子は原子と同じく，くみ尽くせないのであって，自然は無限だが，しかしそれは無限に存在している」と書いている[1]．レーニンがこれによって言おうとしたことは必ずしも明確ではないが，あるいは明確であることは意図されていなかったのかもしれない．

　理論物理学における革命的雰囲気はさらに，1906年，つまりアインシュタインの相対論の導入後にシュトゥットガルトで開催されたドイツ自然科学者・医学者協会の会合によっても例証される．指導的な電子論者の大部分が参加しており，その一般的な意見は，たとえばアブラハムが展開したような純粋な形態の電磁気

---

1) レーニン『唯物論と経験批判論』森宏一訳，科学的社会主義の古典選書（新日本出版社，1999年），下巻108頁（第5章第2節）．

学的世界観に好意的なものであった．ローレンツの理論は非電磁気学的な安定化力に依存しているとして批判された．プランクだけが，この理論的反論に抗して，ローレンツ（とアインシュタイン）の理論を擁護した．剛体電子は相対性の公準と相容れない，そうプランクは主張したのだが，これはローレンツの理論に対して好意的な発言であり，アブラハムとその仲間たちに対しては異を唱えていた．その仲間たちの中には 37 歳のアルノルト・ゾンマーフェルトがいた．ゾンマーフェルトはのちに量子・原子物理学の指導者となるが，当時は流行の電子論を専門としていたのである．ゾンマーフェルトは，ローレンツ-アインシュタイン理論について，どうしようもなく保守的で，老いぼれた死にかけの力学的世界観からほとんど救いようのないものを救おうとする試みだと自分が考えていることを明確にした．プランクは，電磁気学的プログラムが「とても美しい」とは認めたものの，それはプログラムにすぎず，満足いくように実行することはほとんどできないと反論した．ゾンマーフェルトにとってみれば，そうした態度は正当性を欠いた「ペシミズム」であった．

　世代間闘争はしばしば革命運動の一環をなす．そしてゾンマーフェルトによれば，物理学の新たなパラダイムは若い世代にとって特に魅力を有していた．「プランク氏によって定式化された諸原理に関する疑問について言えば，40 歳以下の紳士方は電磁気学的な前提を好み，40 歳以上の方々は力学的・相対論的前提のほうを好まれるのではないでしょうか」とゾンマーフェルトは述べた（Jungnickel and McCormmach 1986, 250）．この一般化はおそらく十分に適切なものだが，例外もあった．そのうちの一人がアインシュタインで，ゾンマーフェルトより 10 歳年下だった．もう一人はローレンツで，40 歳の制限を優に上回っていた．シュトゥットガルトの会合から 10 年も経たないうちに，革命派と保守派のあいだの状況は逆転した．いまや，アブラハムのほうが 1914 年にこう書いている．「古い学派の物理学者は，この質量概念の革命に疑問を持ち，首を横に振らねばならない……．それが影響力を持っていた時代に講堂を埋めていた若い数理物理学者たちは，相対性理論に熱狂していた．旧世代の物理学者は……未だに専門家のあいだで議論があるような少数の実験に依拠して，あらゆる物理学的測定の信頼された基盤を投げ捨てようと企てる大胆な若者たちを，主として懐疑的な目で見ていたのだ」（Goldberg 1970, 23）．

　世界観に関する議論での重要な論点の一つは，エーテルの地位であった．エー

テルとその電子論に対する関係をめぐっては広範囲に及ぶ錯綜した見解があったが，エーテルなしで済ませたかったのは物理学者の中の少数派にすぎない．1905年頃の多数派の見解は，エーテルが新しい電子論物理学の不可欠なパーツである——もっと言えば，電磁場の別の表現である——というものだったように思われる．たとえば，1906 年のコロンビア大学での講演で，ローレンツはエーテルのことを「電磁エネルギーのたまり場にして，また可秤量の物質に働く力の多くの，おそらくはそのすべての媒介物であるこの媒質」と述べ，「その質量やそれに働く力について述べる理由はない」とした（Lorentz 1952, 31［邦訳 33 頁］）．エーテルは「古い物理学」に対する攻撃を生き延びたが，それは高度に抽象的なエーテルで，物質的属性を持たなかった．それで，1909 年にプランクは，「いわゆる自由エーテルの代わりに，絶対的な真空があるのだ……絶対的な真空にいかなる物理的性質をも帰属させないような見解が唯一整合的なものだと私は見ている」と書いたのである（Vizgin 1994, 17）．「真空」の語を「エーテル」と同じ意味で用いたのはプランクだけではなかった．この立場から，エーテルは存在しないと宣言するところまではわずかなステップしかない．まさにこれは，電気力学の専門家，ドイツの物理学者エーミール・コーンの結論であって，彼は 1900 年から 1904 年のあいだに，エーテルのない形式の電子論を展開した．コーンのように，相対性原理とエーテルの両方を整合的に否定することもできた．アブラハムのように，相対性原理を否定してエーテルを受け入れることもできた．ローレンツのように，相対性原理とエーテルをともに受け入れることもできた．アインシュタインのように，相対性原理を受け入れてエーテルを否定することもできた．物理学者の多くが困惑したのも不思議ではない．

質量変化の実験

混乱への回答は明らかに実験だった．少なくとも原理的には，種々の理論の予測をテストし，これによって，どれが真理にもっとも近づいているのか決着をつけることが可能なはずであった．実のところ，力学的質量と電磁気学的質量の配分を決定するためになされた最初の実験は，アブラハムが電子モデルを提出した時点ですでに行われていた．1897 年に陰極線の比電荷をトムソンと同時に測定していたゲッティンゲンの物理学者，ヴァルター・カウフマンが，電磁場の中で

電子ビームを曲げる一連の実験を 1900 年に開始したのである．電子の質量のうち速度に依存する部分（つまり電磁質量）を見出すには，極端なスピードが必要とされた．この目的のために，カウフマンは β 線を用いた．それは先頃，光速の 90％以上に達するスピードで運動する電子であると突き止められていたところだった．

カウフマンは，優れた実験家であっただけでなく有能な理論家でもあり，早くから電子論と電磁気学的世界観の支持者であった．新しい物理学に対する彼の熱狂が実験データの解釈を潤色したことにはほとんど疑いがない．1901 年にカウフマンは電子の質量のおよそ 3 分の 1 が電磁気学的起源のものだと結論した．[ところが] アブラハムの新しい理論を目の前にすると，急いでデータを再解釈し，何とかしてまったく異なる結論に至るようにした．電子の質量全体が電磁気学的であるという，アブラハムの見解と合致する結論にである．カウフマンとアブラハムはゲッティンゲン大学の同僚であって，電磁気学的世界観に対するカウフマンの深い共感はもちろんのこと，この個人的な関係が，データからだけでは正当化されない主張へとカウフマンを導いた．1903 年には，β 線の電子だけでなく陰極線の電子もアブラハムの理論に従って振舞うとカウフマンは結論した．

1905 年以降，ローレンツの理論（あるいは「ローレンツ-アインシュタイン理論」）がアブラハムの理論の対抗馬として登場してから，カウフマンは速度に伴う質量変化の問題を決着させるべく新たな実験を行った．複雑な実験からは，ローレンツの理論を否定する一方で，アブラハムの理論やブッヘラーおよびランジュヴァンの予測とはかなりうまく合致するかに見える結論が導かれた．新しいデータに照らし，カウフマンは，相対性公準によって物理学を基礎づけようとする試みは「失敗とみなされるであろう」と結論した．その実験は 1906 年のシュトゥットガルトの会合で精力的に議論された．そのさい，参加者の大部分はカウフマンの側に立ち，剛体電子に賛成して，変形電子と相対性原理には反対した．しかしながら，実験の正しい解釈がまるですっきりといかないことには気づかれており，プランクは，カウフマンの分析に不確かで疑問の余地のある箇所が多数あるという警告を発した．したがってプランクは，アブラハムとローレンツの理論には決着がつけられず，新たな実験が必要だと示唆したのである．

理論家の反応はさまざまであった．アブラハムは喜んでカウフマンの結論を受け入れたし，ローレンツもまた，大いに不服そうにではあるけれども，それを受

け入れた．ローレンツは自分の理論全体が脅かされていると——それどころか，間違っていることが証明されたと——感じていた．ポワンカレに書き送ったところでは，「残念ながら電子が平べったくなるという私の仮説はカウフマンの新しい結果と矛盾していて，私はそれを棄てなければなりません．ですから，どうしてよいかわからないのです」(Miller 1981, 337)．哲学的に言うなら，ローレンツはカール・ポパーの科学哲学の通りに，「反証主義者」として振舞った．アインシュタインの場合はそうではなく，その対応はむしろ哲学者イムレ・ラカトシュの勧めに合致していた[2]．アインシュタインは当初，カウフマンが反駁だと主張したものを無視し，むしろデータの換算とその解釈に誤りが入り込んだのではないかと疑ったのである．なるほど，実験は相対性理論と一致していない．だが，そのことは理論が間違っているということを含意しているのではない．実験が間違っていることを意味しているに違いないのだ．アインシュタインは 1907 年にこう書いている．「私の意見では，［アブラハムとブッヘラー-ランジュヴァンの］どちらの理論もかなり蓋然性が低いと思います．なぜなら，運動電子の質量に関するそれらの基本的仮定が，より複雑な現象を包摂する理論体系によっては説明不可能だからです」(同, 345)．アインシュタインの態度は（プランクもそうだが）カウフマンの実験がお気に入りの理論と一致しないからその正当性を認めないという単純なものではなかった．アインシュタインとプランクは実験の詳細に深く分け入り，全体の状況を注意深く分析し，そうして系統誤差を疑うだけの理由があると結論したのだった．

　いずれにせよ，自分の理論に対するアインシュタインの若さに満ちた自信はすぐに裏づけられることとなった．1908 年の実験で，ブッヘラーは理論と実験におけるカウフマンの競争相手として，カウフマンとは異なるやり方で β 線の電磁偏向を測定した．その結果もやはり異なっており，ローレンツ-アインシュタイン理論の確証につながった．カウフマンの実験から一定の支持を受けていた電子論の対抗馬を，ブッヘラー自身が提案していたという事実に関して言うなら，その実験をためらうことなく批判し，自分自身の実験からローレンツの理論だけ

---

[2] 大まかに言って，ポパーの「反証主義」の立場では，科学理論はそれと合致しない経験的証拠が提出された場合，棄却されねばならない．一方，ラカトシュの「リサーチプログラム論」では，科学理論は「堅い核」と補助仮説からなるとされ，理論の予測が経験と合わない場合には補助仮説の修正が行われる一方，「堅い核」は保持されると考える．

に現実味があると彼が結論したのは注目に値する．当時，ブッヘラーは体積一定の電子という自分自身の理論が散乱現象と矛盾するため，それに対する自信を失っていた．それゆえ自分の実験を，アブラハムとローレンツの二つの候補のみのあいだでのテストとみなした．ブッヘラーの実験はカウフマンのものよりはるかに見通しがよく，批判するのが難しかった．しかしもちろん批判を免れたわけではなく，ローレンツ-アインシュタイン理論に有利な決定的実験を構成するまでには至らなかった．続く数年間に，大部分はドイツで，実験が続けられた．そして実験の状況が安定して，ローレンツ-アインシュタインの質量変化が実験的に確証されたということが一般に受け入れられる結果になるにはしばらく時間がかかった．1914年までには，問題はあらかた決着した．とはいえ完全に安定化したわけではなく，アインシュタインの理論が受け入れられ，電磁気学的自然観が忘れ去られた後も，議論は何年も続いたのであった．

　この物語を続けることはやめておいて，ただ，反相対論がドイツの文化的生活の一部で盛んになりはじめた1920年以降には質量変化の問題が政治的次元を獲得した，ということにだけ触れておこう．多くの保守的な物理学者は，エーテルや電磁気学的概念に基づく理論によりアインシュタインの理論が取って代わられる日を心待ちにしていた．皮肉なことに，こうした保守派の中には，以前は自分たちのことを流行遅れの力学主義と戦っている大胆な進歩主義者と考えていた，電磁気学的世界観のかつての支持者たちがいた．アブラハムは，かつては主たる革命派だったわけだが，決して相対論を受け入れることなく，エーテル抜きの物理学に抗議した一人であった．ブッヘラーは，電磁気学革命派のもう一人でありながらも意に反して相対論の勝利に貢献したわけだが，1920年代にドイツ物理学右派における熱烈な反相対論者となった．この状況で，電子の質量変化について新たな実験がなされたのであり，それらはときに相対性理論を論駁するという明確な意図を伴っていた．そして現に，反相対論者の中には自分たちの実験がアブラハムの古い理論を確証し，アインシュタインの理論を否定していると結論した者もいた．ブッヘラーを含むそのほかの物理学者は，ローレンツ-アインシュタイン公式は受け入れたものの，その公式とアインシュタインの理論を区別することに注意を払った．ブッヘラーは1926年にこう書いている．「今日ではもはや，ローレンツ公式の確証を，アインシュタイン的な相対性の理論を証明するものとして挙げることはできない」(Kragh 1985, 99).

一つの世界観の凋落

　電子の実験は電磁気学的世界観の凋落における一つの要因ではあったけれども，多くの要因のうち一つを形成していたにすぎなかった．実験は実験的テストにかかるが，世界観はそうではない．事実，物理的実在のあらゆる側面を包括するような，完全に電磁気学的な物理学の可能性は決して論駁されなかった．むしろそれは，その初期の魅力を徐々に失うにつれて，溶けて消えていったのである．長い期間にわたって革命的であることは難しい――特に，よりよい未来への高い望みが，実現する兆しをまったく見せないのであれば，である．遅くとも1914年までに，電磁気学的世界観はその魔力を失い，支持者の数は減少して，主流派物理学の周辺に位置する小さな集団となっていた．第一次世界大戦が勃発する少し前に，エーミール・ヴァールブルクが，『現代の文化』と名づけられたシリーズの一冊として，物理学のさまざまな分野に関する36編の総説論文を載せた本を編集している．この半ば公的な作品の執筆者にはドイツ文化圏の指導的物理学者たちがおり，ヴィーヒャート，ローレンツ，ヴィーン，アインシュタイン，カウフマン，ゼーマン，プランクがそこに含まれていた．この本の内容は，当時の物理学の構成についていくらかの示唆を与えてくれる．

　力学　79 ページ
　音響学　22 ページ
　熱　163 ページ
　電気　249 ページ
　光学　135 ページ
　一般原理　85 ページ

熱に関する章には黒体輻射だけでなく，「理論的原子論」すなわち物質の［分子］運動論に関するアインシュタインの論文も含まれていた．電気のカテゴリーの中にある13編の論文には，無線電信についてのものが1編，X線についてのものが1編，放射能を扱ったものが2編あった．相対性理論に関する，アインシュタインによって書かれた論文は，一般原理のカテゴリーの中に置かれていた．電磁気学的世界観はほとんど認めることができず，「マクスウェル理論と電子論」に関するローレンツの論文に間接的に入っているだけであった．

電磁気学的プログラムはなぜ力を失ったのだろうか？　凋落の過程は，科学上の理由と時代の文化的な空気の変化に関する理由の両方が関与する，複合的なものであった．先に触れたように，アブラハムの理論から出てくるような実験的予測は，実際の実験結果と合わなかった．しかし他方で，このことは凋落の主要因ではまずなかった．というのも剛体電子は電磁気学的世界観に必要な素材ではなかったからである．それよりも重要だったのは，電磁気学的世界観に反抗するか，それを余計なものにしてしまうおそれのある，別の理論との競合であった．相対性理論はときにローレンツの電子論と混同されたり電磁気学的世界観と両立可能だと主張されたりしたけれども，1912年頃になるとアインシュタインの理論がまったく別種のものであるのは明らかだった．それは電子の構造については単に何も言う必要がなかったのであり，相対論的な観点が徐々に認識されてくるにつれて，この問題——数年前には本質的だと考えられていた——の地位は大きく変わった．多くの物理学者にとって，それは疑似問題になったのである．相対論の地位向上が電磁気学の熱狂的支持者たちの生を困難にし，量子論の地位向上もまた同様の効果をもたらした．1908年頃，プランクは量子論と電子論のあいだに根本的な不一致があると結論し，ローレンツをはじめとする専門家たちから慎重な支持を得た．黒体のスペクトルを純粋に電磁気学的な基盤に基づいて導出する方法はないように思われたのである．量子論がますます重要になるにつれ，電子論はますます重要でなくなった．革命だと主張されたことに対して起こりうる最悪の事態は，それが必要とされないということである．

概して，電子論は，この理論に依存しない，物理学におけるその他の発展と競わなければならなかった．そして1910年以降は，物理学の新たな発展が電子論から興味関心をすっかり奪い去ってしまった．新しくて興味深い出来事がこれほどたくさん起こっているのに，物理学のすべてを電磁場に基づかせようなどという難解で野心過剰な試みに構っていられようか？　ラザフォードの有核原子，同位体，ボーアの原子理論，結晶によるX線の回折，スペクトル線の電気による分裂というシュタルクの発見［シュタルク効果］，モーズリーによるX線に基づいた周期律の理解，アインシュタインによる相対論の重力への拡張，などをはじめとする革新が物理学者の知的エネルギーを吸い込み，電磁気学的世界観を置き去りにした．なるほど，それは美しい夢であった．だが，物理学だったのだろうか？　原子物理学で多くの進歩が起こり，原子の構造がよりよく理解されるよう

になるにつれて，電磁気学的世界観を維持するのは徐々に難しくなった．正の電荷は，電子が負の電荷を持っていることがゼーマン効果によって示された1896年以来，原子論における問題であり続けていた．電磁気学的世界観と調和する物質理論は正の電子を必要としたのだが，それはまったく見つからなかったのである．1904年，イギリスの物理学者ハロルド・A・ウィルソンが，α粒子は（「通常の負の電子とまったくよく似た性質の」）正の電子であり，その質量は純粋に電磁気学的起源のものである，つまり $(2/3)e^2/R^2c$ という表式を満足する，という提案を行った．その代価は，そうすると α 粒子の半径が負の電子の数千分の一になるということだった．α 粒子がヘリウムイオンだと突き止められてみると，その代価は高すぎることが判明した．正の電磁気学的な電子を導入しようとするほかの提案もやはりうまくいかなかった．そしてラザフォードによる真の正の粒子の発見——電子よりも数千倍大きな質量を持つ原子核——によって，正負の素電荷のあいだの魅力的な対称性は失われた．

しかし他方で，原子物理学の進展は電磁気学的世界観と定性的に合致しているとも解釈されえたし，実際，ときにはそう解釈された．ラザフォード自身，あらゆる物質は電気的な本性のものだという見解に傾いていて，1914年には，水素原子核の小ささはまさに，完全に電磁気学的な起源のものであったとした場合に期待されるはずのことだと主張した．原子核物理学の初期の研究者たちもラザフォードに追随し，電磁質量が物理学のこの領域から姿を消したのはようやく1920年代になってからである．しかしこのことは，ラザフォードやその同僚たちが大陸的な意味で電磁気学的世界観ないし電子論の信奉者だったという意味ではない．電子論に貢献した人々のほとんどはドイツ人で，強いて言えばごくわずかな人々がイギリス人だった．イギリスとドイツの態度には微妙な差があった．イギリスの多くの物理学者がそうしたように物質の電気的理論を信じることと，アブラハムやその仲間たちが志向したような電磁気学的概念および法則をよしとして，あらゆる力学的なものを除去することとは，別であった．いずれにせよ，原子核が電磁気学的起源のものだという仮説は信念に基づくものであって，実験的証拠に基づいていたのではない．電子と異なり，核やイオンは，その質量のうちどれだけの部分が電磁気学的でどれだけの部分が力学的かをテストするために必要とされる，極端なスピードにまで加速することができなかった．

統一場の理論

1910年までには，ヴィーンやアブラハムらのもともとの電磁気学的プログラムは，深刻な問題にぶつかっていた．それはとりわけ，進歩的な相対性理論に反対していたためであった．しかしながら，電磁気学的世界観と特殊相対論のあいだに必ずしも矛盾はなく，1910年代には数人の物理学者が，アインシュタインの相対性理論を取り込むことで，電磁気学的プログラムに生気を吹き込んだ．アインシュタイン自身もこの種の統一電磁理論には大いに関心があったし，それはまた，ヒルベルト，パウリ，ゾンマーフェルト，ボルン，ヴァイルを含むほかの何人もの数理物理学者たちの関心と注意を引き寄せた．グライフスヴァルト大学のドイツ人物理学者グスタフ・ミーが，後期の電磁気学的プログラムに貢献した人々の中ではもっとも多産で高名であった．アブラハムや，それよりも前の時期にこのプログラムを支持したほかの大部分の人々と異なり，ミーは相対性理論を受け入れ，その概念と数学的手法を最大限利用した．たとえば，ローレンツ不変性や4次元時空の概念はミーの理論の重要な部分だった．だがそれでも，ミーは先行者たちの物理学的見解に完全に同意していた．すなわち，世界は究極的には電磁エーテルの構造から成り立っているという見解に，である．次の1911年の記述は電磁気学的世界観の本質を与えており，また，ミーの見解がラーモア，ヴィーン，ローレンツ，アブラハムといった以前の物理学者たちのものと基本的に同じだったことを示している．

> 物質の基本粒子とは……単に，エーテルの電気応力線が収束するエーテル中の特異的な場所のことである．要するに，それはエーテル中にある電場の「結び目」である．こうした結び目が狭い範囲に，すなわち，素粒子で満たされた場所に閉じこめられているというのは非常に注目に値する……．可感的世界の多様性全体は，一見したところでは華やかに彩られた秩序なき見せ物にすぎないのだが，それは明らかに，世界のただ一つの実体——エーテル——において起こる過程へと還元される．そうしてその過程自体，信じ難いほどの複雑さにもかかわらず，単純で数学的に明晰な少数の法則からなる，調和のとれた体系を満足するのである．(Vizgin 1994, 18 および 27)

ミーの理論は，1912年から13年にかけての3編の長大な論文（合計132ページ

からなる）で展開されたもので，第一義的には素粒子の理論だった．ミーは自分の理論に重力も含めたかったのだが，物質理論で用いたのと同じ電磁気学の方程式によって重力場を説明することには成功しなかった．

ミーは電子のことを「特定の特異状態」にあるエーテルの小さな部分だと考え，それを「無限に広がる電荷の雰囲気の中へと連続的に行きわたっていく中核」からなるものとして描いた（Vizgin 1994, 28）．つまり，厳密に言えば，電子は定まった半径を持たない．電子の中心付近では，電磁場の強さが凄まじいことになり，そうした状況下ではマクスウェル方程式がもはや妥当しないだろうとミーは考えた．そのため，電子の中核から相対的に遠く離れたところで電磁気学の通常の方程式と一致するような，電磁気学の一般化された非線形方程式系を考え出した．ミーの基本方程式からは，素粒子の電荷と質量を，ある「世界関数」で表されるものとして計算できた．これは注目すべき進展であり，場による粒子のモデルが数学的に厳密に展開された最初のものであった．興味深いことに，自分の数学的形式を発展させるにあたり，ミーはのちに量子力学に入ってくることになる応用数学の一分野，行列の手法を用いていた．しかしながらその進展は数学的プログラムに限られたもので，現実の物理学ということになると，この壮大な理論はいちじるしく不毛だった．1913年までには，二つの素粒子が知られていて（電子と陽子），その性質は理論から原理的には導くことができた．悲しいかな，これはその当時，あくまでも原理的にというだけであった．というのも，方程式に入ってくる世界関数の形が知られていなかったからである．しかしその一方で，電子・陽子の存在と両立する世界関数など存在しないということもまた，証明できなかった．それゆえミーのプログラムの信奉者たちは，未来の発展が成功に導いてくれるかもしれないと主張することができたのだった．

望まれたような結果にミーの理論が導いてくれることは決してなかったが，後に続くものがなかったわけではない．それはアインシュタイン，ヒルベルト，ヴァイルらによってなされた研究の一部に影響を及ぼしたし，1930年代になってもなお，マックス・ボルンは首尾一貫した量子電気力学を発展させるための古典的枠組みの候補として，ミーの理論を再検討していた．1920年頃に一部の数理物理学者に訴えかけるものがあったのは，ミーの理論の詳細というよりもむしろ，その精神と手法である．ヴァイルが1923年に表明したように，「そうするとこれらの〔ミーの〕物理法則のおかげで，我々は電子の質量と電荷，および個々の元

第8章　失敗に終わった革命　155

素の原子量と原子電荷を計算できる．これまでは常に，こうした物質の究極的な構成要素を，その数値的性質とともに所与のものとして受けとっていたのに，である」(Vizgin 1994, 33)．

　統一理論の目標は，世界の豊かさと多様性を単一の理論的枠組みによって理解することである．たとえば，電子の質量と電荷はふつう偶然的な性質だと，つまり，単にたまたまそうなっているにすぎない量（「所与のもの」）だとみなされている．それは物理学のどんな法則からも一意には帰結せず，この理由により，現にそうなっているのとは異なっていることもおそらくありうるだろう．［これに対して］統一論者の観点からは，電子の質量と電荷（さらに，一般的には，あらゆる素粒子の性質）が究極的には理論から帰結しなければならない．偶然的な量から，法則に支配された量へと変わらねばならない．それだけにとどまらず，素粒子の数や種類もまた理論から帰結しなければならない．任意の，所与の時点でたまたま知られているそうした粒子についてだけでなく，まだ発見されていない粒子についても，である．言い換えるなら，本当に成功している統一理論は，素粒子の存在を予言できて然るべきだろう——自然に存在している以上でもなく，またそれ以下でもなしに．これは手強い課題である．特に，物理理論というものが経験的に知られていることに依存するのを避けられず，それゆえ実験物理学の最先端を反映するものである以上は．1913年には電子と陽子が知られており，それゆえミーや同時代の人々は，これらの粒子の存在と合致する統一理論をデザインした．しかし電磁気学的プログラムの印象深い理論には，現実の予言能力がまったくなかった．壮大かつ高度な数学的機巧にもかかわらず，ミーの理論はその時代の子であって，1930年代に雪崩を打って起こった素粒子の発見に対する準備はまったく整っていなかった．1957年にグスタフ・ミーが没したとき，素粒子と場の世界は1912年の状況から根本的に変わっていた．それは，世紀初頭にミーが開拓したような種類の大統一理論からすれば，はるかに複雑ではるかに魅力のない世界だった．しかし他方で，ミーの死から20年後には，大統一理論が物理学の最前線に登場して，古い電磁気学的プログラムと（一般的な意味で）いくらか特徴を共有するような，統一的世界観を約束することになるだろう．こうした現代的な統一理論について，より詳しくは第27章を見ていただきたい．

文献案内

電磁気学的世界観は McCormmach 1970 で扱われており，Jammer 1961［邦訳 1977 年］の中には質量の電磁気学的概念についての要約された説明がある．Miller 1986 は論集だが，相対論を除く電磁気学を扱っており，ポワンカレの 1906 年の電子論についての詳しい分析を収める．アブラハムの剛体電子についての議論は Goldberg 1970 に見られる．質量変化の実験に関しては，Miller 1981, Cushing 1981, Battimelli 1981 を参照せよ．初期の原子物理学・核物理学における電磁質量の役割は Siegel 1978 で議論されており，Kragh 1985 の中には 1920 年代の質量変化実験についての情報がある．ミーの理論と 20 世紀最初の 3 分の 1 におけるその他の統一理論に関する最良の情報源は Vizgin 1994 である．

第9章
産業と戦争における物理学

工業物理

　物理学とはいっても，自然の神秘をより深く洞察するために大学や似たような研究機関で教えられたり修められたりする，アカデミックな物理学であるとは限らない．物理学の大部分，そして重要な部分は，物理の知識を技術上の目標に応用すること，より正確にはそうした目標のために使える新種の概念や理論，装置を開発することで成り立っている．応用物理，あるいは物理工学は，しばしば技術の進歩に欠かせないものであったが，科学の知識から直接新しい技術が生まれるのはまれなケースにすぎない．いわゆる科学に基礎づけられた技術の多くでは，基礎科学と技術の関係は複雑で間接的なものである．

　物理学の有用性は，もちろん現代的な課題というわけではない．まったく逆で，物理学が人類に利益をもたらす技術革新を導くかもしれない，あるいは導くだろうといった考えは，ベイコンやガリレオの時代から物理学史には欠かせない部分である．とはいえ，目に見えてこうした表現に実行が伴うようになったのは，19世紀後半のことにすぎない．生産性という特性を最初期にはっきり示した科学である化学と同じくらい，物理学が大きな技術的ポテンシャルを持っているかもしれないということは，19世紀が終わりに近づくにつれてますます明らかになってきた．このことは当時物理学研究に対する支援が増大した重要な要因であったし，多くの物理学者に共有されていた見解でもあった．そうした物理学者の一人がエーミール・ヴァールブルクで，彼はフライブルク大学の新しい物理学研究所の所長であった．1891年の研究所落成の折に，ヴァールブルクは次のように述べた．「物理学に関する限り，現代を特徴づけるいわゆる自然科学の興隆は，研究での発見や原理の数，および重要性に帰せられるのではない．市民生活や，科学に依存している技術諸分野に対してこの科学が及ぼす，非常に増大した効果の

ほうに多くを帰すべきなのだ．そして，付け加えねばならないが，結果としてもたらされる逆効果にも帰すべきである」(Cahan 1985, 57)．それ以来，増え続ける物理学者たちは，民間産業や工科大学，非営利研究機関で，応用物理や技術物理，工業物理の研究を始めることとなった．「工業物理」が成長しはじめたのは1920年代だが，第一次世界大戦の勃発前でも，諸大国ではこうしたアカデミックでない物理学がしっかりと確立されていたのである．

　産業的な応用にもっとも適した物理学の分野は，熱力学や電磁気学，光学，材料科学といった古典的な領域であった．「新物理学」——放射能や相対論，量子論および原子論といった領域——は，すぐには大規模で実用的な応用に帰着しなかった．しかし，放射能のように新しく風変わりな領域でさえ産業における興味の対象であったし，放射原器を用いた研究は放射線測定に特化した初期の研究室の重要部分となった．マリー・キュリーは伝統的には純粋物理のヒロインとして描かれているが，彼女の研究の純粋性は，キュリーが国際ラジウム原器の制定に強い関心を持つことも，フランスのラジウム産業との連携を確保することも妨げなかった．キュリーにとって産業志向の研究は，彼女の科学研究の自然かつ不可欠な一部分であった．1905年頃から，キュリー一家の研究室と化学産業資本家アルメ・ド・リールの会社は密接に結びついていた．こうした産業的側面は，産業界で働く科学者の多くを引きつけていたパリのラジウム研究所提供の放射能研究室や放射能講座にも及んだ．「キュリーの共同研究者にとって，科学界と産業界での二重生活を送るのは珍しいことではなかった」と最近の研究は述べている（Roque 1997b, 272）．初期の放射能研究のもう一つの主要中心地であるウィーンのラジウム研究所は1908年に創立され，産業や度量衡学でパリの研究所と同様の役割を果たした．ウィーンの物理学者たちはアウアー社と協力した．この会社は，科学と産業の両方で強い関心の的となっていた貴重なラジウムを（塩化ラジウムの形で）手に入れるために，ウラン鉱石を精製していた．

　ヴェルナー・フォン・ジーメンスとヘルマン・フォン・ヘルムホルツの主導のもと1887年に創設されたベルリンの帝国物理工学研究所は，初期の応用物理の研究所ではおそらくもっとも重要なものであった．ベルリン研究所の目標は，ドイツの産業，ひいてはドイツの国家に有用である技術革新に，物理学を応用することだった．というのも，ジーメンスがプロイセン政府に書き送ったように，「昨今非常に活発に行われている国家間の競争においては，新しい〔科学の〕道

に第一歩を踏み出し，それを確立した産業部門へと最初に発展させた国家こそが，決定的に優位に立つ」からであった（Hoddeson et al. 1992, 13）．帝国研究所の初代所長であったヘルムホルツは，帝国研究所を，確立された知識を単に従順に応用して産業上の問題を解決する場所ではなく，研究機関にしたいと強く望んでいた．彼の後任であるフリードリヒ・コールラウシュは1895年から1905年までその地位にあって，研究所を大きく拡張し，応用物理と精密測定では世界随一の中心地へと変身させた．1903年には，帝国研究所は10棟の建物からなっていて110人を雇用しており，そのうち41人が科学研究に従事していた．ハイテク産業を振興し援助する上での帝国研究所の重要性は国外でも認められ，ほかの国々も同様の研究機関を設立した．イギリスの国立物理学研究所（1898年），アメリカ合衆国の国立標準局（1901年），日本の理化学研究所（1917年）は，いずれも帝国研究所を模倣して設立された[1]．研究所では基礎と応用の両方で独創的研究が多数行われたが，試験のような実際的な仕事のほうが経済的にはより重要で，財源の大部分を占めていた．莫大な数の実験，特に温度計と電球の実験が行われた（たとえば1887年から1905年のあいだに，約25万個の温度計が試験されている）．こうした決まりきった仕事は，帝国研究所が科学方面で没落し，才能ある科学者が大学へと去っていく一因となった．このことは，特にエーミール・ヴァールブルクが所長であった時代（1905～22年）に問題となった．

　民間産業における物理の応用はアメリカ合衆国でもっともよく進み，20世紀の初頭にいくつかの産業研究所が，主として電気産業で設立された．試験と品質管理のための伝統的な研究所とは逆に，新しい研究所では科学研究が卓越した地位を占め，大学出の，しばしば博士号を持った人員が配置されていた．また，これもヨーロッパの多くの国々での状況とは逆に，アメリカではアカデミックな物理学者と大規模産業で雇われている物理学者のあいだに密接な関係があった．アカデミックな物理学者は産業界でしばしばコンサルタントとして働いていたし，応用物理学者はしばしばアカデミックな科学雑誌に投稿した．純粋物理と応用物理の違いは，ときに判別するのが難しかったかもしれない．1913年，産業研究

---

[1] 理化学研究所の場合はむしろ，直接的には同じドイツのカイザー・ヴィルヘルム協会（1911年設立）を模したと言われている．理化学研究所史編集委員会企画・編集『理研精神八十八年』（理化学研究所，2005年），［本編］2頁．

所の物理学者は，アメリカ物理学会会員の約10％を占めていた．7年後，全会員数は倍増し，産業研究所の物理学者は学会員の25％に達した．産業研究所の科学的重要性は『フィジカル・レヴュー』における論文の分布がよく示している．1910年に産業研究所から出された論文はたった2％だった．5年後，この比率は14％へと劇的に上昇し，1920年には22％に達している．この時点で飛び抜けてもっとも研究に力を入れていた企業は，電気技術における二つの巨人，ゼネラルエレクトリック社とアメリカ電信電話会社（AT&T）であり，この2社は純粋物理に対して，多くの大学よりも大きく貢献していた．この2社の科学研究力は，1925年から28年までのあいだに，『フィジカル・レヴュー』への投稿がゼネラルエレクトリック社から27本，AT&Tの研究部門であるベル電話研究所から26本という数字でよくわかる．対して，コロンビア大学からは25本，イェール大学からは21本であった（カリフォルニア工科大学が第1位で，75本だった）．当時，ベル研究所は世界最大かつもっとも資金豊かな産業研究機関だった．3,990人の技術職員と，600人の科学者およびエンジニアからなる研究職員を擁し，ベル研究所はビッグ・サイエンスという時代の扉を開いた．研究開発に対するAT&Tの支出は，1948年当時のドルに換算して，1916年に610万ドルであったのが，1920年には1,080万ドルに膨らんだ．1926年に支出は1,660万ドルに達し，1930年には3,170万ドルにまで増大した．（莫大な数字であるが，これらは1945年以降に起こる，いっそう爆発的な発展の序章にすぎなかった．1981年にAT&Tが法律でいくつかの独立した小企業への分割を命じられる少し前の時点で，ベル研の被雇用者数は24,078人で，うち3,328人が博士号を持っていた．その年，AT&Tはベル研に少なくとも16億3,000万ドルを拠出した．）

　科学者を雇うアメリカ企業は急増しており，AT&Tは別格ではあったがその一つにすぎなかった．1931年までに，1,600社以上の企業が，研究所で約33,000人を雇用していると国立研究委員会に報告されている．9年後には，2,000以上の法人が研究所を持ち，合計で約70,000人を雇っていた．

　ヨーロッパの産業界はアメリカの作り出したこの動向に従ったが，歩調も度合いも同じではなかった．ヨーロッパの産業研究所に所属する比較的少数の物理学者たちは，純粋物理学の雑誌にそれほど投稿しなかった．ヨーロッパ最大の電気技術企業であったドイツのジーメンス社は，応用科学研究の価値を認めてはいたが，アメリカのライバルに匹敵するような主要研究部門は持っていなかった．そ

うした部門がゲッティンゲン大学出身の物理学者ハンス・ゲルディーンのもとに設立されたのは，1920年になってからであった．この新しい研究所は，『ベルシステム技報』(*Bell System Technical Journal*)と視野も内容も同様の，『ジーメンス・コンツェルン発の科学出版物』(*Wissenschaftliche Veröffentlichungen aus dem Siemens-Konzern*)と称する独自の学術誌を発行した．しかしながら，ジーメンスの雑誌にはアメリカのベル研の雑誌と同じだけの科学的重要性はなかった．では，いずれも電子工学の諸相に関連する，応用物理における二つの重要なケースについて考えてみよう．

働く電子，その1——長距離電話

　アレクサンダー・グレアム・ベルの電話は科学の産物ではない．電話の登場から最初の20年間，新しい長距離通信のシステムは，ウィリアム・トムソンが1855年に開拓した電信理論によってのみ——しばしば誤った方向にも——導かれ，経験的な方法で開発されていた．数百km以上の距離を超える音声伝送を良好に行うのは困難だと判明したとき，エンジニアたちは，通信線システムの抵抗と静電容量を減らそうと提案した．自己インダクタンスは有害な量だと一般に信じられており，これはワイヤーを鉄から銅に変えることで減らすことが可能だった．しかし，通話距離を延ばすためのこうした手法はいくぶん限られた効果しかもたらさず，電信エンジニアの経験的手法では高品質の長距離電話を作ることはできないだろうということが，1890年代半ばまでにいよいよ明らかになりはじめた．物理学に基づいた，より科学的な手続きが用いられるべきときだった．

　実際のところそうした手続きは，フランスのエメ・ヴァシーとイギリスのオリヴァー・ヘヴィサイドが基礎的な電気理論を用いて電話電流の伝達を理論的に解析したさい，早くも1887年には用いられていた．彼らは，減衰やひずみが通信線の電気的パラメータによってどのように変化するかについての式を求め，自己インダクタンスは有益だと結論を下した．通信線に自己インダクタンスがあればあるほど良いのである．ヴァシーとヘヴィサイドによる研究は，もっと後になるまで実用的手法に帰着することがなかったし，イギリスではヘヴィサイドによる科学に基づいた勧告は，力のあった郵便局のエンジニアたちから抵抗を受けた．ヴァシー–ヘヴィサイド理論が実用的な技術へとはじめて変換されたのは，アメ

リカ合衆国と，より小規模にはデンマークにおいてであった．

　初期のベル電話会社では，科学研究に高い優先順位が与えられていたわけではなかったが，ベルに雇用された大学出の物理学者ハモンド・ヘイズは，研究に重きを置くよう会社に対して力説した．1897 年にヘイズは，ヘヴィサイドが提案した類の高インダクタンスケーブルを開発するため，ジョージ・キャンベルを雇った．キャンベルは研究手法や訓練の点で，それまで電信や電話の研究をしていたエンジニアやテクニシャンと異なっており，この違いはキャンベルの成功にとって決定的に重要なものとなった．キャンベルには，MIT やハーヴァード大学で得た，そしてポワンカレやボルツマンやフェリックス・クラインといった綺羅星のもとで学んだヨーロッパでの 3 年間に得た，理論物理学の優れた経歴があった[2]．ヴァシーやヘヴィサイドの研究に徹底的に通暁していたキャンベルは，ばらばらに配置されたインダクタンスコイルで「装荷」されたケーブル（あるいは空中線）についての理論を，数学的技能を用いて発展させた．1899 年の夏に仕上げられた成果はコイル装荷線の数学的解析であり，回路のどこにコイルを取り付けるか，それらをどれくらい装荷させるかについて，そしてケーブルとコイルのあいだのもっとも効率的な銅の配置について予測した．キャンベルは，経験的手法からは技術的解決を得ることができず，理論物理を用いて問題に取り組むことが会社の利益になると気がついた．1899 年のメモによれば「理論をできる限り推し進め，試行錯誤をできる限り少なくすることが経済的」であった（Kragh 1994, 155）．キャンベルのイノベーションには実用的目標があったが，それが科学的であったことは言うまでもない．キャンベルは 1903 年に，工学系学術誌ではなく，著名な物理系学術誌である『フィロソフィカル・マガジン』で装荷理論を発表した．

　キャンベルのものと非常によく似た成果は，セルビア生まれで［アメリカの］コロンビア大学の電気工学教授であったマイケル・ピューピンによって，同時かつ独立に得られた．キャンベルと同じようにピューピンにも理論物理の優れた経歴があり（彼はキルヒホッフとヘルムホルツのもとで学んだ），技術職の多くでいま

---

[2] この記述はやや誤解を招く．当時のハーヴァードや MIT では，全体としては，物理学の理論面を強調する教育は行われていなかった．岡本拓司『科学と社会――戦前期日本における国家・学問・戦争の諸相』（サイエンス社，2014 年），第 7 章および第 8 章を参照．

だ主流であった試行錯誤の繰り返しをまったく信用していなかった．ピューピンは大学の自由な研究者であり企業の人間ではなかったという点でキャンベルより有利な立場にあり，この理由によって，1900年にほかならぬピューピンが，コイル装荷システム（あるいは「ピューピニゼーション」として知られている）の特許取得を成し遂げた．長い訴訟の後，AT&Tが特許利用の権利を買収し，ピューピンのドイツの特許も同様にジーメンス・ウント・ハルスケ社が買収した．

　最初のコイル装荷線は1901年に敷設された．続く10年のあいだに，装荷システムはアメリカ合衆国とヨーロッパの両方で多数の長距離線の基幹となった．キャンベルとピューピンの研究を基にしたイノベーションはすばらしい商業的成功を収め，理論物理の有用性に対するすばらしいプロパガンダとなった．1907年末までに，ベル電話会社グループは13万8,000kmにも及ぶケーブル回路に約6万個の装荷コイルを取り付けた．4年後，コイルの数が13万個に達した頃に，ベル電話会社はこの誘導性装荷回路の発明によって約1億ドルを節約したと見積もった．物理学者と化学者は，開発にあたって，アメリカ合衆国で指導的役割を果たしたのと同様にヨーロッパでも活躍したが，ヨーロッパではドイツの会社が分野を先導していた．ピューピンコイルを装備したヨーロッパで最初の電話線は1902年にジーメンス・ウント・ハルスケ社によって作られたもので，それはアウグスト・エーベリングとフリードリヒ・ドレツァレクによる実験に基づいていた．彼らの経歴は，産業界と学術界の物理学者の接触が増加していたことを示している．エーベリングはヘルムホルツのもとで学び，ヴェルナー・フォン・ジーメンスと共同研究を行い，ジーメンス・ウント・ハルスケ社の指導的エンジニアとなるまでの5年間を帝国物理工学研究所で過ごした．ドレツァレクはネルンストのもとで学び，ジーメンス・ウント・ハルスケ社で過ごした後，ゲッティンゲン大学の物理化学研究所の所長として，彼の元指導教授に取って代わる形で学術の世界へと戻った．

　ドイツの場合，またほかのほとんどのヨーロッパ諸国の場合，アメリカ合衆国の状況には欠けている重要なアクターがもう一つ存在した．政府研究機関である．ドイツの長距離通信技術は帝国郵便によって支えられており，帝国郵便は優れた能力を備えた研究者を職員に抱えていた．帝国郵便の帝国電信試験部は1888年に創立され，ハインリヒ・ヘルツの元学生で電気通信理論ではヨーロッパでおそらく一番の専門家であるフランツ・ブライジッヒがいた．

ピューピニゼーションあるいはコイル装荷は，電話の範囲を拡張する方法として最重要なものであったが，これが唯一の方法というわけではなかった．ケーブル，特に海底ケーブルについては，軟鉄に銅線をきつく巻きつけるという代替法があった．連続装荷というこのアイディアはヘヴィサイドに遡るものだが，実用的技術として実装されるまでには15年かかった．これはデンマークのエンジニア，カール・E・クラーロプによって行われ，彼は1902年にデンマークとスウェーデンのあいだに引かれた最初の装荷海底ケーブルを設計した．クラーロプは，かつてヴュルツブルク大学でヴィルヘルム・ヴィーンのもとに学んだ研究生であり，科学の訓練を受けた新世代のエンジニアに属するもう一人の人物であった．クラーロプ型の連続装荷は30年にわたって広く用いられた——1921年のキーウェスト‒ハバナ間の190kmケーブルがその例である．

　装荷法が成功したことで，ピューピンコイルを可能な限り効率的に設計すること，すなわち透磁率を最大にし，渦電流によるエネルギー損失を最小にすることが重要になった．材料科学が，電話会社にとって決定的な重要性を持つようになった．早くも1902年に，ドレツァレクは細かく砕いた鉄粉に絶縁性結合物質を混合したものでできた誘導コアの特許を取得したが，このアイディアがイノベーションへと変わるのはようやく10年以上後になってからだった．1911年にはAT&Tが，ウェスタンエレクトリック社のエンジニアリング部門内に，基礎科学を体系的に電話の問題へ応用するという目的を持った部門を組織した．この新しい研究プログラムの初期の成果の一つが，1916年の圧粉磁芯の発明である．これは，イリノイ州ホーソーンにあるウェスタンエレクトリック社の製造工場で即座に商業生産に移され，同工場は1921年までには毎週2万5,000ポンドの鉄粉を生産していた．同時にウェスタンエレクトリック社の研究者たちは，装荷材料としての優れた磁気特性を持つ，鉄の代用品を探す研究を行った．スウェーデン生まれのグスタフ・エルメンは，ニッケルと鉄の合金を熱したり冷ましたりして，透磁率を大きくヒステリシス損失を小さくする手法を開発した．その成果が「パーマロイ」で，これはだいたい20%の鉄と，80%のニッケルでできていた．1920年代にピューピンコアの中の鉄はこの合金で置き換えられ，1930年頃には，AT&Tは1年に100万個以上のパーマロイコアコイルを生産していた．

　大西洋横断電信のための装荷材料としてパーマロイを応用することもまた重要であった．この目的のための信頼度の高い理論は，ウェスタンエレクトリック社

で主にオリヴァー・バックリーが発展させた．バックリーはコーネル大学で教育を受けた物理学者で，1914年に入社し，真空管や磁性体の研究を行っていた．理論研究と実験研究が十分行われた後，高速装荷電信ケーブル建設を可能にする現実的な理論が得られた．ニューヨークとアソーレス諸島を結ぶ3,730 kmに及ぶケーブルは，ウェスタンユニオン電信会社により運用されイギリスのケーブル会社によって製造されたもので，1924年の試験ではすべての見込みが達成された．1分間に1,920文字という動作速度は，ケルヴィン型の従来のケーブルによる記録の4倍の速さだった．この驚異的な速度は既存の端末装置の能力を上回り，これに追いつくような特殊な高速レコーダーが必要とされた．この種の，そしてほかのパーマロイ装荷ケーブルの成功は大洋横断電信を蘇らせ，物理学研究の実用的価値と経済的価値を再び証明した．1924年にキャンベルは，ベルシステムの研究者としての長い経歴を振り返って，「電気はいまや，とりわけ数学のための分野であり，そこでのあらゆる進歩は第一に数学を通して得られたものなのだ」と結論づけている．

働く電子，その2——真空管

電子管（あるいはラジオ管，真空管）は，20世紀におけるもっとも重要な発明の一つである．その歴史は1880年，新しく発明した電球の一つで電極が溶け，フィラメントからその電極にどうやら小さな電流が流れているらしいとエジソンが気づいたときに遡る．このエジソン効果は，電気エンジニアの関心を引きつけた．その中の一人，イギリス人のジョン・アンブローズ・フレミングは，フィラメントから放出される粒子が負に帯電していることを1889年に証明した．10年後，この粒子は電子であることが明らかになった．1904年，その頃までにユニヴァーシティ・カレッジ・ロンドンの電気工学教授とマルコーニ無線電信会社の技術コンサルタントを務めていたフレミングは，エジソン効果を利用した電灯が高周波電磁波の検知器として使えることを発見した．フレミングは最初の真空管を，すなわち1905年にマルコーニ社によって特許が取得された二極管を作ったが，この発明は成功ではなかった．二極管は無線電信の検知器として実用化するには感度が低すぎることがわかったのである．代わりに，アメリカ人のリー・デ・フォレストが初の実用的な真空管を作った．当初はそれほど商業的に成功し

なかったものの，デ・フォレストによる1906年の三極管（あるいは「オーディオン」）の発明は，電子時代の出発点となった．オーストリア人のローベルト・フォン・リーベンは電子管のもう一人の先駆者で，電話の増幅器として用いられる二極管や，のちには三極管を作った．当時は「真空管」という用語は誤った名称だった．というのも，デ・フォレストもリーベンも，ほかの誰も，はじめは高真空の重要性に気づいていなかったからである．デ・フォレストのオリジナルの三極管は実際のところ真空管だったが，高度に排気されていたわけではなかった．デ・フォレストは，管がきちんと動作するにはガスが残っていることが不可欠だと信じていた．1910年にリーベンが作った真空管は部分的に排気されていたにすぎず，希薄な水銀蒸気が入った状態で動作していた．

　1912年に，主に民間企業の研究を通じて，真空管は驚異の技術となった．AT&Tでこの分野の専門家だったのはハロルド・アーノルドであり，彼はシカゴでミリカンのもと博士号を取ったばかりの若い物理学者だった．デ・フォレストがベル電話会社で三極管を実演して見せたとき，アーノルドはこの粗雑な装置が強力な増幅器や継電器へと発展する可能性があると気づいた．アーノルドはすぐに，ドイツのヴォルフガング・ゲーデによって発明された新型の高真空ポンプの一つを用い，三極管を徹底的に真空にすることによって自前の改良版を作った．（真空管エレクトロニクスは応用物理や実験物理のほかの部分と同じく，真空技術の進歩に決定的に依存していた．）初期の真空管が「軟」——それほど高度に排気されていない状態——であったのに対し，ベル研究所での研究は「硬」三極管をもたらした．この三極管では，電流はイオン化によってではなく，純粋に熱電子的に流れる．アーノルドと彼のチームによってなされたその他の改良には，熱フィラメントをカルシウムやバリウムの酸化物で覆われた陰極で置き換えることも伴っていた．このような陰極は，1904年にドイツ人物理学者アルトゥル・ヴェーネルトによってはじめて製作されたものだが，低めの温度で動作できたため，管の寿命は伸びた．動作可能な真空管中継器が開発されるまでには1年もかからなかった．この中継器はニューヨーク-ワシントン間の電話線で1913年に試験が行われ，2年後にはニューヨークとサンフランシスコ間を結んだ初の大陸横断線での電話通話を確実なものとしたことで，その商業的価値を証明した．ロバート・ミリカンはその開通式に参加していたが，自伝で次のように述べている．「その夜以来，電子——それまでは主に科学者のおもちゃだったもの——が，人間の

商業的・産業的要求を満たす強力な要素としてはっきりと登場した……電子増幅管はいまや通信技術全体の基礎となっており，また逆にこのことが，少なくとも部分的には電子増幅管をほかの多数の技術に応用することを可能としたのである．電子増幅管の開発を通じて科学と産業が結びついた日というのは，科学と産業の両方にとって重大であった」(Millikan 1951, 136)．ミリカンは，真空管技術の真の躍進が第一次世界大戦での需要の結果としてもたらされたことには言及しなかった．1917年にアメリカ合衆国が参戦したとき，同国における週あたりの真空管生産量は400本に満たなかった．2年後には，毎週約8万本が生産されていた．

ドイツにおける開発は，アメリカ合衆国での開発と並行してはいたものの，それほど速くも円滑でもなかった．最大手の電子技術企業4社（ジーメンス・ウント・ハルスケ社，アルゲマイネ・エレクトリツィテート・ゲゼルシャフト社，フェルテン・ウント・ギヨーム社，テレフンケン社）は1912年に組合を結成し，商業的開発のためにリーベンの特許を取得した．ガスの封入されたリーベンの真空管に焦点を定めたのは失敗だった．未来は高真空管にあるとドイツの会社が気づくまでには2年かかった．テレフンケン社が真空三極管の生産を始めたのはそれからのことであった．第一次世界大戦中，真空管技術を完成させようというドイツの努力は加速した（それはほかの交戦国でも同じだった）．真空管研究に従事していた物理学者の一人がヴァルター・ショットキーで，彼は一般相対論と電子工学の両方に才能のあった，プランクの学生だった．ジーメンス・ウント・ハルスケ社で非常勤で働きながら，ショットキーはアノードと通常の制御グリッドのあいだにもう一つグリッドを導入して，改良版の真空管を開発した．この領域におけるショットキーの研究がただちに実用的な真空管をもたらしたわけではなかったが，これは真空管の基礎的な物理の研究を含んでいたという点と離散的雑音効果の発見を導いたという点で重要なもので，ショットキーはこれをいまや古典となっている情報理論の論文中で説明した．ショットキーの洞察はその後の研究者たち，特にベル研究所に所属していたハリー・ナイキスト（1928年）とクロード・シャノン（1948年）が大幅に発展させることとなった．

アメリカ合衆国では，真空管技術はAT&Tだけでなくゼネラルエレクトリック社の関心事でもあった．1912年，大学出の物理学者としてゼネラルエレクトリック研究所で研究していたウィリアム・クーリッジは，フィラメントにタングステンを用いた最初の白熱灯を開発し，X線管を改良する研究を始めた．彼の助

手であったアーヴィング・ラングミュアは，ゲッティンゲンのネルンストのもとで物理化学を研究し，フェリックス・クラインの数学の講義を受けた経験もあった．アメリカのある工科大学で専任講師を数年務めた後，ラングミュアは1909年にゼネラルエレクトリック社に入社し，そこで40年以上を過ごした．彼は企業科学者として初のノーベル賞（化学，1932年）に輝き，名前をとって命名された山——アラスカのラングミュア山——を持つ，おそらくは唯一の人物だった．ゼネラルエレクトリック社でラングミュアは，気体中と真空中での放電についての研究プログラムを開始し，このプログラムのおかげで，白熱灯に不活性ガスを封入すれば電球の寿命が延びるという提案をすることになった．この発見は速やかに，非常に利益のあがるイノベーションとなった．同時に，ラングミュアは真空管のメカニズムとして，真空中での電子放出についての研究を行った．ラングミュアは，二極管と三極管における本質的な作用は電子の放出であり，それには高真空が必要だと気づいた．イギリス人物理学者オーエン・リチャードソンによって1901年から1903年にかけて行われた研究の中で，熱い物体からの電子の放出についての一般理論が発表されていたにもかかわらず，この新しい真空管を使って仕事をしていたエンジニアたちは，その頃までずっと物理的なメカニズムをほとんど理解していなかったのである．

　リチャードソンは，J・J・トムソンの学生で電子論の専門家であり，1909年に「熱電子の」(thermionic) という用語を作り，熱電子放出率と金属の温度についての経験的法則を定式化した．続く10年のあいだ，リチャードソンは「リチャードソンの法則」のテストと完成に奮闘した．リチャードソンの現象論は真空管の科学的説明として知られるところとなったが，真空管の形成期であった1904年から1908年のあいだは，その役割は重要でなかった．この理論が真空管エレクトロニクスにおいて根本的な重要性を持つようになったのは後年のことにすぎない．リチャードソンが1929年に［1928年度の］ノーベル賞を受賞したとき，カール・オセーンはそれを紹介するスピーチの中で，純粋物理におけるリチャードソンの研究と，通信工学における驚くべき進歩との密接な関係について次のように強調した．

　電子技術の研究に従事している科学者が今日解こうとしている重要問題の一つは，各自が世界のどこにいても会話できるようにするという問題であります．

1928年に，スウェーデンと北アメリカのあいだに電話通信を確立させはじめることができたとき，それが達成されたのです．……真空管の受信セットの持ち主なら誰でも，装置の中の真空管の重要性を知っています——真空管の，大切な部分は光り輝くフィラメントです……もっとも大切な事実は，確かな法則を伴っているリチャードソン氏の熱電子現象についての見解が，完全に立証されたということであります．この事実を通して，この現象の実用的応用に対する堅固な基礎が得られました．リチャードソン氏の研究が，私がまさに話してきたような進歩を導いた技術的活動の出発点であり，柱なのです[3]．

技術の驚異を引き起こした科学的基礎としてのリチャードソンの研究，というオセーンの紹介は誇張されたものだった．1913年頃まで真空管技術は科学理論にほとんど依存していなかったし，リチャードソン自身も技術的問題にはほとんど関心を示していなかった．リチャードソンはノーベル賞講演の中で，真空管にも，自身が科学面での父であるはずの電子工学にも言及しなかった．一方，ラングミュアはリチャードソンの理論を熟知しており，それを用いて真空管の働きを徹底的に理解した．特に，ラングミュアは熱電子電流についてのリチャードソンの式を確かめ，電子の放出に残留気体は必要ないということを決定的に証明した．ラングミュアによる三極管の科学的理解は，ゼネラルエレクトリック社が真空管を開発する上での重要な要素であった．ゼネラルエレクトリック社の研究者たちは，ラングミュアと彼の同僚であるソール・ダッシュマンに率いられ，1913年には改良した高真空管を作り上げた．こうした成果の一つは，AT&Tとのあいだで長い特許訴訟をもたらした．

ノーベル賞に輝いた1927年の電子回折の発見の出発点が，アーノルド-ラングミュア特許訴訟に関係する研究であった．クリントン・J・デイヴィソンはリチャードソンの博士課程学生で，ウェスタンエレクトリック社の工学部門に1917年に入社した．2年後に，デイヴィソンと彼の助手レスター・ガーマーは，ヴェーネルト陰極の熱電子放出についての研究を始めた．アーノルドとデイヴィソンが当初信じたように，この研究が訴訟の結果に影響するということはなかったけれども，結局これは非常に満足のいく，かつ完全に予想もしなかった方向へと展

---

3) 中村誠太郎・小沼通二編『ノーベル賞講演物理学』第5巻（講談社，1978年），7-9頁．

開した．その研究プログラムの延長でデイヴィソンとガーマーは，電子衝突下における金属表面からの電子放出について研究することになったのである．1924年にデイヴィソンは，こうした電子–電子散乱実験の結果得られたパターンを金属の結晶構造から現れたものだと解釈したが，この実験からそれ以上のものが導かれるようには見えなかった．ベルの物理学者たちは，電子を波だとは考えなかったのである．電子が結晶によって回折するかもしれないという，ルイ・ド・ブローイの1924年のアイディアをデイヴィソンが知ったのは，彼がイギリスで休日を過ごした1926年春になってからであった．当時，デイヴィソンは新しい量子力学について知らなかったのだが，シュレーディンガーの理論が実験を理解する鍵かもしれないとヨーロッパ人の仲間から言われたのである．ニューヨークへの帰り道，デイヴィソンは新しい波動力学について学んだ．リチャードソンへの手紙の中で，デイヴィソンはこのように書いている．「私はシュレーディンガーやほかの人たちについてまだ研究しているところなのですが，もっとも肝心なことについてアイディアがわきはじめたと思っています．特に，理論をテストするために我々の散乱装置でやってみるべき種類の実験がわかったと思います」(Russo 1981, 145)．

古い研究プログラムの新しい方向性は，結果として有名なデイヴィソン–ガーマー実験をもたらし，速さ v で動く電子には，波長 $\lambda = h/mv$ が伴うとみなせるというド・ブローイの式を実験的に証明することとなった．適切にも，この発見の最初の詳細な報告は，1927年4月の『ベル研究所報』(*Bell Laboratories Record*)で発表された．10年後，デイヴィソンにはジョージ・P・トムソンとともに，この発見に対するノーベル賞が授与された．

化学者の戦争の中の物理学

1914年8月の第一次世界大戦勃発まで，ほとんどの科学者は自分たちのことを，超国家的階級，すなわち科学上の業績に比べれば国籍の重要度の低い，学識界の一員だと考えていた．しかし，超国家主義（supranationalism）というイデオロギーが戦争の現実に衝突したとき，このイデオロギーはほとんどあっという間に解体し，ヨーロッパの国々におけるほかの集団が歓呼していたものに劣らず原始的な愛国主義に，速やかに取って代わられた．1914年が終わるよりも前に，

現実の戦争に伴うプロパガンダ戦争が始まった．科学者やほかの学者たちによる，論文上で戦う戦争であった．物理学者はもはや，ただの物理学者ではなかった．いまや彼らはドイツ人物理学者，フランス人物理学者，オーストリア人物理学者，イギリス人物理学者なのであった．「クリーク・デア・ガイスター」（学者の戦争）の中で重要な要素だったのが，93人のドイツ人科学者・芸術家・学者が，中立国ベルギーに対するドイツの攻撃とルーヴァン破壊を含む軍の活動の正当化を試みて，1914年10月に発表した声明である．「文明世界へ」宣言，いわゆる「アウフルーフ」の中で，自称ドイツの「真理の使者たち」は，ドイツが戦争を起こしたということと，文明国の軍隊に期待される規律と敬意に欠けた振舞いをドイツ人兵士が行ったということを否定した．そうした告発はすべて，恥ずべき嘘であると主張したのだ．ドイツ人科学者にとって，軍国主義と文化は分かちがたく結びついていた．「ドイツの軍国主義がなければ，ドイツの文明はずっと昔に根絶えていたであろう……我々を信じよ！　ゲーテや，ベートーヴェンや，カントのような偉大な人物の遺産を，自分たち自身の家庭と同じように聖なるものとする文明化された国民として，まさに我々がこの戦争を終わりに導くことを信じよ」（Nicolai 1918, xii）．この声明の署名者には，プランク，ネルンスト，オストヴァルト，ハーバー，レーナルト，レントゲンを含む，一流の物理学者や化学者が何人もいた．アインシュタインは，愛国主義という全体的傾向と戦争とに反対した数少ない物理学者の一人で，この声明には署名しなかった．反対に，アインシュタインは生理学者ゲオルク・ニコライが起草した，平和と協力のための反声明に署名した．しかしながら，この「ヨーロッパ人へのアピール」は成功しなかった．署名したのはたった4人であった．

　このドイツの声明は，イギリスやフランスの科学者の厳しい反応を招いた．たとえば，声明に署名したドイツ人科学者に対するパリ科学アカデミーの外国人会員資格は打ち切られた．すぐに，フランスの学者たちは，ライン川の向こうの同業者たちと，彼らが支持しているすべてのもの，あるいは彼らが支持しているとフランス人が思っていたすべてのものを攻撃した．ドイツ人たちは明らかに科学の優れたまとめ役だったが，フランスのプロパガンダによれば，ドイツ人は独創性に欠けており，どこか別の場所で作り出されたアイディアを盗む傾向があった．ドイツの科学はフランスのような文明化された国の科学とは本質的に異なっている，もちろん明らかに劣っているのだと，フランス人科学者が主張することもあ

った．物理学者で化学者でもあるピエール・デュエムによれば，「ラ・シアンス・アルマンド」［ドイツ風科学］は独自の性格を有しており，そこにはドイツ民族の嘆かわしい精神的特徴が見られた．ドイツ人物理学者は直観的に考えることができず，抽象的な物理理論を現実世界に結びつけるのに必要な常識的感覚に欠けているのだった．抽象的なドイツ風の理論化の典型例として，デュエムは，速度の上限を光の速度とするという馬鹿げた前提条件を伴う相対性理論に言及した．生物学者だった別のフランス人著述家は，ドイツの「数学–形而上学的譫妄」の一例として量子論を取り上げた．1916 年の本で彼は次のように述べている．「相対性原理は，芸術における未来派やキュビズムともっともよく比較しうる，科学の進化の基礎である．……我々は，ベルリンの物理学教授にしてライン川の向こう側にいる 93 人の知識人の一人であるマックス・プランクの量子論に，この数学–形而上学的譫妄の良い例を見つけている．プランクは……熱の，光の，力学的エネルギーの（！），実際のところエネルギー一般の原子を……導入している．相対性理論の帰結として，こうした原子は慣性を備えた質量さえ持つことになる（！！）」（Kleinert 1978, 520）．ドイツ精神に典型的な理論だと 1916 年にフランスの愛国的科学者が考えたものが，20 年後のナチスドイツの科学者が非ドイツ的なユダヤ精神の最重要例だと考えたものと，まったく同じだったとは皮肉である！ドイツ科学に対する反応は，イギリスではいくぶん和らいだものではあったけれども，和解に向けた理解や試みはなされなかった．1914 年 10 月の『ネイチャー』に掲載された記事では，ノーベル化学賞受賞者のウィリアム・ラムジーが次のように述べた．「ドイツの理想は，真の科学人という概念からは，無限に離れてしまっている．」ラムジーは，個々のドイツ人科学者の優れた才能は認めていたが，世界全体では科学はドイツ人抜きで容易にやっていくことができるだろうと，すなわち「科学的思考におけるもっとも大きな進歩は，ドイツ民族によってなされてきたわけではない」と述べた．「我々が現在見ることのできる限りでは，チュートン族を拘束すれば，凡才の洪水から世界を救い出すことになるだろう．」

　宣戦布告が行われたとき，交戦国の科学者の多くは，自分たちの資質を国家のためにどのように用いることができるかについて，軍に提案を行った．政治と軍の当局はこうした提案を受けることに乗り気でなく，ほとんどの場合これを無視することを選んだ．伝統的に軍の将校は科学研究の有用性に懐疑的であり，その研究が文官の科学者によって行われているときには特にそうだった．ドイツとオ

ーストリア-ハンガリー帝国では，若い科学者は通常の兵士とみなされ，ほかの徴集兵グループと同じように戦場へ赴いた．戦争初期には，戦争計画に物理学者やほかの科学者を用いたり，そうでなければ彼らの専門知識を利用したりといった案はなかった．こうしたことが行われたのは後になってからにすぎず，戦中に科学の重要性に対する認識が増大しても，それは限られた水準にとどまっていた．ドイツの戦争計画の中でもっとも大規模でもっともよく知られている，フリッツ・ハーバー指揮の化学ガス戦争計画では，数人の物理学者が雇用された．期間の長短はあるが，ジェイムズ・フランク，オットー・ハーン，エルヴィン・マーデルング，グスタフ・ヘルツらが計画に従事した．ハーンはベルリンのカイザー・ヴィルヘルム研究所で毒ガスの実験を行い，レーヴァクーゼンにあるバイエルの化学工場で新型ガスの開発を行った．物理学者を雇ったもう一つの軍事研究所は，ベルリンの大砲試験委員会（APK）であった．ここでは，光学，音響，地震計測，電磁気など，さまざまな測距法が研究された．マックス・ボルンは戦争の一時期をAPKで研究して過ごし，アルフレート・ランデやフリッツ・ライヒェ，フェルディナント・クルルバウム，ルードルフ・ラーデンブルクも同様であった．敵の砲兵の位置を決定する方法として音響測距を用いるというアイディアは，この問題に取り組む科学者集団を組織するよう騎兵大尉として軍を説得することのできた，ラーデンブルクによってもたらされたものだった．とりわけ，ボルンはハミルトン力学による方法を用いて，高度による風の変化が音の伝播にどのような影響を及ぼすかを研究した．「これは，すばらしい応用数学の一つだと思う」とボルンは回想した（Born 1978, 171）．

さらに別のドイツ人物理学者たちは，もともとドイツ陸軍が無視していた分野である遠距離通信の問題について研究した．イェーナ大学の物理学教授だったマックス・ヴィーンは，飛行機での無線使用について研究するために，物理学者とエンジニアの一団を組織した．ゾンマーフェルトはしばらくのあいだ，地中を伝播する弱い「地電流」を検知して敵の電話通信を聴取する研究を行った．ゾンマーフェルトの研究に基づいた真空管増幅聴取装置は，通信線から1km以上の場所で信号を検知することができ，ドイツ陸軍にとって相当の価値があることを証明した．（電子技術の問題や流体潤滑理論について以前発表したことのある理論家ゾンマーフェルトにとって，技術物理は馴染みのない分野というわけではなかった．）

イギリスでは，1915年の夏に枢密院科学産業研究委員会で科学技術の動員が

始まり，この委員会は翌年，科学産業研究庁（DSIR）へと改組された．DSIR の目的は，産業上そして軍事上の重要性が高い科学技術研究を振興し，資金提供し，調整することだった．DSIR は化学物質や光学ガラスといった有用な物資の生産を目指しており，その目的のためには純粋科学への投資が必要だということを認識していた．1916 年の『ネイチャー』には，「純粋科学を無視することは，種蒔きをすることなく，土を耕したり肥料をやったりするようなものだろう」とある．国立物理学研究所は，1902 年以来ロイヤル・ソサエティの監督下で運営されてきたが，1918 年に新しい部門へと移行した．戦争勃発時，研究所には 187 人の職員がいた．続く 4 年のあいだ，軍事志向の研究に高い優先順位が与えられ，1918 年末までに，国立物理学研究所の雇用者数は約 550 人まで増加した．DSIR はイギリスにおける初期の科学政策団体としてもっとも重要なもので，続く 30 年から 40 年のあいだに，物理学やほかの科学を支援する中軸を作り上げることになった．ドイツの物理学者と同じように，イギリスの物理学者も測距法の試験と開発に従事した．ウィリアム・H・ブラッグをはじめとする物理学者たちは，塹壕線の後ろにあるドイツの火砲を精密爆撃するための音響測距法について研究した．軍需発明部では，ラルフ・ファウラーと若きエドワード・ミルンが，対空火器管制のために設計された光学機器について研究を行った．

　イギリス軍にとっていっそう大きな重要性を持っていた問題は，ドイツの潜水艦の脅威であった．この領域についての研究は，1915 年の夏に創設された王立海軍発明研究委員会（BIR）で始まった．ラザフォードは，恐るべき潜水艦を探知する手段を開発するという試みに従事していた何人かの物理学者の一人だった．ラザフォードはマンチェスター大学の研究室の一部を大きな水槽に作りかえ，多数の実験を行った．ある伝記作家によれば，ラザフォードによる海軍本部宛の体系立った報告書が海中軍事科学の誕生を告げたのみならず，「ラザフォードが潜水艦探索について 1915 年に語ったことは 1980 年代にも通用する」のだった（Wilson 1983, 348）．ラザフォードは音響検出が潜水艦の場所を突き止める唯一の実用的方法であると助言し，彼をはじめとする物理学者たちは「水中聴音器」やその他の聴音装置を開発するため懸命に研究した．ラザフォードの研究には，圧電水晶を用いて潜水艦探知のための高周波音を作り出す研究も含まれていた．この手の研究はフランスのポール・ランジュヴァンによって独立に再現され，のちにソナー技術へと発展することになった．ソナーの発明は，ランジュヴァンとラ

ザフォードによる戦時研究に遡るとされることがある．

　イギリスの場合と同じように，この戦争はアメリカ政府をも科学計画へと誘導した．1916年6月，国立研究委員会（NRC）が，「国家の安全と福祉」のための研究の組織化と振興を目的として創設された．ここでもイギリスと同じように潜水艦探知に高い優先順位が与えられ，ミリカンがNRCの対潜水艦委員会の委員長に任命された．この領域におけるアメリカ人の研究は，同盟関係にあるフランスやイギリスの相当進んだ研究と，ある程度協調していた．1917年6月には，ラザフォードを含むフランスとイギリスの使節団がアメリカの仲間たちを訪れた．アメリカの研究は，潜水艦探知でも火砲測距でも同盟国に比べて劣っていたけれども，通信分野では勝っていた．1917年4月に宣戦布告がなされたとき，アメリカ合衆国陸軍はAT&Tのジョン・カーティと，選ばれた何人かの科学者およびエンジニアを通信隊の将校に任命した．カーティは科学研究部門を組織し，ミリカンがこれを率い，大学や民間企業から科学者やエンジニアが参加した．数ヶ月のうちに，AT&Tから来た4,500人のエンジニアや技師は14個の大隊へと組織され，結果として通信隊の職員は3倍に増えた．アメリカ合衆国陸軍の通信システムの効率は有線でも無線でも，パリの通信隊研究所の責任者だったAT&Tの物理学者，オリヴァー・バックリーが作り上げた真空管技術の発展に依存していた．

　第二次世界大戦——「物理学者の戦争」——と比較して，「化学者の戦争」と然るべく呼ばれる第一次世界大戦では，物理学者は比較的小さな役割しか担わなかった．物理学者たちの貢献は決定的重要性を持ちようがなかったし，戦争努力に従事した種類の物理学は，物理科学の最先端の研究とはほとんど関係がなかった．一方で，主要な軍事紛争において，物理学者が自分たち自身を可視化し有用化したのは，歴史上でこれがはじめてのことだった．戦争が終わったとき，軍にとって物理学がかなり重要なものになりうるということ，そしてもし物理学を国防目的に利用するのなら政府の援助が不可欠だということは，明らかであった．このようにして1918年までに「軍事物理学」が確立したが，20年少し後の戦争で物理学者が決定的な役割を担うことになろうとは，誰も思わなかっただろう．そして，アメリカに支配された1950年代の物理学界で，物理学の軍事化があれほど際立った特徴になろうとは，夢にも思わなかったことであろう（第20章を見よ）．

文献案内

Atherton 1984 は，電気技術史の一般的な記述である．コイル装荷と長距離電話については Wasserman 1985 を，連続装荷法については Kragh 1994 を見よ．初期の AT&T の研究については Hoddeson 1981a と Fagen 1975 が取り扱っており，Russo 1981 ではデイヴィソンとガーマーによる電子回折の発見についての興味深い歴史が述べられている．真空管開発の詳細については Tyne 1977 を見よ．ラングミュアとゼネラルエレクトリック社の研究については，Reich 1983 と 1985 を見よ．第一次世界大戦における物理学の諸側面は，Hartcup 1988, Schröder-Gudehus 1978, Kevles 1987, Cardwell 1975 で取り扱われている．

第 II 部

革命から地固めへ

第10章
ヴァイマル共和国における科学と政治

　ドイツは20世紀のはじめ頃には世界の指導的な科学国であったし，多くの点で他国にとっての模範となってきた．ドイツにこそ，物理学における偉大な革新やほかの精密科学の多くが起源を持つのである．1918年という年はドイツにとっても世界史にとっても分水嶺となった．戦争に敗北したことと屈辱的なヴェルサイユ条約によって，国内の動揺，食糧不足，政治的暗殺，国の経済の激烈な悪化，ハイパーインフレがやってきたのだ．このインフレは1923年まで続き，この年にはライ麦パン一斤が5,000億マルクになった．ドイツは経済的にも政治的にも精神的にも深刻な危機的状態にあったのだ．ところが，こうした大きな困難にもかかわらず，ドイツの物理学はこの困難な日々のあいだ非常にうまくいき，その国際的な地位の高さを維持することに成功した．原子理論や量子論のようないくつかの新しく刺激的な領域においては，ドイツの物理学者は国際的なアジェンダも設定した．生活上の困難や悲惨な状態にもかかわらず，量子力学の種は初期のヴァイマル共和国で播かれたのである．

科学政策と財政支援

　ドイツの科学者コミュニティは戦後も無傷のままであったが，資金を必死で探す貧しいコミュニティとなった．ドイツが戦間期には相対的に貧しい国であったというだけでなく，その科学者もまた国際的な協同から排除されていた．外貨の不足もドイツ人たちの問題に加わった．というのは，そのために外国の文献や器具の購入がほとんど不可能になったからである．大学では学生数が猛烈に増大し，その多くが元兵士であった．［しかし］大学には彼らのためのスペースも，教師も，金もなかった．研究所の予算は戦前の水準よりもはるかに後退し，これは科学に関わる人員の給与についても同様であった．インフレのため，貯蓄すれば日

ごとに価値がなくなっていくこともあった．オットー・ハーンは，1923年，マックス・フォン・ラウエと南ドイツへ一週間の休暇旅行に出かけたときの様子をこう回想している．「この短い旅行が終わろうかというとき，ラウエは帰りの切符を買うための100万マルクが足りなくなった．幸い私が立て替えることができたが，数年経ってドイツ経済が再び安定したときになって，私は彼に『君は僕に100万の借金があるのだよ』とよく念を押したものだった．そしてとうとうラウエは私に，500億マルク紙幣を手渡した――ほら，単利も複利も込みだ，と言って」（Hahn 1970, 137 ［邦訳 156-157 頁］）．

　指導的なドイツの科学者たちは，自分たちの科学を新しい方法で正当化する必要があることを認識していた．これは自分たちを満足させるためでもあり，政府内の潜在的な後援者により説得的に訴えかけるためでもあった．ドイツは戦争に負けた．皇帝は逃げた．古き良き時代は去った．この国に新しい栄誉と尊厳をもたらすために何が残されているのか？　多くの科学者たちによれば，その回答は（驚くことでもないが）科学であった．1918年11月，プロイセン科学アカデミーでの演説において，マックス・プランクはこのメッセージを明らかにした．「仮に敵が我々の祖国から防衛力と政治力をすべて奪ったとしても，仮に国内で厳しい危機が我々の妨害をし，あるいはさらに厳しい危機が我々の前に立ちはだかったとしても，外国の敵も国内の敵も未だ我々から奪い去っていないものが一つあります．それは，ドイツの科学が世界で占めてきた地位です．さらに，この地位を維持し，そして，必要が生じれば，あらゆる可能な手段でもって守ることが，この国のもっとも優れた科学機関としての我々のアカデミーの任務なのです」（Forman 1973, 163）．これは誕生まもないヴァイマル共和国においてはよく聞かれたテーマだった．プランクはこのとき，ドイツ科学の非公式なスポークスマンとして表に出てきたのだが，このメッセージを1919年のある新聞記事でも繰り返している．「ドイツ科学が従来どおり存続しうるかぎり，ドイツが文明国の地位を追われるなど考えられないことだ」（Heilbron 1986, 88 ［邦訳94頁］）．プランクが言うには，科学を支援するべき主たる理由は，科学が技術的・経済的な進歩をもたらすから，というものではなく（これは議論の一つではあったが），科学がドイツの第一級の文化的資源だからであった．科学は文化の担い手，ドイツ語で言う「クルトゥーアトレーガー」として見るべきである．科学は国家が誇りを持てるものであり，政治的・軍事的な力――残念ながらもはや存在しない――の代

第10章　ヴァイマル共和国における科学と政治　　181

用としての役割を果たしうるものであった．科学は国家の尊厳を回復するための手段とみなされ，ドイツの有名な科学者は詩人，作曲家，芸術家とともに，国家的・国際的な文化政策の道具となったのだ．

　科学の文化的・政治的な価値に訴えることは，支援を求めるいくらかの科学者のレトリックにとどまらなかった．伝統的に科学を正当化してきた実用主義を考慮すれば驚くべきことであるが，このことは，科学に対する反実用主義的そして反唯物論的態度を支持する多くの政治家・人文学者の見解とも整合的であった．国際的な文化的認知を得ようとする努力の中で，もっとも価値ある資産はおそらくアインシュタインであった．彼は，（一種の）ドイツ人として，ドイツにとどまっている限りプロパガンダ目的のために使うことができたのだ．特にプランクは，アインシュタインがドイツを去るのではないかと恐れていた．そうなれば，ドイツ科学にとってだけでなく，ドイツの文化政策にとっても損失を意味することになるだろう．この問題は，1920年9月2日付の，在ロンドン・ドイツ代理公使からベルリンの外務省への報告の中ではっきりと説明されている．アインシュタインがドイツを去りアメリカに行くのではないか，というイギリスの新聞にあった風評を述べた後，代理公使はこう続けている．「特にこの時期にあっては，アインシュタイン教授はドイツにとって第一級の文化的要素であるとみなすことができます．彼の名前は至るところで知られているからです．我々は，そのような人物をドイツの外側に追い払うべきではありません．彼は効果的な『クルトゥーア』〔文化〕プロパガンダのために使うことができましょう．もし，アインシュタイン教授が本当にドイツを離れることを考えているとして，かの有名な学者をドイツにとどまるように説得できたならば，それは国外におけるドイツの評判のためには望ましいことだと考えます．」この報告は数あるうちの一つにすぎない．アインシュタインが講義のために国外へ旅行するたびに，ドイツ大使館や領事館の職員が秘密裏にベルリンへ報告を送ることとなった．パリ，コペンハーゲン，東京，マドリッド，オスロ，シカゴ，その他の都市からの報告では，どのように外国の報道が当の有名な物理学者をドイツと結びつけているかに特に注意が払われている．モンテヴィデオにいたあるドイツの外交官は，1925年6月4日，満足げに次のように報告している．アインシュタインは「どこでも『サビオ・アレマン』〔ドイツの学者〕として宣伝されており（彼の持っていたスイスの市民権に対する言及はほとんどありませんでした），彼の訪問はドイツの国益にとってもっ

とも価値あるものとなっています」(Kirsten and Treder 1979, 207 および 234).

　ヴィルヘルム時代のドイツでは，大学の科学が資金提供を受けていたのはほとんどが（大学の所属していた）ドイツ諸州からであり，ベルリンの連邦政府からではなかった．1918年以降の悲惨な状況のもとでは，ドイツの科学組織は餓死を避けるために新しい資金源を求めなければならなかった．新しい科学政策機関の中でもっとも重要だったのは，1920年に設立されたドイツ科学救援連合である．この組織はいくつかのドイツの科学研究機関を代表しており，その中にはカイザー・ヴィルヘルム協会，大学，工科大学，科学アカデミー，そしてドイツ自然科学者・医学者協会が含まれていた．救援連合の主な活動は，自然科学，工学，社会科学，人文学など，すべての種類の研究を振興し，資金を割り当てることだった．救援連合は優秀さという基準によって科学者個人および研究計画を支援し，補助金を受領者の属する大学に関係なく割り当てた．申請は専門家委員会によって，中央政府の干渉を受けることなく審査された．1922年から1934年まで，マックス・フォン・ラウエは物理学委員会の委員長を務めた．これはドイツの科学政策においては影響力の強い地位であった．救援連合の資金はその圧倒的大部分がベルリンの政府から来たが，外国からの寄付も相当なものであった．その中では，アメリカのゼネラルエレクトリック社やロックフェラー財団からの寄付が大半を占めていた[1]．ドイツの産業界からは少額の寄付しかなかった．彼らは［救援連合の］ライバルであるヘルムホルツ協会，あるいはより技術的な性質を持つ個別の科学計画に支援を振り向けることを好んだのである．

　救援連合はベルリンの科学者たちに監督され，物理学に関する限り，純粋な理論物理学を好んだ．理論物理学は，プランクが文化的に（したがって，彼の考えでは政治的に）重要だと考えたものであった．救援連合の執行委員会の一員として，プランクはゲッティンゲンやミュンヘンの原子理論家たちが十分な資金を受けられるように取り計らった．しかし，一般的には大部分の研究補助金はベルリンの物理学者へと向けられた．たとえば1924年から26年のあいだに，ベルリンの物理学者は補助金の約半分を受け取っていた．この事実は首都の外にいた保守

---

1) 日本からも，星製薬を興した資本家の星一（1873-1951）が資金援助を行っている（Heilbron 1986, 91 ［邦訳97頁］）．また，宮田親平『毒ガス開発の父ハーバー——愛国心を裏切られた科学者』朝日選書（朝日新聞社，2007年）も参照．

的な物理学者たちを怒らせ，彼らは救援連合がベルリンをえこひいきしていると非難した．1920 年代を通じて，ヨハネス・シュタルクをはじめとする保守的な物理学者たちは救援連合における影響力を獲得しようとしたが，ラウエやプランクは断固として彼らを閉め出した．救援連合は現代理論物理学を偏愛していたが，それにもかかわらずシュタルク，レーナルト，ルードルフ・トマシェクのような反相対論者を支援するためにも十分な資金と寛大さを持っていた．

電気物理学委員会は，ゼネラルエレクトリック社の寄付に基づく救援連合の小委員会であり，ドイツの原子物理学にとって不可欠であった．1923 年から 1925 年のあいだにこの委員会は 140 件の補助金申請を受理し，うち 71 件の申請を承認した．そのほとんどは原子物理学や量子物理学だった．資金は表向きは技術物理または実験物理学のために寄付されたものだったが，（プランクを委員長とする）委員会のメンバーはしばしばこれを原子理論のために使用することを望んだ．1923 年，プランクはゾンマーフェルトに書いている．「確かに，この資金は『特に実験研究のために』使うように言われていますが，あなたの研究計画は実験研究の立案として提出すれば問題ありません．ですが，なんといってもものを言うのは，むろんあなたの名前なのです」(Heilbron 1986, 92 [邦訳 98 頁])．物理学でも，ほかの分野と同じように，名声を得て友人を持つのがよいことである．量子力学は救援連合の資金による支援がなくても生まれたであろうことは疑いない．しかし，ハイゼンベルクやボルンは救援連合の資金に支援されていたので，量子力学がその真価を証明した 1926 年，電気物理学委員会が複数の意味で喜んだのも理解できることである．救援連合の資金と哲学が見事に成果を挙げたのだ．「よく知られているように，量子力学はあらゆる国の物理学会のあいだで注目の的となっています．ハイゼンベルクとボルンの仕事は，電気物理学委員会が支援をしたもので，この支援がなければその仕事がドイツではなくどこか別の国でなされたであろうことは間違いありません．ハイゼンベルクとボルンの仕事は，ドイツの物理学の発展における電気物理学委員会の有用性を示したのです」(Cassidy 1992, 160 [邦訳 171 頁])．

1921 年から 25 年のあいだ，救援連合は物理科学の計画を約 10 万金マルク[相当][2)]の年間予算でもって支援した．これは相当の額であった．加えて，救援

---

2) 金マルクとは，1914 年 8 月 4 日に金との兌換が停止される以前のドイツ通貨を指す．

連合は少数ながら特別研究員も後援した．ドイツの物理学にとってのこの組織の重要性は，研究の発表に反映されている．1923年から1938年のあいだに，三つの主要なドイツの物理学の学術誌には8,800本の発表があったが，少なくともその4分の1は，完全にせよ部分的にせよ，救援連合によって支援された研究に基づいていた．それほど統計的ではない話ではあるが，ヴェルナー・ハイゼンベルクの場合を考えよう．彼は1923年には前途有望な21歳の物理学の学生だった．ハイゼンベルクは救援連合がこの分野にとどめおきたかった類の物理学者で，1923年から25年のあいだ，生活するのに十分とは言えないまでもこの組織から援助を受けていた．ゲッティンゲンでハイゼンベルクの教授であったマックス・ボルンはさらなる資金を供給した．ほかの幾人かの教授たちと同じように，ボルンはドイツの実業家や外国の篤志家と知り合いになり，そのうちの何人かがボルンの研究所の資金援助をしてくれたのである．ボルンはニューヨークの銀行家ヘンリー・ゴールドマンから寛大な寄付を受け取り，この資金を自分の学生と助手の支援のために用い，ハイゼンベルクはその中にいたのである．この困難な日々を生き残るためには，多くの方法があり，その中にはいつも通りのものもそうでないものもあった．

　帝国物理工学研究所は，戦後も残った物理学の中心的組織の一つであった．しかし，世界の指導的な純粋物理学の研究所の一つとしての，以前の栄光や地位にふさわしいものではなくなった．逆に，ますます試験や技術物理を志向するにつれて，帝国物理工学研究所は科学的には衰退した．1924年，研究所の所長に就任した直後，フリードリヒ・パッシェンはゾンマーフェルトに「純正な科学研究はここでは終わってしまいました」と不満を述べた．彼はこう続けている．「この研究所はますます技術的になってしまいました．純粋に科学的な研究は後退しています．科学官僚の態度そのものが技術的なのです．彼らのほとんどに，現代物理学は何の痕跡もとどめていないのです」（Kragh 1985, 110）．

国際関係

　1884年，コペンハーゲンでの医学会議において，ルイ・パストゥールは科学の中立性と国際性を強調し，「科学には祖国というものはありません」と述べたが，しかしこうも続けた．「たとえ科学に祖国というものがなかったとしても，

科学者は自分の国に名誉をもたらしているものに特に思いを致すべきです．どんな偉大な科学者のうちにも，常に偉大な愛国者を見出すことができるでしょう」(Kragh 1980a, 293).　愛国主義と科学の国際主義とのあいだの問題含みな二律背反が完全に明らかになったのは，第一次世界大戦中とその後のことである．このとき，二つの理想のうちでより強いのは愛国主義のほうだ，ということが明らかになった（第9章も見よ）．1917年，ジョージ・ヘイルへの手紙のなかで，アメリカの物理学者にして発明家のマイケル・ピューピンはこう書いている．「科学は文明のもっとも高度な表れです．連合国の科学は，それゆえ，チュートン民族の科学とは根本的に異なります．……我々には今日，これまでよりもはっきりと，科学が人間の持つさまざまな気分や気持ちと切り離すことができないということがわかっています．……科学的な人間はまず人間であり，その後に科学者であるのだ，という気がしています」(Forman 1973, 158).

　戦争の最終局面において，フランス，イギリス，アメリカの科学者たちは国際科学アカデミーに取って代わる，新しい国際的な科学組織の機構について議論した．この話し合いで主だった人物はアメリカの天文学者ジョージ・ヘイル，（ドイツ生まれの）イギリスの物理学者アーサー・シュスター，フランスの数学者シャルル・エーミール・ピカールであった．その結果が，1919年夏の，国際学術研究会議（IRC）の設立である．ただし，会員資格は当初，連合国，および連合国と協同していたか何らかの仕方でドイツに反対した国々に限定された．会員国はフランス，イギリス，アメリカ，ベルギー，イタリア，オーストラリア，カナダ，ニュージーランド，南アフリカ，日本，ブラジル，ギリシア，ポーランド，ポルトガル，ルーマニア，セルビアであった．これは明らかに，科学的な卓越性に基づく選択というよりも，政治的な選択である．計画された国際純粋および応用物理学連合（IUPAP）のような，IRCの下の科学連合における会員資格も同様にこれらの国に限定された．IUPAPは1922年に13の国家から代表を迎え，ウィリアム・H・ブラッグを初代会長として設立された．ミリカンが彼に続き，困難な戦争の日々のあいだはさらにスウェーデンのマンネ・シーグバーンが続いた．IUPAPは1931年までは特に活動的というわけではなかったが，この年にIRCが国際学術連合会議（ICSU）へと変更されたのに伴って改組された．このとき，IUPAPはICSUの八つの科学連合の一つとなった．ほかの科学連合は，天文学，測地学および地球物理学，化学，数学，電波科学，生物学，地理学に関するもの

だった．

　悲惨な戦争の結果として生じた憎悪と疑念のために，ドイツ，オーストリア，ハンガリー，ブルガリアは IRC から除外され，中立国でさえも加盟を認められなかった．強硬派は中立国が IRC のパワーバランスを変え，かつての同盟国の加盟を認める票を投じるのではないかと恐れた．1922 年になってようやく，オランダとスカンディナヴィア諸国を含む，いくつかの中立国が加盟を認められた．フランスの疑念は正しかったようだ．最初に同盟国の受け入れを主張したのは，まさにこれらの中立国だったからである．1925 年にローレンツはオランダ，ノルウェー，デンマークを代表して，排他政策を破棄することを提案した．この決議はイギリスとアメリカに支持され，総会で 16 票のうち 10 票を得たものの，加盟国全体の 3 分の 2 という必要な多数票を得ることはなかった．（当時，IRC は 29 の加盟国を数え，そのうちの 16 国だけが出席していたため，満場一致していたとしても［IRC の］定款は変わらなかったであろう．）風向きが変わったのは翌年，ロカルノ条約によってヨーロッパの政治的状況が穏やかになってからである．シュスター，ヘイル，ピカール（彼が会長だった）を含む IRC の主要な科学者たちがドイツの加盟を認め，ドイツをはじめとするかつての敵性国家が招待されたのである．しかし，招待状がとうとうやって来たとき，ドイツとオーストリアの科学者はそれを拒絶した．結果，この二つの国は第二次世界大戦後までその国際科学の公的団体の外側にとどまることになった．ハンガリーは 1927 年に，ブルガリアは 1934 年に IRC に加盟した．

　IRC からドイツを排除したことは，戦争の勝利者たちがドイツの科学を孤立させ，その重要性を減じようとした方法の一つにすぎない．1919 年から 1928 年頃までドイツの科学は国際的な排斥活動に遭いやすかった．つまり，多くの国際会議でドイツの科学者は出席を認められなかった，ということである．最初の頃はこの排斥活動はかなり実効的であり，ほとんどの国際会議からドイツ人が排除されていた．1919 年から 1925 年のあいだに開かれた 275 の国際的な科学会議のうち，165 の会議にドイツ人の参加がなかった（図 10.1 を見よ）．多くの国際組織，国際事務局，国際機関がドイツの地から移された．1914 年にはそのような国際機関が 60 あり，そのうちの 14 がドイツに，18 がフランスにあった．1923 年には，［そのような国際機関の］数は 85 まで増加したが，今度はそのうちの 37 機関がフランスに，わずか 6 機関のみがドイツに，ということになった．これらの国

第 10 章　ヴァイマル共和国における科学と政治

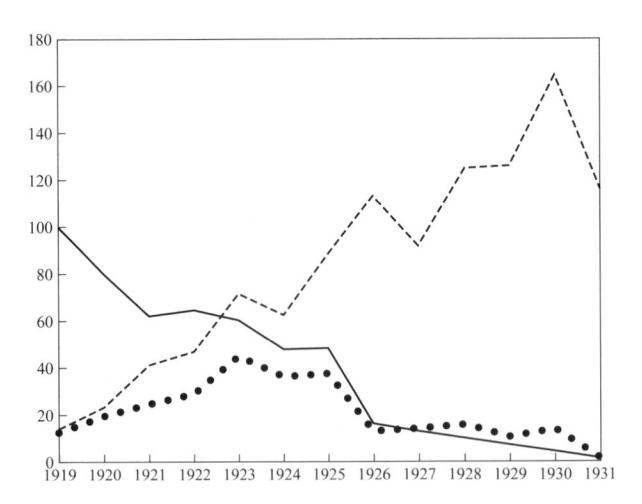

図 10.1　国際的な科学会議の数（破線）と，ドイツ人が排除された会議の数（点線）．実線は，ドイツ人の参加を排除した会議のパーセンテージを示す
出典：Schröder-Gudehus 1966 より筆者作成．

際組織では，ドイツ科学を排斥するべきだというだけでなく，ドイツ語やドイツの科学出版物も同様に排斥するべきだと考えられた．ほとんどの国際会議でドイツ語は公用語としては認められなかった．1920 年の『サイエンス』に述べられているように，所詮「ドイツ語は疑いようもなく，原始的で粗野な性質の段階から抜け出したばかりの野蛮な言語であり，……1914 年 8 月 1 日という日以降は[3]，そのようなものとしてドイツ語を扱うのが科学のためになるだろう」というのである．

　排斥活動は，意図された通りに，ドイツの科学に対していくらか不都合なものとなったが，その損害は実質的なものというよりは心理的なものだった．それはおそらく，排斥活動をした国のほうにより大きな損害をもたらしたであろう．これらの国は，ドイツの科学者が異論の余地なく権威であるようなテーマのための会議を，ドイツ人抜きでやらねばならなかったのである．1921 年と 1923 年のソルヴェイ会議はそれぞれ「原子と電子」「金属の電気伝導性」についてのものであったが，ドイツ人物理学者は一人もいなかった．このことは明らかに会議の重

3）この日にドイツ帝国は総動員令を発し，第一次世界大戦へと突入していった．

要性を減じた．排斥活動は決して総力をあげたものではなく，オランダもスカンディナヴィア諸国もそれには追従しなかった．1919年，スウェーデン科学アカデミーはプランクとシュタルクにノーベル物理学賞を，フリッツ・ハーバーに化学賞を授与することを決定した．ノーベル賞が3人のドイツ人科学者の手に渡ったということは不快であると広く受け止められた．ハーバーへの賞は特に議論を呼んだ．彼はドイツの毒ガス兵器に関わっていたからである．フランスから見れば，スウェーデン人はドイツの科学を［国際社会に］復帰させようとする政治的選択をしたのであった．ハーバーはプランクをはじめとする多くのドイツ人科学者とともに「力の代替としての科学」観を共有していたが，［このフランスの見解に］同意していたように思われる．スウェーデン科学アカデミーに書き送っているところでは，彼はこの賞を「スウェーデンの専門家たる同僚からの，ドイツの科学が挙げた業績への賛辞」(Widmalm 1995, 351) と見ていたのである．

　アインシュタインは国際会議で歓迎された，数少ないドイツ人科学者の一人だった．彼は世界でもっとも有名な科学者というだけでなく，平和主義者で民主主義者であり，「真の」ドイツ人であるとは思われなかったのだ（当時アインシュタインはスイスとドイツの二つの市民権を持っていた）．しかし，平和主義のスイス・ドイツ市民権を持つユダヤ人も，1920年代には論議の的となりえた．1922年春にポール・ランジュヴァンからパリでの講演への招待を受けたさいには，アインシュタインはデモを避けるために秘密裏にフランス首都へと連れて来られた．さらに彼は，権威ある科学アカデミーでの講演を取りやめなくてはならなかった．30人のメンバーが，アインシュタインが入場するとともに講堂から出ていくことを計画していたからである．彼らにとっては，アインシュタインも十分に望まれぬドイツ人であった．

　アインシュタインをドイツ人の同僚に不利になるように政治的に使おうという試みは，政治的な目的のためにアインシュタインを使おうというドイツ人の試みと同様，成功しなかった．例を挙げれば，1923年のソルヴェイ会議のオーガナイザーはアインシュタインに参加してほしかったが，アインシュタインはほかのドイツ人科学者が招待されないだろうということを知ると拒否した．彼がローレンツに書いているところでは，「［ゾンマーフェルト］は，私がソルヴェイ会議に参加するのは正しくないという意見です．ドイツ人の同僚たちが排除されているからです．私の意見では，政治を科学的な事柄に持ち込むのは正しくないですし，

第10章　ヴァイマル共和国における科学と政治　189

個人がたまたま属することになった国の政府に対して責任を持つべきでもありません．もし私が会議に参加したならば，含意として私は共犯者になってしまうでしょう——悲惨なほどに不正だと，私がこの上なく強く確信している行いの」(Mehra 1975, xxiii)．同じ時期の「相対論のすべて」と題された記事で，イギリスの大衆雑誌『ヴァニティー・フェア』はのん気に次のように書いている．「いずれにしてもアインシュタインはドイツ人で，すべては疑いなく，アニリン染料の貿易の支配を取り戻そうとするドイツ人の陰謀だ．……彼は質問に別の質問で返す．しかしそこには，あのドイツ的なものが入り込むのだ．この発見が友好的な連合国のうちの一国の代表者によってなされたならばどんなに良かっただろう（参考のためにクイズ．現在友好的な連合国を五つ挙げてみよう）」(Hentschel 1990, 125)．『ヴァニティー・フェア』のコメントは皮肉含みではあるが，この皮肉は当時の科学の政治的状況にあった現実問題を正確に指摘している．

　ほかの例によっても，同じ文脈が異なる仕方で示される．1923年1月，ハンガリー人のゲオルク・ヘヴェシーとオランダ人のディルク・コスターは，コペンハーゲンのニールス・ボーアの研究所で研究しているときに第72番元素を発見したと宣言した．こうしてハフニウム（Hf）[4]——ヘヴェシーとコスターはそう呼んだ——の発見を宣言したことは，フランスの科学者との大きな先取権論争を引き起こした．彼らはすでにその元素——セルチウム（Ct）[5]と彼らは呼んだ——を発見済みであると主張したのだ．この論争が1923年のはじめ，フランスとベルギーによるルール地方占領の結果，ドイツとフランスの関係が限界まで緊張した時期に始まったという事実は，この論争に特別な趣きを与えている．ハフニウムの発見を，そして特にそれによってフランスの科学の信用が傷つけられたことを，連合国の好戦的な科学者はフランスの栄光に対する陰謀であると考えた．軍事的敗北に対する知的な復讐の機会をドイツに与えようとする邪悪な企てだというのである．ラザフォードの助言により，ヘヴェシーがハフニウムに関する論文をフランス派かつセルチウム派の『化学ニュース』（*Chemical News*）に投稿したところ，編集者のW・P・ウィンは次のように返答した．「我々はセルチウムという，ユルベンにより与えられた本来の名前を固守します．それは戦争中，

---

4) コペンハーゲンのラテン語名ハフニア（Hafnia）に由来する．
5) ケルト（Celt）に由来する．

我々に対して誠実だった，偉大なるフランス国民の代表です．我々は，戦後に占領地をこっそり自分のものにしただけのオランダ人によって与えられた名前を受け入れるわけにはいきません」(Kragh 1980a, 294)．ドイツ人の科学者がハフニウムの発見に貢献したわけではないのだが，それでもそれは「チュートン的科学」に関係づけられていた．ヘヴェシーはハンガリー人で，したがってかつての敵であり，コスターはオランダ人で，スウェーデンとデンマークで科学者生活のほとんどを過ごしていたが，両国ともドイツ支持派として非難されていたのだ．ニールス・ボーアは，その科学界での地位によって活動に対する批判を直接受けることはなかったようだが，排斥運動の急進的な支持者の多くは，ボーアがドイツ人に対して甘すぎると考えた．戦中も戦後も，ボーアはドイツ人の同僚たちといつも通りの友好的な関係を保ち，排斥運動の全盛期にも，コペンハーゲンとドイツとのあいだを頻繁に行き来していたのだ．ボーアはドイツで講義し，非公式の会議に参加し，多くのドイツ人物理学者を後援した．ドイツ人の同僚の成果を認めるよう常に注意を払った．そして自分の非常に重要な論文の多くをドイツの学術誌に出版し，これによってドイツ語を科学の情報伝達のためには無価値な言語として孤立させようとする努力を無視したのである．これらのことすべてにより，ボーアとコペンハーゲンの物理学はある地域ではドイツ支持派と見えるようになり，チュートン主義がハフニウムと結びついているという漠然とした反感が増したのである．この問題は，中立国からの代表を含まないIRCの分科会であった国際化学元素委員会にとっては難しいものだった．セルチウムには科学的な信頼性はなかったが，ハフニウムを正当と認めることも政治的な理由によりできないと委員会は考えたのである．ハフニウムが公式に承認されたのはようやく1930年になってからだった．

　戦争のために科学が苦しんだ国はドイツだけではない．物質的な条件は，成立してから日の浅いソヴィエト連邦においてははるかに悪かった．この国はドイツよりもいっそうほかの国から孤立していたのである．栄養不足，発疹チフス，内戦による苦痛と死は，科学者であると非科学者であるとを問わなかった．1918年から22年のあいだの悲惨な日々の物理的苦難という条件により，物理学者が研究活動を再開し，研究機関の枠組みを構築することは非常に難しくなった．ロシア物理学者協会は1919年に，主としてオレスト・フヴォリソンとアブラム・ヨッフェの骨折りにより設立されたが，この組織は物理学を正常化する任には耐

えないことが明らかとなった．しばらくのあいだは紙不足のために科学的成果の刊行ができないか，あるいは非常に遅れた．たとえば，1922年にアレクサンドル・フリードマンとフセヴェロート・フレデリクスが書き上げた一般相対性理論についての最初のロシア語の教科書は，紙不足のため，1924年になってはじめて出版された．ソヴィエトの物理学の学術誌でもっとも重要なもの（『ロシア物理学化学協会雑誌』(*Zhurnal russkogo fiziko-khimicheskogo obshchestva*)）は1918年から1923年のあいだは刊行が不定期で，1920年と21年にはまったく発行されなかった．ロシアの物理学者たちによる，自分たちの学問分野を再建し，西欧諸国からの孤立を打ち破ろうとする試みは，1922年頃から限定的な成功を収めるのみであった．この年に，ソヴィエト連邦はドイツと外交関係を樹立し，結果としてドイツとロシアの物理学者の接触は増加した．ヨッフェはレニングラード物理工学研究所の創立者であったが，ベルリンに赴き，特に必要とされた学術書の購入，学術誌の購読契約，器具の発注を行った．ヨッフェをはじめとするロシアの物理学者たちはドイツ人の同僚たちから大きな同情でもって迎えられた．ドイツ人たちは，政治的な相違にもかかわらず，二つののけ者国家のあいだに専門家の連絡を確立しようとしていたのである．1922年にドイツ物理学会はレニングラードの物理学者フヴォリソンを唯一の名誉会員として選出した．1925年頃から西方との接触はさらに増し，多くのソヴィエトの物理学者たちがドイツをはじめとする西欧諸国を訪れた．その中にはアメリカも含まれていた．ソヴィエトの物理学者たちは意欲的に西欧の学術誌に［成果を］出版しようとし，本命の学術誌としてはドイツの『物理学年報』(*Annalen der Physik*)を選んだ．1920年代の後半には，『物理学年報』の論文の12％以上がロシア人によって書かれた．彼らは1920年から1936年のあいだに総計592本の論文を投稿したのである．これらの論文の3分の1は著者がレニングラード物理工学研究所――ソヴィエト連邦における物理学研究所の中で最重要の研究所――の物理学者であった．

物理学者のコミュニティ

先に示したように，1920年代前半においてはドイツの物理学者のコミュニティは科学，政治，イデオロギーの問題をめぐって分裂していた．右翼の大きな集団にはシュタルクやレーナルトのようなファシストも，よりイデオロギー色の薄

いヴィルヘルム・ヴィーンやオットー・ルンマーのような物理学者も含まれていた．右翼の物理学者たちは大まかには，愛国主義，超保守主義，ヴァイマル共和国への反対を含む，同じ政治的見解を共有していた．反ユダヤ主義もまた彼らのうちのほとんどに共通していた．1922年，パッシェンがアルフレート・ランデを保守主義の牙城たるテュービンゲンの助教授の地位に推薦したとき，ランデが「進歩的な」原子理論家であるからだけではなく，ユダヤ人であるからという理由によっても，自分の同僚たちが敵対的な偏見を抱いているようにパッシェンには感じられた．（このような出来事や，一般に反ユダヤ主義は，ドイツに限ったことではない．ユダヤ人に対する差別はアメリカをはじめとするほかの国の大学でも一般的だった．）ドイツの物理学には明確な右翼集団が存在したが，その一方で社会主義に共鳴する左翼集団は存在しなかった．ともかくも政治に関心を示した限りにおいて，パッシェン，プランク，ラウエ，ゾンマーフェルト，そしてほとんどの名声ある進歩的な物理学者は一般的には保守的で，反政府の見解を抱いていた．アインシュタインとボルンはこの規則に対する数少ない例外に属する．右翼の極端な基準に従って測った場合に限り，ドイツの主流の物理学者のブルジョワ的保守主義は自由主義のように見えたであろう．ハイゼンベルク，ヨルダン，パウリを含む，戦時に従軍したことのない若い世代の物理学者は概してノンポリであった．

　右翼の物理学者たちの科学に関する見解は，かなりの程度その政治的見解と並行しており，やはり保守的だった．彼らはヴィルヘルム時代の科学の基準に忠実なままであり，ヴァイマル期の時代精神に反対した．ほとんどの右翼の物理学者はエーテル，決定論，因果性，客観性といった，1920年代前半には流行らなくなった考えも含めて，古典的な力学主義あるいは電気力学主義の世界観に固執していた．しかし，彼らはヴァイマルの時代精神と完全に不調和だったわけではない．直観性への偏愛と，抽象的な数学的推論を物理的な直観で置き換えようとする努力とは，保守派にとっても，自らの見解を時代精神に適応させた「進歩派」にとっても，等しく価値を持っていた．右翼側の基準は，程度の差はあれ，量子論や相対性理論ときっぱり袂を分かち，理論を犠牲にして実験に専心したことに現れている．すべての実験家が保守主義者だったわけではなく，すべての理論家が「進歩主義者」だったわけではないが，にもかかわらず明らかな関連は存在した．

ある程度だが,「進歩主義者」と「反動主義者」の区分は,有力なベルリンの物理学者と,地方の大学の物理学研究所とのあいだの緊張を反映している.この区分は,しかし,ミュンヘンやゲッティンゲンの強力な理論グループによって例示されるように,厳密なものではなかった.それは量子力学にはまったくあてはまらないステレオタイプであった.量子力学は非ベルリン的な(ゲッティンゲンという)起源を持ち,ほとんどのベルリンの物理学者たちはハイゼンベルクの急進的な見解よりはシュレーディンガーの保守的な見解を好んだのである.しかし,公平かどうかはともかく,多くの物理学者にとって「ベルリン」は抽象的な理論,ユダヤ的な知性偏重,傲慢,そして趣味の悪さを意味するようになった.ドイツ物理学会はベルリンの物理学者によって支配され,そしてこの理由によって,ある地域ではうさんくさいものとみなされた.アインシュタインは1916年から18年まで会長職を務め,イェーナ大学の実験家であるマックス・ヴィーンが会長職を拒絶した後にゾンマーフェルトが引き継いだ.1920年,シュタルクは対抗組織としてドイツ物理学高等教育教員協会を組織したが,この新しい学会の重要性は限定的だった.ミュンヘンの物理学者ヴィルヘルム・ヴィーンが[ドイツ]物理学会の新しい会長になるとともに,「ベルリンの奴ら」への非難が説得的でなくなったのである.

ドイツの物理学者を分裂させたもう一つの問題は,物理学を技術上・産業上の必要に応用することに関係していた.そのような応用はヴァイマルの時代精神にそぐわないものであり,実際,主流の物理学者はたいてい技術物理をほとんど考慮していなかった.他方で,多くの右翼の物理学者は自分たちの科学を技術的な目的のために利用することに熱心だった.ドイツの物理学者のうちかなりの割合は戦争中に産業物理や軍事物理に従事しており,自分たちの仕事が物理学会では十分に敬意を払われていないと考えていたのである.1919年にドイツ技術物理学会が創設されたのは,部分的には,ベルリンに支配されたドイツ物理学会において理論が優位を占めていると認められたことへの反動であった.1年以内にその新しい学会の会員数は500人にまで急増し,1925年から1935年のあいだには物理学会と同じだけの会員数,つまり1,300人を誇ることができた(図10.2を見よ).反相対論者のゲールケは技術物理学会の創設者の一人であり,雑誌『技術物理雑誌』(*Zeitschrift für technische Physik*)にたびたび論文を載せた.

学術出版のための一流誌の中でも,『物理学年報』は右翼の物理学者に好まれ

た.『物理学年報』に出版できなかった場合は，彼らは『物理学雑誌』(*Zeitschrift für Physik*)——ドイツにおけるもう一方の重要な学術誌である——よりも格の落ちる，あるいは無名でさえあるような学術誌に出版しようとした.『物理学雑誌』は，ドイツ物理学会により1920年に創刊され，リベラルでアヴァン・ギャルドな見解に彩られており，若い世代の量子物理学者たちには好まれた雑誌だったが，「反動主義者たち」はほとんど投稿を拒否した.彼

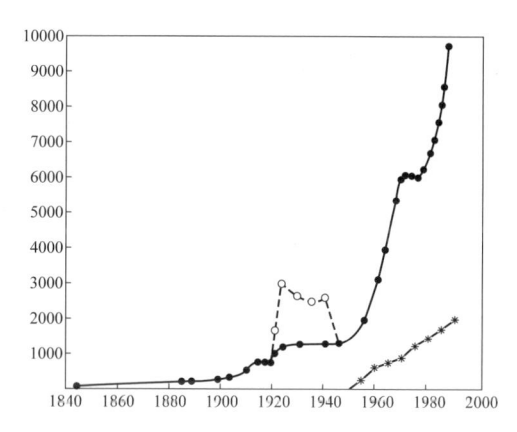

図 **10.2** 1845年の設立から1986年までのドイツ物理学会の会員数.黒丸はドイツ物理学会の会員数，白丸はドイツ技術物理学会の会員数，星印は東ドイツ物理学会の会員数を示す

出典：Mayer-Kuckuk 1995 より，Wiley-VCH Verlag GmbH の許可を得て筆者作成.

らにとっては，この雑誌は現代物理学の退廃と独善を示すものだったのである.シュレーディンガーの波動力学に関する論文が『物理学年報』に出版され，『物理学雑誌』には出版されなかった，というのはおそらく偶然ではない.『物理学雑誌』は1920年に創刊されたとき，年間で3巻，最大で1,440ページに限る予定であった.しかしその成功によって，同誌はそのもっとも楽観的な予測を超えて膨張した.1924年には総計4,015ページ，10巻を数え，1929年にはぶ厚い7巻6,094ページを収めた.この雑誌の言語はドイツ語であり，その成功は物理学の国際言語としてのドイツ語の重要性を示す強力な論拠となった.1925年までには，科学言語としてのドイツ語を制限しようというフランスとイギリスの努力が失敗したことが明らかとなった.1925年，インド人の物理学者R・N・ゴーシュの書いた英語論文が『物理学雑誌』に出版されたが，これは多くのドイツ人物理学者からの強烈な抗議を招いた.同誌の編集者は有能なカール・シェールであったが，彼はすべての論文がドイツ語で書かれなければならないことを約束させられた.イギリス的なるものすべてを嫌悪していたレーナルトにとっては，この約束は遅すぎた.彼は抗議して学会を退会し，ハイデルベルクの自分の物理学研究所に次のようなメッセージを掲げた.「いわゆるドイツ物理学会会員の立ち

第10章　ヴァイマル共和国における科学と政治　195

入りを禁ずる」(Beyerchen 1977, 98 [邦訳133頁]).

時代精神と物理学的世界観

　1918年から10年間，ドイツにおける物理学は経済的な困難のみならず，多くの点で伝統的な物理学の価値観に対立する，知的環境の変化にも直面した．物理学，そして科学一般はいまや，生気のない，機械的で，人間の価値観とは相容れないものとしてますます非難されるようになった．そのような非難はドイツでもどこでも昔からあるものだったが，ヴァイマル共和国においてはより頻繁になり，またより大きな権威をもって述べられるようになった．非科学的，あるいは反科学的な態度が哲学，心理学，社会学で一般的になり，占星術，カバラ主義やその他の神秘主義諸派が盛んになった．1927年にゾンマーフェルトはこう書いている．「合理的な世界の秩序への信頼は，戦争が終わり，平和が支配することによって揺るがされた．結果として，不合理な世界の秩序に救済を求めるようになっている．……こうして再び我々は明らかに不合理性とロマン主義の波に直面している．それらは18世紀の合理主義と，その宇宙の謎に対する回答を少しばかり簡単にしすぎようとした傾向に対する反動として，百年前にヨーロッパ中に広がったものに似ている」(Forman 1971, 13)．この時期の時代精神は基本的に自分たちの科学に敵対的であり，教養ある人々にとって重要なのは科学的精神とは異質な考えとなっている，そう多くの物理学者は感じた．著述家や哲学者たちは科学の成果よりも「生の哲学」や「世界観」のほうを強調した．科学の成果は彼らにとっては，時代遅れの唯物論や，因果性あるいは客観的な知識への根拠のない信念と同じであった．全体主義，直観，相対主義，実存主義が時代の要請であり，数理解析やコントロールされた実験，因果的な説明はそうではなかった．

　新時代のプログラムは，オスヴァルト・シュペングラーの，悲観的ではあるが非常に広く読まれた『西洋の没落』に，もっとも影響の大きい形で表されている．この本は，1918年から1926年までに，およそ10万部が印刷された．シュペングラーが文明の興亡を包括的に調べたところによれば，現代科学は深刻な危機的状態にあるが，これはもっぱら新しい文化にうまく適応しようとしなかったことによる．シュペングラーは因果性や客観性のような時代遅れの概念を退け，科学は擬人的なものであり，単に特定の時代の特定の文化を表現しているにすぎない

と論じた．物理学は文化や歴史に相対的であり，その土地の文化的な環境から離れたところには，もしくはそれと独立には，存在しないのである——読者は20世紀の最後の数十年間に人気のあった見解との関係を感じるかもしれない．シュペングラーの当時の物理学に対する洞察は満足なものとは言えなかったが（しかし彼の読者でこのことをわかっていたものはほとんどいなかった），彼は思考と霊魂とを統一する新しい物理学のための時が熟したと考えた．しかし，この新しい物理学を古い物理学の上に建設することはできない．それはまったく新しい文明を必要とするのである．「自然科学が織ってきた広大な布はますます無意味になり擦り切れており，綻んでいる．結局のところそれは精神の内部構造以外の何物でもなかったのだ．……しかし今日，科学時代の日没，勝利ある懐疑の段階において，雲は晴れ，朝の静かな光景が再びくっきりと現れている．……奮闘して疲れきった西洋の科学は，その霊魂の故郷へと帰るのである」(Forman 1971, 37)[6]．シュペングラーの哲学はおそらく混乱しており，議論もひどいものだが，しかしそれは時代精神の代表であり，この時代の文化的な議論においては非常に影響力を持っていた．物理学者も含め，事実上すべての教養あるドイツ人はこれを知っていたのである．

　この反合理主義的で反実証主義的な雰囲気がヴァイマル文化の大部分を支配していたことを考えれば，そしてそれが伝統的な科学の正当性そのものを疑問に付していたことを考えれば，物理学者がこうした新しい考えに反応せざるをえないと考えたのはもっともなことだとしか言いようがない．そして物理学者たちは確かに反応したのだが，それは通常は科学の伝統的な価値観を擁護することによってではなく，多くの場合，新しい時代精神に従うことによってであった．この適応の結果の一つは，先述した通り，多くの物理学者が実用性によって科学を正当化することを避け，代わりに物理学は本質的には文化であるということを強調した，ということであった．理論物理学者の中には，知らず知らずのうちに自らの価値観を新しい時代精神であると思われたものに同化させたという点で，シュペングラーの新しい見解に「降伏」した者もあった．たとえば，1920年代前半に何人かのドイツの物理学者は物理学の危機という問題に取り組み，因果律という

---

6) O・シュペングラー『西洋の没落——世界史の形態学の素描』村松正俊訳，定本版（五月書店，2001年），第一部393頁．ただしこの邦訳は改訂版を底本にしている．

原理はもはや物理理論の基礎であるとは考えられないと論じた．こうした因果律の拒絶は，物理学における特定の実験や，理論の発展に根差したものではなかった．

　1925年に登場した量子力学はドイツの理論であり，微視的物理学の因果性と袂を分かつものであった．それゆえ当然のこととして，1925年以前の非因果性に関する一般的な考えと，量子力学の形成・解釈とのあいだに因果的な関係はないのかという疑問が出てくる．歴史家ポール・フォアマンは次のように論じた．ドイツの物理学者は，ヴァイマルの時代精神（ツァイトガイスト）の影響があったために，あらかじめ非因果的な量子力学へ向かう傾向を持っており，既存の半力学的な原子理論の危機を強く望んでいた，というのである．フォアマンによれば，前期量子論の危機の可能性そのものが，ヴァイマルの知的環境に依拠するものであった．しかし，成立してから日の浅いヴァイマル共和国の社会的・イデオロギー的な環境と，非因果的な量子力学の導入とのあいだの強いつながりを示唆したことに対しては，これを拒否する相応の根拠がある．［ここでは］そうした理由のうちのいくつかを述べるだけで十分だろう．

1. 物理学者は一般聴衆向けの講演や記事において（非）因果性の問題をはじめとする時代精神に関係した問題をよく論じたが，一方でこうした話題は科学論文や科学に携わっている聴衆に向けられた講演ではほとんど述べられなかった．
2. 物理学者が時代精神に適応したとしても，その適応は科学の価値に関係しており，その内容には関係していなかった．
3. 物理学者の多くは，細部にわたる因果性を拒否するための十分な科学的理由を持っており，「転向」する必要などなかった．いずれにせよ，ドイツの物理学者で1925年から26年より前に因果性を拒否していたのは非常に少数であるように思われる．
4. ゾンマーフェルト，アインシュタイン，ボーア，プランクをはじめとする指導的な物理学者たちは時代精神に従うことはなく，明確にそれを批判した．
5. 原子物理学におけるある種の危機は，1924年頃には広く知られていたが，これは主として既存の原子理論では説明できない変則事例のためであった．

ボーアをはじめとする何人かの物理学者は，エネルギーの保存や時空による記述が放棄されなければならないかもしれないと示唆していた（第11章を見よ）．
6. 原子物理学における最初の非因果的な理論は，1924年のボーア-クラマース-スレイターの放射理論であるが，時代精神テーゼから期待されるのとは反対に，この理論はドイツの物理学者たちのあいだで一様に肯定的に受け入れられたわけではない．そしてこの理論を受け入れた者は，そのイデオロギー的な正しさよりも，科学的な有望さに感銘を受けたのであった．この理論の持つ非因果性という要素がもっとも興味深い特徴とみなされたわけではないのである．さらに，この理論はコペンハーゲンに起源を持つが，ここはヴァイマル共和政のドイツとはまったく異なる知的な雰囲気を持ち，またこの理論はデンマーク人，オランダ人，アメリカ人によって提案されたのであった．
7. 非因果的な量子力学のパイオニアにはボーア，パウリ，ディラックらがいるが，彼らのうちの誰もヴァイマルの時代精神には影響を受けなかった．量子力学を作り上げた若いドイツの物理学者は文化的なトレンドよりも科学上のキャリアに強い興味を持ち，社会で起こっていることから故意に孤立しようとした．

　結論としては，量子力学がなぜドイツに起源を持つのかについては——内的にも外的にも——相応の根拠がある．［しかし］私が判断できる限りでは，ヴァイマルの時代精神への適応は，特に重要なものではない．

文献案内

ヴァイマル共和国における科学政策と科学財源については，Schröder-Gudehus 1978とForman 1974を見よ．1920年代の国際的な科学政策については，Cock 1983も見よ．Heilbron 1986［邦訳2000年］とCassidy 1992［邦訳1998年］は，それぞれプランクとハイゼンベルクの生涯を通じて見ることで，この期間のドイツ科学の興味深い説明を与えている．成立して日の浅いソヴィエト連邦における物理学と科学政策について，詳しいことはJosephson 1991で見ることができる．ドイツの物理学者たちのイデオロギーはForman 1973で分析されている．Forman 1971は，ヴァイマル共和国の知的な雰囲気が量子現象についての物理学者の思考に決定

的に影響を及ぼしたと論じている．フォアマンの物議を醸すテーゼは Hendry 1980 と Kraft and Kroes 1984 で批判されている[7]．

---

7) この問題を扱った論文集が近年，出版されている．Cathryn Carson, Alexei Kojevnikov and Helmuth Trischler (eds.), *Weimar Culture and Quantum Mechanics : Selected Papers by Paul Forman and Contemporary Perspectives on the Forman Thesis*. London : Imperial College Press ; Hackensack, NJ : World Scientific, c2011.

第11章

量子跳躍

量子の変則事例

　ボーアがよく自覚していたように，彼の1913年の原子の量子論は，やがて彼自身やその同僚たちを未知の領域へと駆り立てることになる一つの研究プログラムの始まりにすぎなかった．それは完成した理論であるなどとは決して考えられなかったのである．戦時中も主としてボーアとドイツの物理学者によってこの理論は拡張・修正されたが，戦争による分断にもかかわらず，イギリス，オランダ，そして日本の同僚たちによっても拡張・修正が行われた．初期に行われた一般化のうちでもっとも重要なものは，ミュンヘンのゾンマーフェルトの仕事の結果であった．彼はまもなく原子理論の権威としての地歩を固め，ボーアしか超える者のない地位を得た．ゾンマーフェルトの権威ある包括的な原子理論の教科書『原子構造とスペクトル線』は，1916年から1917年にミュンヘン大学で行われた講義に基づいており，1919年に初版が刊行された．これはその後数年のあいだに何度か新しい版を重ね，物理学の戦後世代にとっては原子理論の「聖書」となった．1923年にはドイツ語第3版が英訳された[1]．

　ゾンマーフェルトは純粋数学で教育を受け，高級な数学的方法を物理的問題に適用することにかけては名人であり，ボーアの単純な理論を広範な作用積分の使用に基づかせることで発展させた．ゾンマーフェルトによれば，いくつかの自由度を持つ原子系を動力学的に記述するためには，$\int p_i dq_i = n_i h$ というタイプの量子条件が基礎となる（ここで q と p はそれぞれ一般化座標と一般化運動量，n は整数の量子数である）．ゾンマーフェルトの1916年の原子は二つの量子数——主量子

---

[1] アーノルト・ゾンマーフェルト『原子構造とスペクトル線I（上・下）』増田秀行訳（講談社，1973年）．第5版を基に，第8版による改訂を行ったもの．

数 n と方位量子数 k——によって特徴づけられており，すぐに「磁気」量子数 m がこれらに加わることとなった．こうしたテクニックを用いることにより，ゾンマーフェルトは水素原子のエネルギー準位に関するボーアの公式を再導出し，またそれを相対論的微細構造にまで拡張することができた．これは前期量子論の大きな成功であった．このミュンヘンの数学的形式には，作用角変数の方法を用いることも含まれていた．その方法は天体力学では知られていたが，このときまで物理学においてはほとんど使用されなかったものである．これらの手法により，1916年にロシアの物理学者パウル・エプシュタイン（ミュンヘンに滞在していたが，これは敵国人として抑留されていたのであった）と天文学者カール・シュヴァルツシルトは独立にシュタルク効果の詳細な計算を行い，それらは実験と一致した．強力な電場におけるスペクトル線の分裂は，1913年にヨハネス・シュタルクが発見していたが，古典的な説明を受けつけず，その一般的な特徴はボーア理論の基礎の上に理解することができたのである．シュタルク効果に関する初期の研究の中には，1914年にボーアが提案した理論も含まれていたが，それらは定性的な一致をみるだけに終わっていた．エプシュタインは1916年に，自分の新しい結果が「ボーアの原子モデルの正しさを証明しており，その証拠の見事さたるや我々の保守的な同僚たちでさえもその説得力を否定することができないほどである」(Jammer 1966, 108 ［邦訳 127 頁］)と結論している．同年，ゾンマーフェルトとペーター・デバイが，やはり独立に，三重線への単純ゼーマン分裂を説明した．

ボーアが原子理論でお気に入りだった道具はゾンマーフェルト流の作用積分ではなく，対応原理であった．これは彼が1913年に曖昧な形で用い，1918年のある重要な論文ではっきりさせたものである．対応原理は，量子論の初期のボーア学派の特徴となり，そして新しい量子力学を構築するための重要な概念的指針となった．対応原理の本質は，1920年前後のボーアの理解では，次のようなものであった．量子数を大きくする極限 $(n \to n-m, m \ll n)$ では，初期状態とは大きく異ならない定常状態への移行により，古典論的に，すなわちマクスウェルの電磁気学から予測されるものとほぼ同じ振動数に至る．これは単純にボーアの原子の量子論から導かれることで，広い意味での対応原理の内容ではなかった．

ボーアの認識では，もともとの量子論は振動数を定めはするものの，強度や偏光については何も言わないという点で不完全であった．これは深刻な欠点であっ

た．というのは，理論的に導出されるスペクトルを実験的に得られたスペクトルと比較するためには，その強度が知られなければならないからである．そこでボーアはこの原理を古典論的な強度との対応も含むように拡張した．つまり，双極子モーメントのフーリエ係数の2乗（古典論的な強度の測度）と，アインシュタインが1916年から17年にかけての放射理論で導入した遷移確率係数との対応を要請したのだ．1918年にボーアはこう書いている．「n の小さな値に対しても τ の与えられた値〔ここで $n \to n-\tau$〕に対応する調和振動の振幅が，$n'-n''$ が τ'' に等しいような二つの状態間の遷移確率に対する目安を何らかの仕方で与えると期待できよう」[2]（Darrigol 1992, 126）．

　対応原理の重要な帰結は，もしある特定の調和成分がゼロであれば，遷移確率も同様にゼロになる，というものだった．つまり，そのような遷移は「禁じられている」のである．こうして，ボーアとその助手たちはスペクトル線の強度を見積もり，選択則を導出するために対応原理を適用した．たとえば，ポーランドの物理学者でゾンマーフェルトの助手だったアーダルベルト・ルビノヴィッチは，方位量子数について $\Delta k=0, \pm 1$ という選択則を導いていたが，ボーアは対応原理から，$\Delta k=0$ となる遷移は発生しえないと論じた．分光学的な証拠により，ボーアの結果が正しいことが示された．対応原理を最初にもっとも印象深く適用したのはヘンドリック・A・クラマースである．彼は若いオランダ人で，コペンハーゲンのボーアのもとで研究していた．1919年の博士論文でクラマースは，ゼーマン効果とシュタルク効果も含めて，水素のスペクトル線の強度と偏光を詳細に計算した．彼の結果は完全とは言えないまでも，実験的データとよく一致していた．

　対応原理は実にボーアの発明であり，ドイツではいくぶん懐疑的に受け取られた．ドイツでは，ゾンマーフェルトのより形式的な量子的原理と演繹的手続きがもっと見込みのあるものだと考えられていたのである．ゾンマーフェルトにとって，対応原理は「魔法の杖」（これは，ゾンマーフェルトが『原子構造』の初版でそう呼んだのである）のような性質をあまりにも強く持っていた．1935年にクラマースは，多くの物理学者がボーアの半直感的な対応原理の使用をどのように理解

---

[2] N. Bohr「線スペクトルの量子論について」荒牧正也・及川浩訳，物理学史研究刊行会編『物理学古典論文叢書3　前期量子論』（東海大学出版会，1970年），189-303頁．

していたのかを回想している．「最初，対応原理は物理学者にとって，何か神秘的な魔法の杖のように見えました．それはコペンハーゲンの外ではうまく働かなかったのです」(Kragh 1979, 156)．ボーアの魔法は，1921年から23年の彼の「第二原子理論」で対応原理が使われたときには，特に強力で，そして特に不明瞭なものだった．この理論の中でボーアは，周期表にあるすべての元素の原子構造を説明しようとした．X線分光学，化学的データ，対応原理の議論，そして曖昧な対称性原理を取捨選択したものに依拠することで，ボーアは二つの量子数 (n, k) を持つ，水素からウランに至るまでの原子モデルを構築した．彼は原子番号118を持つ仮説的な元素について電子の配位を導出することさえも行っている．この元素は，彼の予想によれば希ガスに属するものだった．1913年の描像とは異なり，いまや電子はケプラー的な楕円の上を運動しており，軌道に沿ううちに内側の電子の領域に入り込み，それによって回転する電子の対を作るのであった．ボーアは1922年のゲッティンゲンでの会合において自分の理論を完全に説明した．おそらく理論それ自身よりも彼のスタイルや考え方のほうが参加者たちに深い印象を与え，その中にはドイツの原子物理学者のほとんどの精鋭たちがいた．若い物理学者たちの中には，この原子魔法の師匠との最初の会合を後にしたときに，対応原理の価値を確信していた者も幾人かいた．

　ボーアの周期律の理論はすぐにより良い理論に取って代わられたものの，ボーアの理論ははじめて，すべての化学元素の原子構造に対する，かなり満足のいく説明を与えた．特にボーアは，ランタンの3×6個の電子からルテチウムの4×8個の電子まで，$n=4$ の準位において段階的に積み上げることで希土類元素が特徴づけられると論じた．このことは，原子番号72を持つ未知の元素が，化学的にはジルコニウムと関連を持っており，希土類ではない，ということを含意していた．ボーアの予想は1922年後半，第72番元素（ハフニウム）がジルコニウム鉱石から発見されたことで実証された．その予想がボーアの理論から曖昧さなく出てくるわけではないが，この発見は通常は，個別にはこの［ボーアの］理論の，そして一般には原子の量子論の輝かしい確証であると考えられた．第10章で述べたように，この発見は長期にわたる先取権論争へと発展した．

　ボーア-ゾンマーフェルト理論が十分に成功したことと引き換えに，失敗，すなわち変則事例も存在した．水素原子（そしてその他の1電子原子系）はこの理論で見事に説明されたが，次に単純な原子——ヘリウム——でさえも問題となる

ことが明らかになったのだ．1918年から1922年のあいだ，コペンハーゲンのボーアとクラマース，ハーヴァードのエドウィン・ケンブルとジョン・ヴァン・ヴレック，フランクフルト・アム・マインのアルフレート・ランデ，ベルリンのジェイムズ・フランクとフリッツ・ライヒェが，量子論から使用可能だった道具立てを用いてヘリウムのスペクトルを研究した．彼らは異なる方法とアプローチを取ったが，結果は全体として一様に期待外れであった．量子論の予測は測定結果とまったく異なるわけではなかったが，その不一致はあまりにも歴然としており，そのためほとんどの専門家は1922年のヴァン・ヴレックの結論に同意せざるをえなかった．「従来の原子構造の量子論を何らかの仕方で根本的に修正することが必要なようだ」(Kragh 1979, 132)．このことは1923年にいっそうはっきりした．この年，ボルンとハイゼンベルクがヘリウム原子の詳細かつ体系的な分析を行い，〔理論から〕導出されたスペクトルが観測されたスペクトルと異なると結論したのである．ボルンがボーアに書き送っているように，このことは「大惨事」(Darrigol 1992, 177)であった．多電子原子における異常ゼーマン効果も劣らず大惨事だった．1920年から1924年のあいだ，多くの物理学者がこの問題に取り組み，その中にはランデもいた．彼はスペクトル線の分裂が観測されることに現象論的な説明を与えることはできた．しかし，ランデも，ゾンマーフェルトも，パウリも，ハイゼンベルクも，この問題に取り組んだほかのどの物理学者も，量子論によってその結果を正当化することはできなかった．「それは異常ゼーマン効果の理論の不幸です」と，1923年7月19日にパウリはゾンマーフェルトに書いている．パウリが付け加えるには，この不幸の中には「2個以上の電子を含む原子〔すべて〕」が含まれていたのである (Mehra and Rechenberg 1982 : 1, 502)．

　実際には，この不幸は2個以上の電子を持つ原子に限られなかった．1電子系でさえも問題を引き起こしたのだ．このことは，水素原子の理論が完全な状態にあると信じたかった物理学者にとっては，しぶしぶとしか受け入れられなかった．1921年から23年には水素分子イオン（H_2^+）を，パウリと，オランダのカール・F・ニーセンが独立に研究した．イオン化エネルギーの計算は，直後に行われた実験と合わなかった．もう一つの変則事例として，ミュンヘン大学のオットー・オルデンベルクが1922年に次のことを発見した．水素〔スペクトルの〕線は，(強力な場における正常ゼーマン効果と違って)弱い磁場においても異常ゼーマン効果を示すのである．ボーア-ゾンマーフェルト理論によれば，いわゆるパッシェ

ン-バック効果[3]（1912 年に発見した，フリードリヒ・パッシェンとエルンスト・バックの名をとって命名されていた）は水素では起こらないはずであった．1924 年には，電子が電場と磁場の交差した中を運動する場合を量子論が説明できないことが明らかとなった．また，（たとえば）二つの水素原子間の共有結合も説明されないままだった——一般に，物理学者の量子論は化学者にほとんど何も与えなかったのである．1924 年後半，ロバート・マリケンは自身の分子スペクトルの研究から，調和振動子の最低エネルギー状態はゼロではなく，$E = (1/2) h\nu$ であると結論している．零点エネルギーの存在は 1911 年のプランクの不運な理論と一致していたが，その後の知見とは一致しなかった．問題は，ボーア-ゾンマーフェルトの理論によれば，マリケンの発見とは反対に，零点エネルギーは存在するはずがない，ということであった．最後に，1921 年から 1924 年のあいだに，遅い電子は原子間の力の場が強くても気体のアルゴン中を自由に通過できるということが実験的に確立された．このラムザウアー効果と呼ばれる効果は，（何人かいる中でも特に）ハイデルベルクの物理学者カール・ラムザウアーにより発見されたが，何らかの種類の量子的現象であるとは認められたものの，説明することはできなかった．このように，ボーア-ゾンマーフェルト理論が説明することのできない，そしてこの意味で変則事例であるような，多くの重要な実験と事実が存在したのである．しかし，これらのほとんどは特に深刻な問題であるようには考えられておらず，1924 年前後の量子論の危機を生み出したプロセスにおいては限定的な重要性しか持っていなかった．例を挙げれば，ほとんどの物理学者は，理論によって原子価を説明できないということを無視するか釈明して言い逃れをしていたし，水素分子イオンの変則事例でさえも，ヘリウム原子や異常ゼーマン効果と同じだけの深刻さを持つ大問題だとはみなされていなかったのである．

　1924 年までに，実験的な変則事例の積み重ねと，既存の量子論の概念的・論理的構造への不満の広まりにより，原子物理学者の小さなコミュニティの中に危機的状況が発生した．物理学者の中には，ボーア-ゾンマーフェルトの量子論はどうしようもないほど間違っており，何かほかの理論が取って代わる必要がある，と結論する者もいた．他方では，その多くの成功を考えれば，この「古い」理論が完全に間違っているなどということはありそうもなかったし，何らかの対応

---

3) 磁場を強くすると異常ゼーマン効果から正常ゼーマン効果に移行する現象を指す．

表 11.1　1916 年から 30 年までにコペンハーゲンを訪れた外国籍物理学者

名前	年	年齢	出身国
H・カシミール	1929, 1930	20	オランダ
C・ダーウィン	1927	40	イギリス
D・デニソン	1924–26, 1927	24	アメリカ
P・ディラック	1926–27	24	イギリス
R・ファウラー	1925	36	イギリス
J・フランク	1921	39	ドイツ
E・フース	1927	34	ドイツ
G・ガモフ	1928–29, 1930	24	ソ連
S・ハウトスミット	1926, 1927	24	オランダ
D・ハートリー	1928–29, 1930	31	イギリス
W・ハイゼンベルク	1924–25, 1926–27	22	ドイツ
W・ハイトラー	1926	22	ドイツ
G・ヘヴェシー	1920–26	35	ハンガリー
E・ヒュッケル	1929, 1930	33	ドイツ
F・フント	1926–27	30	ドイツ
P・ヨルダン	1927	25	ドイツ
O・クライン	1918–22, 1926–31	24	スウェーデン
H・クラマース	1916–26	22	オランダ
L・ランダウ	1930	22	ソ連
A・ランデ	1920–26	32	ドイツ
N・モット	1928–29, 1930	23	イギリス
仁科芳雄	1923–28	33	日本
W・パウリ	1922–23	22	オーストリア
L・ポーリング	1927	26	アメリカ
S. ロスランド	1920–24, 1926–27	26	ノルウェー
A・ルビノヴィッチ	1920, 1922	31	ポーランド
J・スレイター	1923–24	23	アメリカ
L・トマス	1925–26	22	イギリス
G・ウーレンベック	1927	30	オランダ
H・ユーリー	1923–24	30	アメリカ
I・ヴァレル	1925–26, 1927, 1928	27	スウェーデン

注：このリストは網羅的なものではない．年齢はその物理学者が最初に訪問したときの年齢を示している．訪問した物理学者のすべてがボーアとコペンハーゲン大学で，1921 年からはボーア理論物理学研究所で研究した．63 人の物理学者が 1920 年から 1930 年のあいだに少なくとも 1ヶ月は訪問した．彼らは 17ヶ国からやって来ており，ほとんどの訪問者はアメリカ合衆国（14 人），ドイツ（10 人），日本（7 人），イギリス（6 人），オランダ（6 人）からであった．
出典：Robertson 1979．

［原理］的な仕方で新しい量子論との関係を持っていると一般には考えられていた．マックス・ボルンは 1923 年に，「物理学の体系全体が一から再構築されなければならない」（Forman 1968, 159）と考えていた．1924 年のある論文で，「量子力学」（quantum mechanics）という用語を造ったのもボルンである．その中で彼は，

古典的な式を量子論的な対応物へと，対応原理によって変換するという，問題含みの変換を扱ったのだった．ボーア-ゾンマーフェルトの理論が不十分であることが認識され，その後継には量子力学という名前があった——残念ながら，この将来の量子力学がどのようなものであるかは誰も知らなかったのであるが．

　前期量子論はとりわけ三つの研究グループで発展させられた．ミュンヘンではゾンマーフェルトが，エプシュタイン，ルビノヴィッチ，グレーゴル・ヴェンツェル，ヴィルヘルム・レンツといった科学者たちを協力者に擁する重要な学派を成立させた．ボルンは比較的遅くに，つまり1921年にゲッティンゲンで教授となってから原子理論に専念するようになった．そして，パウリ，フリードリヒ・フント，パスクアル・ヨルダンらとともに，ボルンはゲッティンゲンを量子論の世界的中心地としたのである．この二つのドイツの研究グループのあいだには緊密なつながりがあり，それはゾンマーフェルトの学生パウリとハイゼンベルクの例——彼らはミュンヘンからゲッティンゲンにやって来た——が示している通りである．しかし，原子理論の初期の段階において抜きん出た有力者はコペンハーゲンのボーアであった．「ボーア研究所」として一般に知られている，大学の新しい理論物理学研究所は1921年に設立され，世界中からの非常に多くの訪問者を引きつけた．量子力学以前も以後も，ボーア研究所は原子理論のメッカであると認められていたのである（表11.1）．

ハイゼンベルクの量子力学

　量子力学へ至る道程で放射理論が詳しく検討され，その中には，微分方程式というよりもむしろ，差分方程式を基に量子論的な散乱理論を構築する試みが重要な構成要素として含まれていた．この研究はゲッティンゲンではボルンとその協力者たちによって推し進められ，またコペンハーゲンでもクラマースが散乱問題に深く関わっていた．1924年秋，クラマースとハイゼンベルクは散乱に関するある重要な理論を出版した．これは，後から見れば，新しい量子力学に向けての最初の決定的な一歩だったとみなすことができる．放射の問題はこのときまでにすでに重大なものとなっていた．このことはとりわけ，単一波長のX線のパルスが，アインシュタインのかつての光量子仮説（$p=h\nu/c$ および $E=h\nu$，ここで ν は周波数）に従って，運動量とエネルギーを持つ粒子のように振舞うという，ア

ーサー・コンプトンの 1923 年の発見の結果である．同様の結論はチューリヒのデバイによっても独立に得られていた．コンプトンの重要な発見に対しては，コペンハーゲンで大きな関心が寄せられた．コペンハーゲンでは，ボーアは光量子あるいは光子なる解釈に強く反対していたのである．代替案として，ボーアとクラマースはジョン・スレイターのアイディアを光子によらない放射理論へと発展させた．1924 年のボーア-クラマース-スレイター理論は，「仮想振動子」の考えと，エネルギーは原子と放射との相互作用においては統計的にしか保存されないという仮定に基づいていた．ボーアとその協力者たちは厳密なエネルギーの保存を放棄しただけでなく，放射過程は空間と時間においては因果的に記述できないとも論じた．この物議をかもすボーア-クラマース-スレイター理論は短命だった（ヴァルター・ボーテとハンス・ガイガーが 1925 年春に，この理論が実験と合わないことを示して放棄された）が，ハイゼンベルクがさらに思考を深めるにあたっては非常に影響力があり，また導きの糸ともなった．ボーアは実験による反証は受け入れたが，光子は受け入れなかった．

　量子論の深刻化する危機は，ボーア，クラマース，ハイゼンベルク，パウリによって 1925 年 3 月のコペンハーゲンでの会合で議論された．数ヶ月後，ゲッティンゲンに戻ったハイゼンベルクは，根本的で，論理的に首尾一貫しており，さらにボーア-ゾンマーフェルト理論の困難にも苦しめられない，抽象的な量子力学を定式化する方法を発見した．この新理論における指導的な概念的テーマは，1925 年 9 月 18 日に発行された『物理学雑誌』(*Zeitschrift für Physik*) の，のちに大きな意味を持つことになる論文の短い概要にハイゼンベルクが書いているところでは，「原理的には観測可能な量のあいだの関係にのみ基礎を持つ，理論的な量子力学の基礎」を求めることであった．この論文の後半で，彼はこう述べている．「電子の位置や周期といった，これまで観測可能でなかった量を観測するという希望はすべて捨て去るのが賢明であるように思われる．……代わりに，古典力学に似てはいるが，観測可能な量のあいだの関係のみが現れるような，理論的な量子力学を打ち立てようとするほうがより合理的であるように思われる．」実証主義的な観測可能性基準がこの理論の哲学的基礎であったが，しかしそれは特に新しい基礎であるとか，議論の余地のある基礎であるとかいうわけではなかった．量子論が観測可能な量の上に建設されるべきであるとか，それゆえ電子の軌道はなくすべきだ，というアイディアは当時広く議論されており，特にパウリやボル

ンが論じていた．早くも 1919 年には，ヴァイルによる重力と電磁気学の統一理論への批判に関連して，パウリが，観測可能な量のみが物理理論に登場するべきだと強調した．1925 年の春には，ボルンとヨルダンが量子論的な文脈において同じメッセージを繰り返した．それは「大きな重要性と豊穣さを持つ基礎的原理」だと言うのである．しかしながら，観測可能性原理から量子力学へと至る王道は存在しなかった．その出発点はむしろ，ハイゼンベルクがボーアの対応原理を上手く使い，パウリと知的な相互作用を激しく行ったことに見出すことができるのである．

ハイゼンベルクの推論をほんの少しだけ見るために，ある原子における 1 個の電子の位置座標 $x(n, t)$ を考えてみよう．ここで n はエネルギーを表すものとする．この電子は振動数 $\omega(n)$ を持つ何らかの周期運動をしているものとしよう．$x(n, t)$ は観測可能な量ではないがフーリエ級数で——すなわち和 $\sum a_\alpha(n) \exp[i\alpha\omega(n)t]$（ここで和は α の整数値にわたって取る）として——書くことができ，その項は観測可能量に関係づけることができる．この表現は添字 n と α の二つ組によって特徴づけられ，ハイゼンベルクは古典項 $a_\alpha(n) \exp[i\alpha\omega(n)t]$ が量子項 $a(n, n-\alpha) \exp[i\omega(n, n-\alpha)t]$ に対応するのではないかと提案した．この新しい量は，二つの量子状態 n と $n-\alpha$ のあいだの遷移に依存する記号の列ないし表である．ハイゼンベルクはそのような二つの量子的な表 x と y の乗法が交換法則を満たさないこと，つまり，xy が yx と異なることを見出した．これは神秘的な結果であったし，ハイゼンベルクは当初それが重要というよりは混乱を招くようなものだと考えた．

ハイゼンベルクによる力学の新しい再解釈［「ウムドイトゥング」］は非常に抽象的であり，容易に理解されなかった——ハイゼンベルク自身によっても．ハイゼンベルクの理論はいくつかの物理的な帰結を導いたが，最初それらは特に印象的というわけではなかった．ハイゼンベルクは当初自分の理論を水素原子に適用しようとしたが，このもっとも単純な場合でさえも解くには複雑すぎるということがわかっただけだった．そういうわけで彼は現実的ではないがそれでも非自明な，非調和振動子の場合に注意を向けた．この場合は満足に扱うことができたのだ．同時に，ハイゼンベルクはボーアの振動数条件（$E_n - E_m = h\nu_{nm}$）とボーア-ゾンマーフェルトの量子化条件の正当化を与えることもできた．調和振動子については，ハイゼンベルクはエネルギースペクトル $E_n = \{n + (1/2)\}h\nu$ を見出し，

そしてその頃に分子分光学からの支持を得ていた零点エネルギーを導出した．ゲッティンゲンでは，ボルンがただちにハイゼンベルク理論の重要性を認識し，それをヨルダンとともに書いた論文で吟味し，拡張した．ボルンはハイゼンベルクの記号的な非可換乗法が行列計算の言葉で書けること，そして量子力学的な変数は行列であるということを認識した．この基礎の上に，ボルンとヨルダンは運動量と位置とのあいだの基本的な交換関係，すなわち $pq - qp = (h/2\pi i)\mathbf{1}$（ここで $\mathbf{1}$ は単位行列）を示した．行列計算は量子力学のためにあつらえられたかのようなものであるという洞察によって事態は急速に進行した．ハイゼンベルクの理論は1925年11月の，ボルン，ハイゼンベルク，ヨルダンによる有名な三者論文［「ドライメナーアルバイト」］によって堅固な基礎の上に確立された．ハイゼンベルクの理論は，ケンブリッジ大学の23歳のポール・ディラックも，行列を使用することなく（あるいは知ることもなく）発展させていた．1925年の秋には，ディラックは自分のバージョンの量子力学をすでに手中にしており，それは二つの量子的量のハイゼンベルクの積 $(xy - yx)$ を，古典力学で知られていたポアソン括弧に書き換えることに基づいていた．ボルン，ハイゼンベルク，ヨルダンによる結果の多くはディラックによっても独立に得られ，彼による代数的なバージョンの量子力学は q 数の代数として知られるようになった．

　どんなバージョンであれ，新しい量子力学が印象的だったのは，経験的な観点からというよりも数学的な観点からだった．多くの物理学者は懐疑的だった．というのは，この理論が直観性を欠いており，またその数学的な形式が見慣れないものだからだった．彼らはこの理論が経験的にも実り豊かなのかどうか，そして実際に自然界で起こるような単純な物理系を扱うことができるのかどうかを知りたかった．最低限求められたのは，ボーアの古い理論と一致するような水素のエネルギースペクトルを再現できるかどうか，ということだっただろう．パウリとディラックは独立に非相対論的な水素原子を量子力学に従って考察し，1926年前半にそれが正しい結果を与えることを示した．その頃，自転する電子という仮説が分光学上の証拠からオランダの物理学者サミュエル・ハウトスミットとジョージ・ウーレンベックにより唱えられていた．このきわめて重要な発見を量子力学の創始者たち全員が歓迎したわけではない．ボーアとパウリは最初電子のスピンというアイディアを拒否したが，特にそれは水素の微細構造と整合的ではないように思われたからであった．しかし，よく調べるとスピンと量子力学のあいだ

に矛盾はないことが明らかになり，1926年の春にハイゼンベルクとヨルダンは単純な形式のスピンの量子力学を水素の微細構造を導出するために用い，それはゾンマーフェルトの式と近似的に一致した．これは満足のいくことであり，またさらに満足のいくことに，彼らは異常ゼーマン効果——前期量子論に付きまとっていた歴史ある問題——を説明することに成功したのであった．けれども，これらは既知の結果の再現にすぎなかった．ここまでは，量子力学は新奇な現象の予測を一つとして生み出していなかったのだ．

シュレーディンガーの方程式

オーストリアのエルヴィン・シュレーディンガーはチューリヒ大学の物理学教授であり，コペンハーゲン-ゲッティンゲン-ミュンヘンの伝統には属していなかった．彼はさまざまな領域の研究をしており，その中には放射能，一般相対性理論，熱力学，気体論などが含まれていた．しかし，分光学や原子理論には格別の興味を示してはいなかった．シュレーディンガーが波動力学を建設しはじめたとき，彼はハイゼンベルクの新理論を知っていたが，それはシュレーディンガーの気に入らず，また彼を奮い立たせることもなかった．反対に，シュレーディンガーが波動力学について1926年のある論文で書いているように，「私はハイゼンベルクの理論とそもそもの起源において何らかの関係があろうなどとはまったく思ってもみなかった．もちろん彼の理論についても知るようになったが，私にとってはひどく難解なやり方と思われる超越的な代数を使っており，直観性も欠けていたので，反感を覚えたとは言わないが，怖気づいた」のである（Moore 1989, 211［邦訳240頁］）．ハイゼンベルク，ディラック，ヨルダン，パウリと比べて，エルヴィン・シュレーディンガーは保守的であっただけでなく，39歳という年齢であったから「老いて」すらいた．しかし，絶望的に「老いて」いたわけではない，ということも明らかになった．

1925年，気体論について研究しているときに，シュレーディンガーはあまり有名ではなかったフランスの物理学者ルイ・ド・ブローイの研究を検討していた．ド・ブローイは1924年の博士論文で，物質と波動とのあいだに深く横たわる二重性を提案していた．量子論と相対性理論を橋渡ししようという試みの中で，ド・ブローイは1905年のアインシュタインの二つの公式——光量子のエネルギ

ーと物質のエネルギー——を $h\nu = mc^2$ という,単純ではあるが思弁的な関係で結びつけることを提案した.つまり,ド・ブローイによれば,質量 m の粒子は振動数を伴っており,位相波によって特徴づけることができる,というのである.ド・ブローイは自分のアイディアを用いてゾンマーフェルトの量子化条件の波動的な解釈を提案し,運動量 p で運動する電子のビームが $\lambda = h/p$ で与えられる波長を持った波動的な性質を示すだろうと予測した.この結果はすべての種類の粒子に当てはまり,のちに量子力学から導かれることになるもので,有名なド・ブローイ波長を示している.この理論は好意的には受け入れられず,パリの外にいた物理学者にはほとんど無視された.フランスの理論物理学は原子物理学者のあいだでは評判が悪く,何か興味深いことがパリからやって来るなどとは思われなかったのである.ドイツの物理学に対してフランスは公的に排斥運動を展開したが,これのおかげでパリの天才の姿が見えやすくなるということはなかった.しかし,アインシュタインは,自身の量子気体理論(ボース-アインシュタイン統計)においてド・ブローイのアイディアのうちいくつかを価値あるものと認め,アインシュタインを通じてそのアイディアがシュレーディンガーに取り上げられた.彼もまた最初は,気体論との関係においてド・ブローイ理論に興味を持った.しかし,1925 年の後半,彼はド・ブローイの波動-粒子の二重性に発想を得た新しい原子の波動論に集中した.その結果が水素原子の波動方程式であり,それは,解かれたならばエネルギーの固有値——つまり,スペクトル——を与えることになるものだった.この最初のシュレーディンガー方程式は,ド・ブローイの理論と同じく,完全に相対論的で,したがってゾンマーフェルトの微細構造公式を与えるものと期待された.シュレーディンガーが最終的にこの方程式を解くことに成功したときには,しかし,確かに微細構造公式はシュレーディンガー方程式から出てくるものの,正しいスペクトルは得られないということがわかった.何かが間違っていた.そこでシュレーディンガーは非相対論的な近似と,その結果として出てくるボーアの公式だけを出版しようと決めたのである.

シュレーディンガーの波動力学についての研究は 1926 年の春から夏にかけて『物理学年報』(*Annalen der Physik*)に 4 本の長い論文として,「固有値問題としての量子化」という共通の表題の下で出版された[4].このオーストリア人物理学者は基本となる波動方程式をいくつかの異なる仕方で導入したが,そのうちのどれも彼がもともとこの方程式に到達するきっかけとなった道筋を反映してはいない.

重要なのはエネルギーの固有方程式それ自身であり、シュレーディンガーはこれをポテンシャルエネルギー V を持つ力を受けている1粒子について $\Delta\Psi + (8\pi^2 m/h^2)(E-V)\Psi = 0$ と書いた。水素原子に対しては $V = -e^2/r$ である。シュレーディンガーはこの方程式が古典的な運動方程式 $E = (p^2/2m) + V$ から、運動量 $[p]$ を波動関数 Ψ に作用する微分演算子 $(h/2\pi i)\partial/\partial x$ で置き換えれば出てくることを注意している。量子化は公理として導入されたのではなく、ある意味では説明された。それはつまり、この方程式を満たす波動関数が1価であることを要請することによってである。同じやり方で、シュレーディンガーはボーアの非連続的な量子跳躍（彼がもっとも嫌った考えである）を波動理論に基づいて説明できた、と信じた。彼は『物理学年報』の読者にこう注意している。「量子遷移を電子の跳躍とみなすよりは、一つの振動モードから別のモードへのエネルギーの変化と考えたほうがどんなに具合がいいか、ほとんど指摘するまでもないであろう。振動モードの変化は空間と時間の連続的な過程であって、放射過程が続くあいだずっと持続しているとして扱うことができる」(Jammer 1966, 261 [邦訳 69 頁])。同様に、ローレンツへの手紙では、シュレーディンガーはボーアの光の放出モデルを「奇怪」であるし「本当にほとんど理解できません」と書いている。そのような奇怪さが除かれたことでシュレーディンガーは明らかに興奮していた。「第一に、放出された光に観測される振動数で少なくとも何かが実際に発生するような描像に到達したことに、私はこの上なく満足しています。私はその何かに、追われる逃亡者のようにぜいぜい息を切らしながら行き当たったのですが、その何かとは心拍のような速さで強度が周期的に増減するようなものとして直接的に姿を現すものでした」(MacKinnon 1982, 234)。1926 年の夏、シュレーディンガーはエネルギー演算子 $E = (-h/2\pi i)\partial/\partial t$ を導入し、時間に依存する波動方程式を $(ih/2\pi)\partial\Psi/\partial t = H\Psi$ あるいは単に $H\Psi = E\Psi$ と定式化した。ここで Ψ は空間座標と時間座標両方の関数であり、H はハミルトン演算子である。同時に彼は、波動関数が（数学的な意味で）複素関数であり、以前に自分が考えたように実関数ではないということを認識した。

　シュレーディンガーの波動力学は、量子力学［行列力学］という競合する体系

---

4) この一連の論文には邦訳がある。シュレーディンガー『シュレーディンガー選集第1巻 波動力学論文集』田中正・南政次訳（共立出版、1974 年）。

に対して大きな利点を持っていた．特に，波動力学は理論物理学のほかの領域でよく知られていた数学的概念と演算に基礎を置いており，したがって実際の計算においてははるかに容易に使用することができた．物理学者はこうした数学的方法によく通じていない場合，1924年に出版されたリヒャルト・クーラントとダーフィト・ヒルベルトの『数理物理学の方法』[5]を参照することができた．そしてこの本は新しい量子力学に必要とされるだけの方法をたまたま取り上げていた．計算が容易になったことに加え，波動力学は行列力学よりも具体的で，そしてこのことは，多くの物理学者によれば，概念的な観点から好ましいことであった．シュレーディンガーによって導出された結果のほとんどはすでに量子力学から（たいていの場合もっと面倒な方法で）得られた結果の再現であった．たとえば，シュレーディンガーは調和振動子の［エネルギーの］固有値が $E_n = \{n + (1/2)\}h\nu$ であることを見出したが，これはハイゼンベルクが見出したのと同じ結果である．量子力学と波動力学という二つの理論は，自然についてのまったく異なる概念に基づいており，またきわめて異なる数学的道具立てを使用していた．それらが単純な物理系に適用されて同じ結果を生み出したということが，どのようにして起こるのだろうか？　この二つの理論が（物理的にではなく）数学的に等価であるということは早い時期に気づかれており，1926年の春にはシュレーディンガーが，どんな波動関数も量子力学すなわち行列力学における対応する方程式に翻訳でき，また逆も可能であるということを証明した．同様の等価性証明はアメリカ合衆国のカール・エッカートも，そしてわざわざ出版することはしなかったが，パウリも行っていた．

　波動関数の本性と意義に関する疑問については，シュレーディンガーはそれほど確信を持っていたわけではなかった．しばらくのあいだ，シュレーディンガーは粒子を波動からなるものとして理解しようと，すなわち，粒子を純粋に波束が集中したものから構成しようとした．しかしこの物質の波動モデルは困難に陥り，1926年の後半にシュレーディンガーは次のような提案を行った．波動関数は，

---

5) R・クーラン，D・ヒルベルト『数理物理学の方法』全4巻，斎藤利弥監訳，丸山滋弥・銀林浩・麻嶋格次郎・筒井孝胤訳（商工出版社のち東京図書，1959-68年），原書第2版（1931-37年）の邦訳；R・クーラント，D・ヒルベルト『数理物理学の方法』藤田宏・高見穎郎・石村直之訳（丸善出版，2003年），原書第4版（1993年）の邦訳（ただし2015年5月現在では上巻のみ刊行）．

積 $\Psi\Psi^*$（ここで Ψ^* は Ψ の複素共役である）によって一種の電気的な重みづけ関数となり，その電荷密度は $e\Psi\Psi^*$ で表される，というのである．この描像に従えば，電子はくっきりと局在化した粒子ではなく，空間中に不鮮明に広がることになる．直後，ボルンが衝突過程の研究において，有名な確率解釈を提案した．それによれば，$\Psi\Psi^* dV$ はその粒子が体積要素 dV の中で Ψ-状態にある確率であるという．ボルンの解釈はパウリ，ヨルダン，ディラックなどによってただちに採用・展開され，大きな重要性を持つようになった．というのも，ボルンの解釈は微視的物理学に確率という還元不可能な要素を明示的に導入したからである．これは自然法則の意味が変わることを意味していたが，因果法則がもはや物理学において基礎的ではなくなる，ということは意味しなかった．ボルンが 1926 年夏の論文で定式化しているところでは，「粒子の運動は確率法則に従うが，確率自身は因果法則に従って拡がる」（Jammer 1966, 285［邦訳 106 頁］）のである．

　シュレーディンガーの波動力学を，ゲッティンゲンとコペンハーゲンの量子理論家たちは最初いくらかの疑念をもって（そしてときどきは敵意をもってさえ）受け止めた．彼らは，空間-時間的な連続性と直観性のような古典的な美点を強調することを，反動的な処置であると考える傾向にあった．ハイゼンベルクはパウリに，シュレーディンガーの理論は「嫌悪感を抱かせるものだ」と思うと伝えている．他方で，彼らはシュレーディンガーの体系が持つ強力さは認識しており，等価性証明がなされた後は，彼らのほとんどが二つの競合する量子力学の定式化に対して実用主義的な態度を採った．大多数の物理学者は波動力学の言葉と数学を用い，しかしボーア，ハイゼンベルク，ボルンの考えに合うようにシュレーディンガーの理論を解釈したのである．ボルンの確率解釈が登場した後は，どのようにこの解釈を一般化し，行列力学に関係づけるかという問題が注目を浴びるようになった．この過程における重要な一歩は，1926 年の終わり頃にディラックとヨルダンがそれぞれ独立に発展させた変換理論であり，量子力学の完全に一般的かつ統一的な形式につながるものであった．この理論によって量子力学は優雅な数学的構造を備え，そしてシュレーディンガーの定式化とハイゼンベルクの定式化のあいだの差異は以前ほどの重要性をほとんど持たなくなったのである．

　事態がこのように満足な状態にあり，そして分光学をはじめとする物理学の諸領域へ量子力学が適用されて多くの成功を収めたにもかかわらず，この理論に問題がないわけではなかった．たとえば，相対性理論と量子力学の関係という問題

があった．もし量子力学が本当に微視的世界の基礎理論であるならば，それは巨視的な物体の基礎理論である（特殊）相対性理論と整合的なはずである．しかし，これが正しくないことは初めからわかりきっていた．シュレーディンガー方程式は空間の微分に関しては2階であり，時間の微分に関しては1階であるが，これが相対性理論とは相容れないのである．相対論的な量子論の波動方程式を立てることは，シュレーディンガーがすでに個人的に行っていたし，オスカル・クラインやヴァルター・ゴルドンをはじめとする何人かの物理学者が1926年から27年にかけて行ったように，不可能なほど難しいわけではなかった．クライン-ゴルドン方程式として知られるこの方程式は，残念ながら，水素の正しい微細構造を導かなかったし，パウリがすでに1927年に提案していたスピン理論とも結びつけることが不可能であることが明らかとなった．解答は1928年1月，ディラックが「電子の量子論」についての古典的な論文を出版したときに現れた．この論文には自動的に正しいスピンを取り込めるような相対論的な波動方程式が書かれていたのだ．ディラック方程式は $H\Psi = (ih/2\pi)\partial\Psi/\partial t$ というシュレーディンガー方程式と同じ一般的形式をしていたが，このハミルトン関数は $\partial\Psi/\partial x$ においては1階であり，4行4列の行列を含んでいた．それに応じて，ディラックの波動関数は4成分を持つことになった．もっとも注目すべきことは，前もって回転する電子を導入することなく，正しいスピンがこの方程式に含まれていたことである．ある種の，非歴史的な意味では，スピンは経験的に発見されたのではなく，ディラックの理論において演繹的に明らかになったのだ，ということになるだろう．水素原子についてのディラックの固有方程式が，ゾンマーフェルトが1916年に導いていたものと正確に同じエネルギー方程式に帰着することがわかったとき，この新しい理論は急速に受容されることとなった．ディラックの相対論的な波動方程式は量子力学の開拓期と英雄時代の終わりを告げるものであったし，新しい時代の始まりを告げるものでもあった．この方程式には，ディラックがそれを導出したときには夢にも思わなかった驚き，神秘，そして問題が含まれていることがすぐに明らかになったのである．

普及と受容

量子力学は，理論が最初に作られたゲッティンゲンをはじめとする少数の中心

地からきわめて急速に広まった．新しい考えと結果の伝達は公式には学術誌を通じて行われたが，非公式には会議や手紙と草稿の交換を通じても行われた．ゲッティンゲンとコペンハーゲンの周辺に形成された非公式なネットワークに属していたのは，ヨーロッパの物理学者の小規模な集団だけであり，彼らは部外者にはなかった迅速な連絡という利点を有していた．1925 年の夏から 1927 年の春にかけて，量子力学についての出版物は爆発的に増え，それは最初のうちは約 2 ヶ月で 2 倍という割合であった．1925 年 7 月から 1927 年 3 月のあいだ，この新理論について 200 本以上の論文が学術誌に投稿された．原稿が編集者に受理されてから論文が出版されるまでの時間は短いことが多かった．一例を挙げるならば，ディラックの水素スペクトルについての論文は 1926 年 1 月 22 日に『ロイヤル・ソサエティ紀要』(*Proceedings of the Royal Society*) に受理され，同年の 3 月 1 日に出版されている．もっと速かったのは，ボルンが確率解釈を導入した，衝突問題についての論文の出版である．『物理学雑誌』はこの論文を 1926 年 6 月 25 日に受理し，7 月 10 日に出版したのである．この出版の速さはある程度説明がつく．『物理学雑誌』の方針では，「評価の高い」物理学者は誰でも査読なしに論文を出版することができたのである．マックス・ボルンはまったく評判のよい物理学者であった．『ロイヤル・ソサエティ紀要』の場合は，ロイヤル・ソサエティのフェローが誰かほかの人の論文を紹介して伝達することで査読の必要性をなくしていた．ディラックの論文はロイヤル・ソサエティのフェローであるラルフ・ファウラーによって紹介されたのだった．

　研究論文に後れを取らないようにするのは難しい仕事であった．エドワード・コンドンは当時量子力学が進展していた速さを次のように回想している．「すばらしい着想がこの期間（1926 年から 1927 年）にめまぐるしい勢いで出てきて，皆が理論物理学の通常の進歩の割合について完全に間違った印象を抱いていた．その年，ほとんどの時間皆は知的な消化不良を起こしていて，それはまったくがっかりするようなものだった」(Sopka 1988, 159)．［その頃の］雰囲気はきわめて競争的で，しばしば［同じ］成果が異なる物理学者によって独立に発表されたし，あるいは競争相手に打ち負かされたために結果を発表するのをまったく諦めなければならなかった．この出版競争においては，ドイツの物理学者とコペンハーゲンの同盟者たちが，出版された成果にもそうでない成果にもたやすくかつすばやくアクセスできるという利点を持っていた．他方でアメリカ人は，ドイツの物理

学の学術誌に載っている論文が読めるようになるまで，通常は少なくとも1ヶ月は余分に待たなければならなかった．当時の量子力学における競争的な気風をジョン・スレイターが表現している．彼は1926年5月のボーアへの手紙のなかで，いくらか苦々しく，出版競争に負けたことの落胆について書いている．「ここアメリカでは，これ〔量子力学〕ほど速く変化する事柄について研究するのは非常に難しいことです．というのは，何が行われているのかを我々が聞き知るにはより長い時間がかかりますし，我々がそこに到達できるときまでには，おそらくヨーロッパの誰かがすでに同じことをやってしまっているのです」(Kragh 1990, 21).

パウリはかつて，量子力学のことを「少年たちの物理学」と呼んだ．それは，主に論文を書いた人々の多くがまだ20代であったからだ．たとえば，1925年9月にはハイゼンベルクは23歳，パウリは25歳，ヨルダンは22歳，そしてディラックはようやく22歳になったばかりだった．量子物理学者の初期の世代のうちの半数以上，すなわちこの時期の量子力学について論文を書いたおよそ80人ほどが1895年以後の生まれであり，彼らがすべての論文のうちの65％ほどを書いていたのだ．これら輝かしい若き物理学者の多くは，傲慢にも，量子力学は自分たちのものであり，ほとんどの年配の物理学者にとってこの理論を身につけるのはまさしく不可能なことだ，と考えていた．「30年も生きた後でもうろくせずにいるのは非常に難しいことだった」と，1932年，物理学の新世代一味の一人であった20歳のフリードリヒ・フォン・ヴァイツゼッカーは回想している．「一般的な態度はただ単に……途方もない『高慢』な態度，すなわち老齢の理論物理学の教授たちや，すべての実験物理学者，すべての哲学者，政治家，それから何であれこの世界に見つけることのできる人々と比べたときの，圧倒的な優越感であったように私には思われる．それというのも，我々は事情をよくわかっていたし，彼らは我々が何を話しているのかも知らなかったからだ」(Kragh 1996b, 89).

表11.2から明らかなように，ドイツとその近隣の国々が初期の段階の量子力学を支配していた．量子物理学者がドイツ人であろうとそうでなかろうと，量子力学の主要言語はドイツ語であった．もっとも重要な学術誌は『物理学雑誌』であった．同誌では多くの非ドイツ人が成果を発表し，1925年7月から1927年3月までのあいだに量子力学に関する68本の論文が出版された．また注意しておくべきなのは，フランスの立場が弱かったことである．フランスでは量子力学はゆっくりとしか普及せず，また大きな重要性を持つ貢献もなかった．この時期に量

表11.2 1925年7月から1927年3月までの，量子力学における出版物と著者

国	著者の数	彼らによって書かれた論文の数	その国で書かれた論文の数	その国で出版された論文の数
ドイツ	19	59.5	54	120
スイス	5	17	21	0
オーストリア	5	7	6	0
デンマーク	4	7	17	1
オランダ	2	4	5	1
中央ヨーロッパ小計	35	94.5	103	122
フランス	2	12	12	14
イギリス	6	15	18	30
アメリカ	19	34.5	26	27
ソ連	11	11	11	9
イタリア	3	4	4	1
スウェーデン	2	6	5	0
その他	3	5	3	0
総計	81	182	182	203

注：最初の2列は著者の国籍ではなく，この期間に主として滞在していた国を指している．第2列にある論文数には原著論文と総説は含まれているが，翻訳や予備的報告は含まれていない．これらは第4列には含まれている．第3列は外国からの訪問者の効果を表している．
出典：Kojevnikov and Novik 1989 のデータに基づき作成．

子力学の学術誌に寄稿したフランス人と言えば，ルイ・ド・ブローイとレオン・ブリルアンだけであった．

　相対性理論と比べると，量子力学は急速に発達し，非常に速く普及し，そしてほとんど何の抵抗も受けなかった．また相対論と反対に，量子力学はほとんど大衆の興味を引きつけなかった．エディントンは科学に携わっていない読者層に向けてこの理論について書いた数少ない科学者の一人である．量子力学は相対論に劣らず反直観的であったが，1920年代に盛んだった反相対論的な書き物に対応するものは量子力学にはなかったのである．急速な科学界への普及は，量子力学についての論文の出版だけでなく，招待講演，総説論文，教科書，そして授業によってもなされた．特に量子力学のためだけにあてられた最初の教科書は，ケンブリッジの物理学者ジョージ・バートウィスルによる『新量子力学』であったようだ．1928年に出版されたこの本は，行列力学と波動力学の主要な論文を，1923年のド・ブローイの物質波に関する理論からボーアの相補性原理に至るまで，詳細にまとめている．そのほか初期の専門書には，アルトゥル・ハースの『物質波と量子力学』(1928)，ゾンマーフェルトが『原子構造とスペクトル線』

に書いた波動力学に関する補遺（1929），エドワード・コンドンとフィリップ・モースの『量子力学』（1929），そしてボルンとヨルダンによる『基礎量子力学』（1930）がある．最後に挙げた本は，より容易に適用可能な波動力学よりは抽象的な行列力学の方法に基礎を置くものであり，成功しなかった．量子力学についての初期の本のうちもっとも影響力があったのは，疑いようもなく，ディラックによる1930年の『量子力学の諸原理』であった．これは，抽象的で概して非教育的であったにもかかわらず，非常に成功したのである．ディラックの本はいくつかの版を重ね，数ヶ国語に翻訳され，そして1930年代には量子力学についての基本的な著作となった[6]．

　前期量子論がアメリカ人の物理学者によって深められたことはほとんどなかったが，新しい量子力学は，大きく成長していた［アメリカの］物理学者コミュニティにより熱心に，また積極的に受容された．1920年代の後半にアメリカの物理学は成熟し，世界の物理学の指導的な地位に駆け上がったのである．たとえば，アメリカ物理学会の会員とフェローの数は急速に増大し，1920年には約1,100人だったのが1926年には1,800人に，そして1930年には2,400人になった．それに応じて『フィジカル・レヴュー』もその厚みと重要性を増した．1929年，この雑誌の2,700頁は281本の論文に分配され，そのうちのおよそ45本の論文が量子力学のさまざまな側面を扱っていた．この頃，たとえば量子力学についての広範な総説の必要が感じられ，その結果1929年に『現代物理総説誌』（*Reviews of Modern Physics*）が創刊された．そのうち最初の2号［第1巻］は『フィジカル・レヴュー補遺』（*Physical Review Supplement*）として世に出た．最初の総説論文の中には，エドウィン・ケンブルとエドワード・ヒルの「量子力学の一般原理」があった．この論文は，100頁以上を費して行列力学と波動力学の双方を論じたものであった．アメリカ合衆国で量子力学が急速に，また円滑に受容されたことの重要な理由の一つは，若いアメリカ人物理学者たちがヨーロッパへ渡ったこと，そ

---

6) この本は原著の改訂版が出るごとに日本語に訳され，いずれも岩波書店から『量子力學』の表題で出版された．原著第2版（1935年）は仁科芳雄・朝永振一郎・小林稔・玉木英彦訳で1936年に，第3版（1947年）は朝永振一郎・玉木英彦・木庭二郎・大塚益比古訳で1954年に，第4版（1958年）は朝永振一郎・玉木英彦・木庭二郎・大塚益比古・伊藤大介訳で1968年にそれぞれ出ている．また，原著第4版のリプリントは日本でもみすず書房から出版された（1963年）．

してヨーロッパの量子物理学者たちがアメリカの大学を訪問したことである．1920年代後半，30人以上のアメリカ人がヨーロッパの理論物理学の中心地で研究し，その中ではゲッティンゲン，ミュンヘン，チューリヒ，コペンハーゲン，ライプツィヒがもっとも人気のある場所であった．ヨーロッパの物理学者たちの訪問と講演旅行が一般的となり，その中にはゾンマーフェルト，ボルン，ハイゼンベルク，ディラック，クラマース，フント，ブリルアンといった開拓者たちが含まれていた．マサチューセッツ工科大学をはじめとするアメリカの大学での1925年から26年にかけてのボルンの講義は特に重要なものであった．なぜなら，量子力学が未だ完成していなかった時点で，この講義によって量子力学がアメリカの物理学者に紹介されたからである．

　1920年代の後半には，実験物理学から理論物理学への，物理学の内部構造の顕著な転換が起こった．1910年には世界の物理学の研究論文のおよそ20%のみが理論を主とする論文であったが，1930年にはこの数字は50%近くにまでなった．この転換は世界的な潮流であり，特に新しい量子力学によって引き起こされたものだったが，とりわけアメリカ合衆国——伝統的にこの国では，理論はヨーロッパよりも不振であった——で重要であった．アメリカ人の物理学者は量子力学の創造的な段階には参加しなかったが，速やかにこのテーマにおける遅れを取り戻し，第二段階では重要な貢献をなしたのである．初期の世代のアメリカ人の量子物理学者には，カール・エッカート，ジョン・スレイター，ジョン・ヴァン・ヴレック，デイヴィッド・デニソン，ロバート・オッペンハイマー，そして化学者ライナス・ポーリングがいた．ほかのほとんどの第一世代の量子物理学者と同様に，彼らは主として量子力学の理論的側面に取り組んだ．

　多くのヨーロッパの物理学者はこの新しい力学の哲学的含意に心を寄せ，この理論の奇妙で非古典的な特徴が持つ広範な意味を議論するのに多くの時間を費した．物理的な性質は観測の結果としてのみ存在するようになるのか？　もしそうなら，観測された世界は実在的で客観的なのだろうか？　客観と主観は区別できるのだろうか，それとも両者は分離できない全体をなしているのだろうか？　量子力学の教えは社会や文化に外挿できるのだろうか？　ボーア，アインシュタイン，ハイゼンベルク，ヨルダンをはじめとする人々にとっては，これらの特徴を理解することは，［量子力学の］新しい方法を用いて物理の問題を計算することと同じくらい重要であった．アメリカ人の態度は際立って異なっていた．アメリカ

人のあいだには基礎的な問題（たとえば不確定性原理の正しい定式化）への関心はかなりあったが，量子力学に伴う大きな哲学的問題にはそれほど注意が払われなかったのである．端的にこれらの問題は，アメリカ人物理学者が出版した論文や書籍には登場しなかった．彼らの態度は実用主義的なもので，ブリッジマンが『現代物理学の論理』[7]で展開した操作主義に端を発していた．この態度に従えば，実験結果のみが重要で有意味に議論することができる．それゆえ量子物理学者の仕事は実験的に確かめられる計算を行うことである．1937年に表明されたスレイターの哲学的な（あるいは，ひょっとすると反哲学的な）見解は大多数のアメリカ人物理学者に受け入れられることとなった．

> 最近の理論物理学者は，自分の理論にただ一つだけ要求をします．もし彼が自分の理論を実験結果を推定するために用いるのであれば，その理論的な予測はある範囲内で実験結果と一致しなければなりません．彼はふつう自分の理論の哲学的な含意については論じません．……実験結果を正しく予測する能力に影響を与えないような理論についての疑問は，私には，何かしら重要なものというよりはむしろ言葉によるごまかしであるように思われますし，そのような疑問はそこから満足を得るような人々に任せておいてまったくかまいません．
> (Schweber 1990, 391)

コペンハーゲン精神——すなわち，ボーアの相補性原理とそれに関連する量子過程の解釈——は多くの大陸の物理学者を興奮させたが，それと同程度にアメリカ人は冷淡なままだった．もちろん，相補性原理への興味が欠けていたのはアメリカ人だけに限ったわけではないが，どれほどアメリカ人物理学者が——コペンハーゲンのボーアのもとに滞在した者も含めて——ボーアの哲学を無視したかはそれでも注目に値する．「私はそれを大好きだったわけではありません」とディラックは1963年に相補性原理について回想し，「それが以前にはなかった方程式を与えてくれるわけではありません」(Kragh 1990, 84) と説明を加えている．ディラックにとってはこの考えを嫌うのにはこれで十分な理由であり，アメリカの同僚たちもそれに同調する傾向にあった．

---

7) P・W・ブリッヂマン『現代物理学の論理』今田恵・石橋栄訳（創元社，1941年）；同，今田恵訳（新月社，1950年）．

量子力学が登場したとき，理論物理学は本質的にはヨーロッパと北米に限定されていた．現代物理学は日本には遅れてやって来た．日本では現代物理学は1930年代になってからようやく軌道に乗るようになったのである．日本における開拓者は仁科芳雄であった．彼は物理学者で，1920年代のほとんどをヨーロッパで過ごし，その長期間にわたる滞在のうち6年間はコペンハーゲンでボーアとともに過ごした．量子力学は一つには西洋人たちを招待して行われた講義を通じて［日本に］導入され，その中にはオットー・ラポルテ，ゾンマーフェルト，ディラック，そしてハイゼンベルクが含まれていた．1931年の春から仁科は京都［帝国］大学で量子力学について講義し，ハイゼンベルクが新しく書いた『量子論の物理的原理』[8]を用いた[9]．仁科の努力は，1930年代後半の日本で誕生した，理論量子物理学の強力な学派が形成されるきっかけとなった．

文献案内

1910年代と1920年代の量子論の歴史を扱っている著作は多いが，その中にはJammer 1966 ［邦訳 1974年］, Hendry 1984a ［邦訳 1992年］, MacKinnon 1982, Darrigol 1992, Mehra and Rechenberg 1982 および 1987 がある．シュレーディンガーの理論の持つ諸側面については，Kragh 1982b と, Bitbol and Darrigol 1992 にある論文を見よ．Pais 1991 ［邦訳 2007-2012年］（ボーア）, Cassidy 1992 ［邦訳 1998年］（ハイゼンベルク）, Dresden 1987（クラマース）, Moore 1989 ［邦訳 1995年］（シュレーディンガー）, Kragh 1990（ディラック）による伝記もまた参考にする価値がある．ド・ブローイの理論はDarrigol 1993で分析されており，その波動-粒子の二重性の実験に関する歴史はWheaton 1983に詳しい．ディラック方程式の起源はKragh 1981a および 1990, Moyer 1981で扱われている．量子力学の受容と伝播については，Mehra and Rechenberg 1982 の第4巻, Sopka 1988, Heilbron 1985, Cartwright 1987, Kojevnikov and Novik 1989を見よ．これらの資料のうち，Heilbron 1985 と Cartwright 1987はアメリカ人が哲学的側面に関心を持たなかったことを論じている．古典的論文の原典は，英訳ではter Haar 1967, Van der Waerden 1967, Ludwig 1968にある[10]．

---

8) ハイゼンベルク『量子論の物理的基礎』玉木英彦ほか訳（みすず書房，1954年）．
9) 原著者の指示により，記述を一部削除した．
10) ボーアの原子模型に代表される，原子のスペクトル線に関する重要な原論文の多くは，物理学史研究刊行会編『物理学古典論文叢書3　前期量子論』（東海大学出版会，1970年）で邦訳されている．

第12章

原子核物理学の興隆

電子-陽子モデル

　原子構造の有核モデルが受け入れられてから少し経つと，原子の小さな核の構造について，幾人もの物理学者が推測をめぐらすようになった．一般的な見解はラザフォードによって提案されたもので，すなわち，核は複数の電子と複数の正の単位粒子とからなるというのであった．後者の単位粒子は水素の原子核と同一視され，しばしば「正の電子」またはH粒子——あるいは，1920年以降には陽子——と呼ばれた．核に電子が含まれているのは明白であるように思われた．というのも，核が爆発するのを防ぐためには明らかに，何らかの負の電気を正の粒子が必要としたからである．さらに，β線電子の起源は核内にあるのであって外側の電子の層にあるのではないということが1913年以来知られていた．このことは特にボーアによって主張された．ボーアは1913年の論文で，「同一に見える二つの元素〔同位体〕がさまざまな速度のβ粒子を放出するという事実は，α線と同様β線も核内に起源があることを示している」と指摘したのである（Bohr 1963, 53）．

　有核原子モデルに従うなら，質量数Aと原子番号Zは，$A=p$および$Z=p-e$という具合に，陽子の数（p）と電子の数（e）に依存するだろう．その一方，放射能を持つ物体の核もやはりα粒子を生じさせるのだから，この粒子は核の付加的な構成要素であるとしばしば仮定された．そうするとa個のα粒子を持つ核に対して，問題の方程式は$A=4a+p$および$Z=2a+p-e$となるだろう．この仮説は1915年から1932年まで，一般に受け入れられていた．事実，物理学者は誰一人として，核の電子という仮説や，正当にも2粒子パラダイムと呼ばれていたものを，つまりあらゆる物質は電子と陽子からなっているということを（一部はα粒子その他の結合体として，結びつけられた形で存在するのかもしれないにせよ），

疑っていなかったように思われる．では，その二つないし三つの核種は核内でどのように配置されているのだろうか？　実験的証拠をほぼ完全に欠いていたことを考えると，信頼できる核のモデルを1910年代と20年代に構築するというのは絶望的な課題だった．それにもかかわらず，驚くほど多くの物理学者が（また化学者も）その困難に負けず，核の構造について多かれ少なかれ自由に考えをめぐらせた．こうしたモデルのほとんどは純粋に思弁的で，厳密でない数秘術的議論にしばしば基づいていたのだが，より真剣な性格のものも少しはあった．たとえば，1918年にはミュンヘンの物理学者ヴィルヘルム・レンツが，量子論の規則と合うような α 粒子のモデルを構築した．すなわち，1個の電子を両極それぞれに持つ赤道面内で4個の陽子が周回するというのだった．ゾンマーフェルトはその『原子構造』の中で，このモデルに好意的に言及していた．

　原子核物理学者の第一世代の中でもっとも輝いていた人物はまた，もっとも多産なモデル製作者でもあって，かつ少しも推測頼みでなかった．以前の α 散乱実験から着想を得たラザフォードは，1920年のベイカー講演の中で，核内には電子，α 粒子，陽子以外の粒子が存在するかもしれないと示唆した．軽いヘリウム原子核が，1個の電子で結びつけられた3個の陽子からなるということ（ラザフォードの表記では $X^+_3{}^+$ ）や，重たい水素の同位体が，2個の陽子と1個の電子からなっているのかもしれないということについては，証拠があるとラザフォードは主張した．さらに，ラザフォードによれば——なぜこう考えてはいけないのだろう？——核内には1個の電子と1個の陽子から作られる中性の粒子，「中性子」(neutron) も含まれていた．「陽子」(proton) という名前をラザフォードが導入したのもこのときである．中性子は「原子の構造内に容易に入ることができ，さらには核と結びついたり，またはその強力な場によって崩壊させられたりして，あるいはその結果，電荷を帯びたH原子〔陽子〕や電子やその両方が逃げ出してくるのかもしれない」(Badash 1983, 886) という理由から，中性子の可能性に，ラザフォードは特に魅了された．ラザフォードはおそらく，自分の「中性子」が早くも1899年にオーストラリアの物理学者ウィリアム・サザーランドによって提案されていたことには気づいていなかった．サザーランドはエーテルが正の電子と負の電子の対からなるのではと示唆していたのである．サザーランドの提案はネルンストによって，その権威ある教科書『理論化学』の中に受け継がれ，1903年から1926年までのすべての版に登場していた．軽いヘリウム原子核とい

う考えが弱い実験証拠に基づいており，1924 年には放棄されたのに対して，中性子の仮説のほうは長命で，ケンブリッジではかなり真剣に取り上げられた．ジェイムズ・チャドウィックはラザフォードと同じくらいにその存在を信じ，1920 年代にはその仮説的粒子を検出しようと幾度も試みた．チャドウィックは 1932 年になるまで成功しなかった．そしてそのときに判明したのは，観測された中性粒子が結局のところラザフォードの中性子ではなかったということだった．ラザフォードは自分の原子核構造のアイディアを引き続き発展させ，1925 年には，核は正負の衛星（陽子と電子）に取り囲まれた重い芯からなっているという結論にたどり着いた．ラザフォードは自分の衛星モデルを大いに重要とみなしたため，チャドウィックおよびチャールズ・D・エリスと共同執筆して 1930 年に出版した『放射性物質からの放射』の中にそれを取り入れた．

　ラザフォードの仮説の大部分は，物質に α 粒子を衝突させる実験の解釈に基づいていた．1917 年の 12 月にはボーアに宛てて次のように書いている．「α 粒子によって運動状態に置かれた例の軽い原子を検出し，数えているところですが，その結果は，どうやら，核付近での力の性格や分布について，かなりの光をもたらしてくれています．また，この方法で原子を分割することにも挑戦しています」(Stuewer 1986a, 322)．こうした実験の中でももっとも重要なものは，ラザフォードがキャヴェンディッシュ研究所の所長になるためにケンブリッジへと向かう直前，マンチェスターで 1919 年に行われた．以前にアーネスト・マースデンによって行われていた実験を再解釈しようとして，ラザフォードはさまざまな気体に対する α 粒子の作用を，その作用によって形成される飛程の長い粒子が生み出すシンチレーション（閃光）を検出することで研究していた．純粋な窒素を使ったさいに，ラザフォードは，異常な効果と彼が呼んだものを観察した．すなわち，水素を使って得られたものと類似した，飛程の長い粒子が生み出されたのである．ラザフォードはこう書いた．「α 粒子と窒素の衝突で生じたこの飛程の長い原子が窒素原子ではなく，おそらくは電荷を帯びた水素原子，もしくは質量 2 の原子であるという結論は避けがたい．もしこれが正しいとするなら，速い α 粒子との近接衝突にさいして現れ出る強烈な力の下では窒素原子が崩壊するのであり，また解放された水素原子が窒素原子核の構成要素を形成していたのだと結論せねばならない」(Beyer 1949, 136)．キャヴェンディッシュで行われたさらなる研究により，ラザフォードの結論がおおむね正しいことが証明された．ラザフ

ォードは原子核の人工崩壊にはじめて成功し，そうして現代の錬金術の歴史の新たな段階を切り拓いたのである．その反応は $^{14}N+{}^4He \rightarrow {}^{17}O+{}^1H$ だったのだが，ラザフォードは当初，それを $^{14}N+{}^4He \rightarrow {}^{13}C+{}^4He+{}^1H$ と解釈していた．誤りが訂正されたのはようやく 1924 年，反跳原子から出る α 粒子の飛跡を霧箱写真で示すことに完全に失敗したときであった．

その後の数年間，キャヴェンディッシュのラザフォードたちのグループは，さらに多くの元素を変換させられるのではという望みを抱いてこの種の実験を続けた．同様の研究がウィーンラジウム研究所でも行われたが，その結果は同じでなかった．ラザフォードとチャドウィックがカリウムより重い元素についても，またベリリウムやリチウムについても崩壊した証拠を見つけられなかったのに対し，ウィーンの物理学者ゲルハルト・キルシュとハーンス・ペッテション（後者はスウェーデン人）は，はるかにうまく元素崩壊に成功したと主張した．キルシュとペッテションは，ケンブリッジで生み出されたものと大きく異なる結果を報告しただけでなく，ラザフォードの衛星モデルをも攻撃した．この不一致は長引く論争へと展開していき，これは世紀初頭の悪名高い N 線エピソードを特徴づけていた論争と，いくらか構成要素を同じくしていた．1927 年にウィーンの研究所を訪れてみた結果，チャドウィックは，オーストリア人とスウェーデン人のチームが彼らの結果を制御できておらず，シンチレーションの計数が，彼らが見たいと望んだ大きな（大きすぎる）値のほうへ系統的に偏っていることに気づいた．ある歴史家によればこうである．「計数は女性たちが行っていて，その理由は男よりも女のほうが課題に集中でき，ともかく気が散ることが少ないというのであった．また，大きくて丸い目が計数に適しているというので，スラヴ人女性が行っていた．その女性たちは計数の割合がどのようなものだと予想されるかを伝えられており，喜ばせたいという気遣いから，それを提供したのであった」(Badash 1983, 887)．

1920 年代の原子核物理学は放射能と密に結びついており，高エネルギー入射粒子の源は，天然に存在する放射性物質から放出される α 粒子と β 粒子のみだった．散乱されたものにせよ崩壊によって生み出されたものにせよ，粒子の強度と方向を測定するためにはふつう，単純なシンチレーション・デバイスが使われた．視覚によるシンチレーションの計数は 1908 年，ベルリン大学のエーリヒ・レーゲナーが，燐光を発するスクリーンにぶつかる α 粒子はシンチレーション

を各1回ずつ発生させると結論したときにまで遡る．その単純な方法が，1930年代初頭まで広く用いられたのである．ラザフォードの1919年の実験は，ガイガーとマースデンによる10年ほど前のα散乱実験で使われたものよりも進んだ装置を使っていたわけではない．資金と利用可能なテクノロジーがなかったことにより，キャヴェンディッシュの実験は単純にしてかつ，封蠟と紐の方法というラザフォードの好みに合うものとなった[1]．だがすべてが封蠟と紐とは限らなかった．核物理学の幼少期においてきわめて重要だった道具の一つは電磁質量分析器で，1919年の最初の型以降，フランシス・アストンによって改良されていった．1920年代後半には，質量分析器は複雑で高価な道具になっていた．

検出目的では，霧箱が1920年代に重要な役割を果たすようになった．イオン化された滴の飛跡を急速な膨張という手段で可視化するという原理はキャヴェンディッシュ研究所のチャールズ・T・R・ウィルソンにより，気象学研究に関連して1890年代後半に発見された．ウィルソンは1911年までに，イオン化粒子の軌道を研究するための霧箱を製作し，最初の霧箱写真を撮影していた．1921年に清水武雄（キャヴェンディッシュで研究していた日本人物理学者）が霧箱を自動的に動作させる手段を見つけ，このテクニックはさらにパトリック・M・S・ブラケットの手で改良された．実際上，シンチレーションと霧箱のテクニックに関する革新的な仕事はすべてキャヴェンディッシュ研究所でなされたわけだが，そこはまた気体電離箱もしくは気体電離計数管の発祥の地でもあった．初期の電離計数管のうちもっとも高性能だったのはハンス・ガイガーが1913年に設計したものである．戦争［第一次世界大戦］が始まると，ガイガーはドイツに戻り，砲兵隊に所属した．そして1918年［終戦］以降は，電離計数管についての自分の研究を続けた．現代的な，高感度のガイガー–ミュラー計数管はドイツの発明品だった．これは1928年に，ガイガーとキール大学での共同研究者，ヴァルター・ミュラーによって開発された．1920年代とそれ以降における検出方法の発展は，電子工学，特に真空管回路の利用に負うところが大きい．

---

1) 「封蠟と紐」（sealing wax and string）は世紀転換期のキャヴェンディッシュ研究所の特徴として使われる表現．費用をかけず，手近にあるもので実験を行うといった含意がある．

量子力学と原子核

　量子力学は原子と電子の一般理論であった．原子核に対してもこれはやはり成り立つはずだと思われていたが，量子力学の最初の段階では，この新しい理論を原子核物理学に適用する試みは一切なかった．状況が変わったのは1928年の夏，α線を出す放射能が量子力学によって理解できるということが示されたときである．α崩壊に関する重要な量子力学的理論は，ゲッティンゲンのジョージ・ガモフと，プリンストンのロナルド・ガーニーおよびエドワード・コンドンとによって，独立に提唱された．24歳のロシア人物理学者，ガモフは（ラザフォードがかつて論じたように），非常に小さな距離では核のポテンシャルが強い引力でなければならず，反発するクーロン・ポテンシャルと混ざり合う前に最大の高さを取るに違いないと論じた．ガモフはα粒子を，核内にあらかじめ存在しており，ポテンシャルの井戸の中で振動ないし周回しているものとして描き出した．古典的には，α粒子はポテンシャル［の壁］を通過できないだろうが，ボルンによるシュレーディンガーの波動力学の解釈によれば，ポテンシャルの最大の高さよりも小さなエネルギーで粒子が核を抜け出す確率はゼロではないだろう．これが，粒子あるいは物質がポテンシャル障壁を通過する，すなわち「くぐり抜ける」［トンネル効果］という有名な事例である．今日では量子力学のどんな入門書にも出てくる事例だが，1928年には新奇でエキサイティングな現象だった．

　量子力学を使ったことで，ガモフは透過確率を見出すことができ，さらにこれを崩壊定数に翻訳して，崩壊定数の対数と放出されるα粒子エネルギーとのあいだの線形関係を導くことができた．まさしくこれは，ガイガーとイギリス人物理学者ジョン・ヌッタルによる1912年の仕事以来，経験的には知られていた，ガイガー–ヌッタルの関係であった．ガイガー–ヌッタルの法則の導出はこれより前にもあったが（たとえば，1915年のフレデリック・リンデマンによるもの），それらはアド・ホックな仮定に基づく疑似的な説明だった．ガモフの説明，ならびにガーニーとコンドンによって提唱されたそれとほぼ同じ説明は，基礎理論に基づいていたため，はるかに満足のいくものだった．ガモフ–ガーニー–コンドン理論は，量子力学が原子核に適用されるという説得的な証明を与えたという理由からも，また，核物理学への量子力学のそのほかの応用の基礎を形作ったという理由からも，きわめて重要であった．

放射能の統計的性質は，世紀初頭にそれが認められてからというもの，難問であり続けていた．放射能の起源についての因果的説明を与えようとする試みは数多くなされたものの，量子力学によってはじめて，放射能の統計的性質を理解しようとするそうした試みは無駄であるということがわかった．ガーニーとコンドンがこうした試みに言及して1929年に述べた通り，「粒子の振舞いが条件によって決定的に定められているような動力学を受け入れてきたあいだは，このことは非常に長きにわたり大変悩ましいものであった．我々は，核の粒子の周回運動における，多数の独立な出来事の尋常でない組合せによるものとして，崩壊を考えなくてはならなかったのである．だが今では，我々は，粒子の振舞いがどこでも等しく確率によって支配されているということを認めた上で，全責任を量子力学の法則になすりつけている」(Kragh 1997a, 357)．

　1928年からの数年間に，量子力学は原子核に関わるほかのさまざまな問題にうまく適用された．中でも衝突の問題が特に重要であった．たとえば1928年には，23歳のケンブリッジの物理学者ネヴィル・モットが，点状の核による荷電粒子の散乱についてラザフォードが1911年に与えた表式を再現してみせた．いっそう興味深いことに，二つの同じ粒子間での衝突（気体ヘリウムによって散乱されるα粒子など）に対し，モットはラザフォードのものと異なる結果を予言した．すなわち，低速では，45度の散乱が古典的に期待されるよりも2倍の頻度で起こるだろうというのだった．この予言は，パトリック・ブラケットとフランク・チャンピオンによる1931年の霧箱実験で確かめられたのだが，核の領域での量子力学による新奇な予言としては最初期のものに属していた．

　ガモフ，モット，そしてガーニーとコンドンの研究は，核の構造には新たな光を一切もたらすことがなく，核は依然として電子と陽子からなっていると考えられていた．これらは知られていた唯一の素粒子であったし，またとりわけ，放射性の核がβ粒子という形で電子を放出するということがあった．その一方で，1920年代後半のあいだには，どうも電子が原子核の内部に居場所を持つはずがないということが，少しずつ気づかれるようになった．電子は必要だったが，歓迎されなかったのである．電子-陽子モデルの一つの問題は，実験的に決定された核についての統計と一致しないということだった．N_2^+分子の回転スペクトルの研究は，窒素原子核のスピンが1でなければならないことを示していた．けれどもその核がもし14個の陽子と7個の電子からなっているのだとすると，1/2

のスピンを持つ粒子が奇数個で，［全体として］スピン 1/2 を持つことになる．測定と理論的予想のあいだの不整合はラルフ・クローニヒによって指摘された．彼は 1928 年にこう示唆したのである．「それゆえおそらく，陽子と電子は核外でそうなっているほどには独立性を保持できないと考えざるをえない」(Pais 1986, 301)．クローニヒもほかの人々も，この時点ではこれ以上具体的になることはできなかった．翌年になって，ラマン・スペクトルの研究から，窒素原子核がボース-アインシュタイン統計に従う，つまりは整数のスピンを持つという結果が確かめられた．ゲッティンゲンでは，ヴァルター・ハイトラーとゲルハルト・ヘルツベルクがクローニヒの結論を敷衍して述べた．「まるで，電子が核内では，スピンとともに，核の統計に参加する権利をも失ってしまうかのように思える」（同，302）．

　窒素の変則事例よりもさらに重要だったのが，β 線スペクトルを理解するという問題である．1914 年にチャドウィックは，β 放射能のスペクトルが，線スペクトルが混ざっているとはいえ連続的であることを発見していた．チャドウィックとキャヴェンディッシュの物理学者たちによれば，連続スペクトルは現実のものだけれども，それに対して離散的な線のほうは，たとえば 1922 年にチャールズ・エリスによって提案されたような，電子の系内部での光電効果にその起源を持っていた．しかしながら，β 電子が連続的な幅のあるエネルギーを伴って放出されると仮定せずに，そのスペクトルを説明することも可能であった．ベルリンでは，リーゼ・マイトナーが，電子は同じエネルギーを持って出発するのだが，一部のエネルギーが γ 線放射に変換され，これが二次的な β 線を生み出すのではないかと示唆した．マイトナーの代案は，キャヴェンディッシュの科学者たちとの長引く論争につながった．論争はようやく 1920 年代後半になって，実験がマイトナーの理論と相容れないと判明して決着した．連続的な β 線スペクトルが核内にその起源を持つことが，いまやしっかりと確立された．しかしながら，理論的観点からすると，この結論はきわめて不愉快なものだった．量子力学によれば，核は離散的なエネルギー状態においてのみ存在することができる．したがって，エネルギーの保存を仮定すると，娘核ならびに β 線電子への 2 粒子崩壊が連続的なスペクトルを再現することはできない．

　スピン統計の問題や相対論的量子力学の問題とともに，β 線連続スペクトル［の問題］が，1929 年から 31 年にかけて物理学者コミュニティの一部に一種の危

機をもたらした．この危機に対するニールス・ボーアの回答は過激だった．すなわち，エネルギーの保存がβ崩壊では成り立たないというのである．出版されなかった1929年6月のメモの中で，ボーアは，「β線崩壊の問題の理論的取扱いについて，我々が目下のところ手にしている基礎はどれほど少ないことか」と強調していた．ボーアは次のように続けた．「実のところ，原子核内部に拘束されている電子の振舞いは，量子力学的な修正を踏まえてもなお，通常の力学的概念が首尾一貫して適用される領分からはすっかり外れているように思える．エネルギーおよび運動量の保存の原理が純粋に古典的起源のものだということを思い起こすなら，それらがβ線の放出の説明に失敗しているのではないかという提案を門前払いするのは，量子論の現在の状態では，ほとんど無理である．」ボーアは少なくとも3年間，エネルギー保存則の破れを擁護し続け，ガモフやランダウを含む一部の若手物理学者から支持を得た．ガモフは，原子核物理学の最初の教科書（現代的な意味における）の著者であった．『原子核の構成と放射能』という表題で，序文の日付が1931年5月1日の本である[2]．当時，原子核物理学の分野はまだ発生期にあった．この本は，「原子核の性質に関する現在の我々の実験的・理論的知識について，できる限り完全な説明」を提供しようとするもので，114ページを費やしていた．ガモフはエネルギーの非保存というボーアの考えに好意的に言及し，コペンハーゲンでの師匠に完全に同意して次のように書いた．「量子力学の普通の考え方は，核の電子の振舞いを記述するさいには完全に失敗する．核の電子を個々の粒子として扱うことすらできないように思われるばかりか，エネルギーの概念もその意味を失うように思われる」(p.5)．

パウリもまたボーアやガモフに劣らず気をもんでいたが，エネルギーの非保存とは何の関わりも持たなかったようである．1930年の12月に，マイトナーとガイガーに宛てた「公開書簡」の中で，パウリは核内に新たな中性粒子を導入することでβ線問題も^{14}N問題も解けるかもしれないと提案した．「電気的に中性の粒子が核内に存在しうるという可能性〔があり〕，私はそれをニュートロンと呼ぶことにします．これはスピン1/2を持っていて排他原理に従い，さらに光速で飛行しないという点で光子とも異なります．ニュートロンの質量は電子と同じオーダーに違いなく，いずれにせよ，陽子質量の0.01倍より大きくはありません．

---

[2] G. Gamow, *Constitution of Atomic Nuclei and Radioactivity* (Clarendon Press, 1931).

そうすると，β崩壊では一つのニュートロンが電子とともに放出され，ニュートロンと電子のエネルギーの和が一定になるようになっているという仮定によって，連続的なβスペクトルは理解可能になるでしょう」(Brown 1978, 27)．パウリは自分のアイディアを公表するのをためらったのだが，にもかかわらずそれは物理学者コミュニティの中ではよく知られていた．ようやく1933年，第7回ソルヴェイ会議での議論の中で，パウリはその仮説を公に擁護し，これは1934年に出版された会議録に印刷されて現れた．その当時，「重い中性子（ニュートロン）」が発見されており，そこでエンリコ・フェルミがパウリの粒子を「ニュートリノ」と呼ぶことを提案した[3]．マイトナーとガイガーへの書簡によって示されているように，パウリはもともと，ニュートリノは核の構成要素であって，小さいがゼロではない質量と，さらには磁気モーメントを持っていると思っていた．この描像によれば，核は陽子と電子とニュートリノからなっていた．パウリの仮説的なニュートリノは2粒子パラダイムとの縁を切ったのであり，そしてこの存在論的な点において，革命的だった．しかしながら方法論的観点から見れば，それは保守的な理論であった．なぜならその理論的根拠全体は，十分にテストされている保存則を保持することだったからである．

　ニュートリノは当初，抵抗もしくは無関心に遭遇した．反対する者の中にはボーアがおり，賛成する者の中にはフェルミがいた．ニュートリノがある程度尊重されるようになったのは，フェルミの1934年のβ崩壊理論が成功した後のことにすぎない．しかしニュートリノは依然として仮説的な粒子であって，検出にはかからないものと広く思われていた．1934年4月の『ネイチャー』に載った論文の中で，ハンス・ベーテとルードルフ・パイエルスは「ニュートリノを観測するための現実的に可能な方法は一つもない」と結論していた．1936年になってもなお，ディラックはニュートリノを拒否し，エネルギー非保存のほうが好ましい代案だと見ていたのである．ニュートリノはβ［崩壊］理論においてだけでなく，原子核理論によって電磁気現象を理解しようとする試みにおいても役割を果たした．1934年にルイ・ド・ブローイが，光子はニュートリノと反ニュート

---

[3] ニュートリノ（neutrino）とは，小さなニュートロン（neutron）の意．現在ではneutronと言えば中性子のことだが，パウリが提案した粒子はそれと異なるため，訳文では「ニュートロン」とカタカナ表記した．

リノの対として捉えられるかもしれないと示唆したのである．ド・ブロイのアイディアは理論物理学者のあいだで相当な反響を呼んだ．1934 年から 38 年までのあいだに，このアイディアはとりわけヨルダン，クローニヒ，グレーゴル・ヴェンツェル，エルンスト・シュテュッケルベルクの手で，さまざまな方向に展開された．しかしながら，この話題に関する多くの論文は実験と結びつかず，満足いくような光のニュートリノ理論には至らなかった．1940 年までにその理論はほとんど放棄されてしまったが，それは間違っていると判明したためではなく，実りがないということが判明していたためであった．

パウリの陽子-電子-ニュートリノ・モデルは，原子核を新たな方法で理解しようとするさまざまな思弁的試みの一つであったにすぎない．1930 年にはロシアの物理学者ドミトリー・イヴァネンコとヴィクトル・アンバルツミヤンが，ディラックの新しい電子の理論に基づく $β$ 崩壊理論を提案した．このロシア人たちによれば，$β$ 電子は核内にあらかじめ存在しているのではなく，負のエネルギー状態にある電子から陽子とともに生まれるというのであった．

さらに別の短命な仮説がハイゼンベルクにより，ボーアへの手紙の中で，ほぼ同じ時期に提案された．ハイゼンベルクは，世界を h/Mc^3 のセル長（M は陽子の質量）を持つ格子として捉え（「ギターヴェルト」[格子世界という意味]），核は陽子ならびに「重い光量子」と呼んでいるものからなるとして理解できると主張した．このモデルの長所は核の電子を回避している点であり，短所は（いろいろある中でも）電荷の保存を含む，大方の保存則を破っていることだった．「あなたがこの過激な試みについて，完全に常軌を逸していると思うかどうかはわかりません」と，ハイゼンベルクはボーアに宛てて書いた．「ですが私は，核物理学がもっとずっと安価に手に入るはずはないと感じています」（Carazza and Kragh 1995, 597）．ボーアは，核物理学のパラドックスが理論の劇的な変化を要求していることについては同意したけれども，格子世界の仮説は——完全にではないとしても——あまりに常軌を逸していると思った．コペンハーゲンでの議論の後，ハイゼンベルクはそのアイディアを引っ込め，基本長さの仮説に戻ってくるのはようやく 1930 年代の後半である．1932 年には，重い中性の核粒子として，ハイゼンベルクは別のもっと受け入れやすい候補を——つまり中性子を——見つけた．

第 12 章 原子核物理学の興隆 235

天体物理学への応用

　原子核物理学，というより核の思弁は，天文学にも早々と入ってきた．原子の構成の新たな知見はまず，物理学の古典的な謎の一つ，太陽をはじめとする恒星におけるエネルギー生成を理解しようとする中で用いられた．早くも1917年に，アーサー・エディントンは，エネルギーの源は電子と陽子が対消滅して放射エネルギーに変わることかもしれないと推測した．この仮説的なプロセスは天文学において10年以上も広く議論された．結局のところ，そのプロセスを支持する実験的証拠はまったくなかったのだが，星の内部でそれが起こるはずがないという適切な理由もまたなかった．可能な代案として，エディントンは1920年には，そのエネルギーが四つの水素原子によるヘリウムの形成に由来するのかもしれないと示唆した．つまり，核融合プロセスである．「キャヴェンディッシュ研究所で可能なことなら太陽ではそれほど難しくないだろう」というのがエディントンのもっともな主張で，言及されているのはラザフォードによる，核についての最近の実験である．アストンの質量分析測定によれば，ヘリウム原子核の質量は四つの水素原子核［の合計］よりもほぼ1％少なく，またそれゆえ核形成反応に続いてかなりのエネルギーが放出されるであろうということを，エディントンは知っていたのだった．天体物理学の研究に新しい核物理学を応用したもう一人の科学者は，ミリカンであった（もっとも彼の場合は，恒星のエネルギーではなく宇宙線がそのターゲットだったのだが）．1926年から1930年にかけての一連の著作の中で，このアメリカの実験家は，宇宙線が，宇宙奥深くでの核構築プロセスで生じた高エネルギー光子のさまざまな束からなっていると主張した．宇宙線とは，彼の表現によると，「元素の産声」もしくは「軽い元素から重い元素が連続的に創出されていることを告げる，エーテルを通じて送られてきた信号」であった（Kragh 1996b, 147）．ミリカンによると，宇宙の原子構築プロセスは順を追ってではなく一気になされ，陽子と電子とα粒子から重い元素が直接形成される．これは空想的に思えるかもしれないが，ジェイムズ・ジーンズによって提案された代案に比べればまったくと言ってよいほど空想的でなかった．すなわち，恒星は主として，自発的に放射に転換するであろう超ウラン元素からできているというのである．その変換は通常の放射性崩壊によってだけでなく，原子核全体の消滅によっても起こるだろうとジーンズは示唆した．宇宙における核プロセスについ

て1920年代に知られていたことはごくわずかであり，実験的知識の欠如が思弁を招いたのであった．

α崩壊に関するガモフの量子力学的理論とともに，天体核物理学における新たな，以前ほど思弁的でない一章が始まった．オーストリア人物理学者フリッツ・ホウターマンスとイギリス人天体物理学者ロバート・デスコート・アトキンソンはどちらも，学位取得後の研究をドイツで行っていた．二人は，ガモフのトンネル・プロセスが逆転できるかもしれず，それゆえ元素の形成を核反応によって説明できるのではないかということに思い至った．1929年に行われた計算は，星の内部に存在すると仮定された条件のもとでα粒子が［核内に］入り込む確率が，軽い原子核に対する場合ですらほとんどゼロに近いことを示した．陽子-核の反応はそれよりも有望とわかり，そこでホウターマンスとアトキンソンはガモフと協力して，捕獲断面積をターゲット核の温度と原子数とに関連づける一般公式を導き出した．その理論が示唆したところでは，恒星のエネルギーの源は四つの陽子が一つのα粒子に変換されることかもしれなかった——つまり，もともとエディントンによって示唆されたプロセスである．しかしながら，ホウターマンスとアトキンソンによると，そのプロセスは4粒子間衝突というエディントンのありそうもないものではなく，軽い核によって陽子が順次捕捉され，それに続いてα粒子が放逐されるというものであった．また，エディントンの示唆が物理理論にまったく基礎を持っていなかったのに対して，ホウターマンス-アトキンソン理論は最新の量子力学の知識に基づく定量的な理論だった．その理論は現代天体物理学への先駆的貢献の一つに数えられるけれども，最初はほとんど注目を集めなかった．

ホウターマンスとアトキンソンの理論では，星の中に水素が豊富に存在していることが前提にされていた．これは1930年頃になってようやく，天文学者のあいだで一般に認められた仮定である．星の中での水素の支配的役割に関する新しい知識を用いて，アトキンソン（この間にアメリカ合衆国に移っていた）は，その理論を大いに拡張したものを1931年に提出した．未だ知られていなかった中性子と重陽子を用いなくては，ヘリウムを陽子から直接作り上げることはできなかったのだが，不安定な核の崩壊によってヘリウムが形成されるという循環的なモデルをアトキンソンは考案した．こうすることで，すべての種類の元素の存在度を陽子の捕捉プロセスによって説明しようとしたのである．しかしながら，天体

核物理学者たちが本当に有望な結果をもたらし始めたのは1932年以降，特に中性子が導入された後のことであった．1930年代に天体核物理学を開拓した人々の中には，アメリカのアトキンソン，ガモフ，ベーテ，T・E・スターン，イギリスのハロルド・ウォーキー，そしてドイツのヴァイツゼッカー，ラディスラウス・ファルカシュ，パウル・ハルテックがいた．特徴的なことに，4人のアメリカ人はもともとヨーロッパから来た人々だった．アトキンソンとスターンはイギリスから，ガモフはロシアから，ベーテはドイツからである．恒星の元素形成が中性子の捕捉に基づいているはずだという考え方は，ウォーキーとガモフにより，1935年に独立に展開された．どちらの物理学者も，ローマでのフェルミの実験やケンブリッジでのコッククロフトとウォルトンの実験など，当時行われていた実験室での実験から着想を得ていた．ウォーキーは恒星でのプロセスと実験室でのプロセスの類似を次のように表現した．「原子物理学者は，高ポテンシャルの発生源と放電管とを用いて，恒星内部で起こっているのと同じやり方で元素を合成しており，また観測されるプロセスは，100万Vのオーダーという非常に大きなエネルギーの解放をもたらしているが，これは星の強力な放射がどのように維持されており，なぜその温度があれほど高いのかを示している」(Kragh 1996b, 92).

　中性子によって誘導される核のプロセスという初期のアイディアは，元素の形成についても恒星のエネルギーの産出についても，満足のいく説明をもたらさなかった．後者の問題に関するブレイクスルーは1938年に起こり，それはまさしく核の理論における進歩の結果であった．ゾンマーフェルトのかつての学生で，量子物理学と核物理学のエキスパートだったハンス・ベーテは，1933年にドイツを逃れて［アメリカの］コーネル大学に落ち着いていた．1938年に，ベーテはワシントンでの「恒星のエネルギー源の諸問題」に関する会議に参加した．それには天文学者と核物理学者の両方が出席していた．天体物理学については先立つ知識がまったくなかったにもかかわらず，ベーテは核物理学の見事な知識を使い，太陽のエネルギー産出の詳細な理論を考案した．これはただちに，その分野におけるその後の研究すべての基礎であるとみなされた．同じ線に沿った，詳しさではそれに劣る理論が，1938年にヴァイツゼッカーによって提案された．ベーテの理論のエッセンスは，炭素原子核が触媒として作用する循環的なプロセスを通じて4個の陽子が融合し，1個のヘリウム原子核になるということにあった．以

前の諸理論と異なり，それは実験的に決定された断面積の値を入れた詳しい計算に基づいていた．核物理学上の計算から，ベーテは，太陽によって生み出されるエネルギーを与えるにはそのサイクルが 1,850 万 K の中心温度を必要とするだろうと結論づけた．これは太陽の天体物理学的モデルに基づく数値とすばらしく一致した値である．ベーテの理論は天文学者からも物理学者からも同等に，広く称賛された．ストックホルムのノーベル物理学賞委員会がその価値を認めるには，まだもう少し時間がかかった．正確に言えば，28 年が．

1932 年，奇跡の年

1932 年には，中性子はよく知られていながらも見つかっていない粒子であった．1929 年から 31 年にかけての物理学文献中には中性子への言及が十数件以上もあったが，それらはすべてラザフォードの意味での電子-陽子複合体を指していた．本物の中性子は 1932 年の春に見つかり，およそ 1 年後には，素粒子であると認められた．チャドウィックの有名な発見（わずか 3 年後にはそれに対してノーベル賞を受けた）に至る一連の出来事は，ベルリンの帝国物理工学研究所で 1930 年にヴァルター・ボーテとヘルベルト・ベッカーによってなされた実験から始まった．α 粒子に曝されたベリリウムが高エネルギーの γ 線と思われるものを生み出すことを，この二人の物理学者は発見したのである．パリでは，イレーヌ・キュリーとフレデリック・ジョリオがその「ベリリウム放射」を検討し，1932 年初頭に，この放射によって水素を多量に含むパラフィンから陽子を叩き出せると報告した．そのメカニズムはある種のコンプトン効果かもしれないと二人は考えた．英仏海峡の反対側，ケンブリッジでは，チャドウィックが違った考え方をした．ラザフォードの中性子がキャヴェンディッシュでは依然ぴんぴんとしており，それによってベリリウム放射を説明できるかもしれないということにチャドウィックは思い至った．そのため彼はパリの実験を追試してそれに変更を加え，やがて，生み出されているのは中性子であって γ 線ではないという結論に至った．チャドウィックによれば，その反応は $^4\text{He} + ^9\text{Be} \rightarrow ^{12}\text{C} + n$ であり，ここで記号 n は質量数 1 の中性子を表している．「中性子の存在可能性」についての覚書で，チャドウィックは，観測された効果が中性子ではなく「高エネルギーの量子」によるという可能性について議論した．「現在までのところ，すべての証

拠は中性子説を支持している．他方で，量子だとする仮説は，エネルギーと運動量の保存がある地点で放棄されるという場合に限って保持されうる」と，チャドウィックは結論づけた．彼はまた，ホウ素に α 粒子をぶつけたさいにも中性子を発見し，この反応から，中性子の質量は陽子質量の 1.007 倍に近いと推定した．

　中性子が発見されたのだから，核内の電子などはもはや必要なくなり，原子核に関してすべてがうまくいったと思うかもしれない．だが 1932 年の状況は，それにはほど遠かった．チャドウィックは自分の中性子が長らく探し求められていたラザフォードの陽子-電子複合体であると解釈し，「陽子と電子は小さな双極子を形作っているか，あるいは，陽子が電子中に埋め込まれているといういっそう魅力的な描像を採用できるかもしれない」と提案した．中性子が素粒子かもしれないという可能性については，「〔この見解は〕N^{14}［ママ］のような原子核の統計を説明しうるという点を除けば，今のところほとんど薦められない」とコメントした (Beyer 1949, 15 および 19)．チャドウィックは，そして大方のほかの物理学者は，中性子が素粒子であると認めることに長らくためらいがあった．中性子をスピン 1/2 の新たな素粒子として提案した最初の人物は，レニングラードの物理学者ドミトリー・イヴァネンコであった．彼は 1932 年の夏に，この提案によって ^{14}N のパズルが解けるだろうと強調した．しかしながら，ずいぶんと長いあいだ 2 粒子パラダイムに馴染んでいた物理学者の多数派が中性子の素粒子的性質を受け入れるまでには，少なくとも 1 年以上を要した．そうした曖昧な態度は，核の構造に関するハイゼンベルクの重要な理論（1932〜33 年）にはっきりと現れ出ていた．この中でハイゼンベルクは陽子と中性子のあいだでの力の交換を導入し，核を量子力学的に論じた．陽子と中性子を核の構成要素とみなしているにもかかわらず，ハイゼンベルクは最初は核の電子を利用し，中性子を陽子-電子複合体として取扱った．素粒子は依然として陽子と電子だったのである．ハイゼンベルクの核構造理論は核の理論の新たな章の始まりを——というより，そのような分野自体の始まりを——示すもので，ユージン・ウィグナーやエットーレ・マヨラナなどによる貢献がすぐさまそれに続いた．

　「原子核の構造と性質」に関する 1933 年のソルヴェイ会議のあいだ，中性子は舞台の中央にあった．ディラックは，核が 3 種類の粒子（すなわち陽子，中性子，電子）からできていると示唆した．この提案はその当時，特に奇妙だとはみなされなかった．チャドウィックは依然として，複合体の中性子と素粒子の中性子と

いう二つの見解のあいだで逡巡していた．正しい見解が何であるにせよ，中性子は役に立つ粒子であった．というのは，チャドウィックがソルヴェイ会議の参加者に向かって説明したように，核反応のさいの入射粒子として利用できたからである．たとえば，中性子が酸素と $^1n + {}^{16}O \to {}^{13}C + {}^4He$ という反応を起こすことから来る α 粒子を観測したと，チャドウィックは報告した．中性子の素粒子的性質を物理学者たちに納得させたものは，一部は核の理論内部での新たな発展であり，また一部は中性子の質量のさらに精密な測定であった．チャドウィックは最初，中性子の質量について陽子質量の 1.0067 倍［という値］を得ていた．つまり，陽子に電子を加えた質量（1.0078）よりもわずかに少なかった．引き続く実験は，中性子をその構成要素に分割するにはエネルギーが必要であること，したがってその粒子は陽子–電子結合系であることを裏づけているように思われた．ところが，いっそう精確な新しい測定では，中性子の質量が陽子プラス電子の系よりも少し大きいことが示された．このことは1934年の10月，物理学者たちが核と宇宙線についての会議をロンドンで招集したときまでに，確立した事実とみなされた．そのときに了解されたのは，中性子は不安定であり自然崩壊して陽子と電子になるに違いないという，チャドウィックとモーリス・ゴールドハーバーが1935年に最初に示唆した事柄であった．その日以降，複合体中性子の議論は止み，電子はとうとう核から追放された．しかしながら，中性子崩壊が実際に観測されるまでには長い時間がかかった．このためには原子炉由来の強力な中性子源が必要で，オークリッジのA・H・スネルと共同研究者たちによって1948年にはじめて報告された．2年後には，カナダにあるチョーク・リバー原子炉でJ・M・ロブソンが，中性子の半減期を約13分と決定した．

　原子核物理学・素粒子物理学の「奇跡の年」として繰り返し言及されてきた1932年——「奇跡の諸年」1931～32年と呼ばれるほうが適切かもしれないが——の役者のうちで，中性子はおそらく，もっともドラマティックな存在であった．［しかし］それが唯一の役者だったわけでもなければ，最初の役者だったわけでもない．1931年の12月後半には，ハロルド・ユーリー（コロンビア大学の化学者で，1923年から24年にかけての1年間，コペンハーゲンでボーアとともに過ごしたことがある）が，重水素の発見を報告した．共同研究者のフェルディナント・ブリックウェッドやジョージ・マーフィーとともに，ユーリーは4ℓの液体水素を蒸発させて，重い水素の同位体を単離した．彼らは重い核が原因で波長が

わずかに変化するのを利用して，その同位体を分光学的に同定した．それに続く重水の調製（1933年）は別のアメリカ人化学者，ギルバート・ルイスの手で最初に行われた．重い同位体の核を人工的に加速したものが核反応の入射粒子としてすばらしく適しているということは，ただちに了解された．しばらくのあいだ，その粒子に対しては混乱するほど多様な名前が使われたけれども――ダイプロトン（di-proton），デュートン（deuton），ダイプロン（diplon）などがあった――最終的には「重陽子」（デューテロン，deuteron）というユーリーの名称が，それに対応する原子を指す「重水素」（デューテリウム，deuterium）とともに，承認を勝ち取った（通常の水素同位体を指す「プロチウム」（protium）はまったく普及しなかった）．1930年代前半の，さらに別の重要な展開は人工放射能の発見である．これは，α粒子のアルミニウムへの照射に関連して，ジョリオ＝キュリー夫妻により1934年前半にもたらされた．この二人のフランス人科学者は，発見されたばかりの陽電子が生み出されているのを検出した．二人は最初，これは放出された陽子の崩壊の産物だと示唆した．つまり $p \rightarrow n + e^+$ である．しかしながら，二人はやがて，陽電子の活性がα［粒子］源を取り除いた後も続いていることを悟り，そして実のところ，自分たちは正のβ放射能を発見していたのだと了解した．すなわち，$^4\mathrm{He} + ^{27}\mathrm{Al} \rightarrow ^{30}\mathrm{P} + ^1n$，これに続いて $^{30}\mathrm{P} \rightarrow ^{30}\mathrm{Si} + e^+$ である．この人工放射能発見の重要性はすぐさま認められ，ジョリオ＝キュリー夫妻に対する1935年のノーベル化学賞をもたらした．この新たな現象はすぐさま，核物理学，化学，生物学，医学で広く用いられるようになった．

　1932年から33年にかけての年は，後から振り返って見た場合だけに限らず，当時の物理学者の経験したところでも真に興奮する年であった．1932年5月には，ボーアがラザフォードに宛ててこう書いた．「核構造の分野での進歩は目下のところ本当に急速で，次の郵便が何を持ってくるだろうかと我々は思っています……広い新たな道が目の前に開けていますし，与えられた状況下でのいかなる核の振舞いもやがて予測できるようになるでしょう」（Weiner 1972, 41）．2年半後には，アメリカの物理学者フランク・スペディングが，ある手紙の中でロンドンでの会議について次のように報告した．「核物理学のシンポジウムもありました．この分野はとても急速に動いているので，それについて深く考えると頭がくらくらしてきます．H，Heの実験的性質，新しい人工放射性元素，中性子と陽電子，それから，ニュートリノやら負電荷を持った陽子やらの予測される性質の

話を聞くと，核内の陽子と電子という古い素朴な描像の上で育ってきた人間は当惑を覚えます」(同頁).

わくわくするようなこうした新しい理論と発見は，奇跡の諸年の一部でしかなかった．新しい装置のテクノロジーも劣らず重要であった．1930年頃までは，α粒子という形で自然がたまたま供給してくれる入射粒子を用いるのが，核反応を起こさせる唯一の方法だった．それに代わる方法は制御のさらに難しい宇宙線を利用することだったのだが，この方法はまだ揺籃期にあった．純粋に人工的な手段で引き起こされた核の崩壊がはじめてうまくいったのは1932年の春で，これはキャヴェンディッシュ研究所のジョン・D・コッククロフトとアーネスト・ウォルトンによる．この二人の物理学者は，メトロポリタン＝ヴィッカース電気会社から一部供給された電圧増倍システムを用いた（コッククロフトは1924年に物理学に転向してラザフォード［のチーム］に加わる前，その会社で電気技師見習いとして働いていた）．この装置を使い，彼らは1929年には最大380 keVの陽子を，さらに3年後には700 keVの陽子を得た．コッククロフトとウォルトンは高エネルギー陽子をぶつけたリチウムを研究し，検出器としては視覚的シンチレーションの方法と霧箱写真とを両方使用して，「質量7のリチウム同位体が陽子を捕獲し，その結果生じる質量8の核が壊れて二つのα粒子になる」と結論づけた（Beyer 1949, 30）．それだけでなく，そのプロセスがガモフの量子力学的計算と定性的に一致するエネルギーと頻度でもって起こることを彼らは注意した．実のところ，この計算はコッククロフトの高圧装置設計に直接入り込んでいた．コッククロフトはガモフの理論について知っており，300 keVの陽子がホウ素やリチウムのような標的に対してかなり効果的な核入射粒子になりうることを理解していたのであった．

コッククロフトとウォルトンが先駆的な実験研究を行ってみせたのとほぼ同じ頃，合衆国では別のタイプの加速器も発展中だった．1931年にはアメリカ人エンジニアのロバート・ヴァン・デ・グラーフが最大電圧150万Vの静電加速器を作り上げた．同じ年に，カリフォルニア大学バークリー校のアーネスト・ローレンスとその学生デイヴィッド・スローンが最初の実用的な線形加速器を製作し，それを使って1.3 MeVのエネルギーを持つ水銀イオンを得た．しかしながら，核物理学に革命を起こして「ビッグ・サイエンス」の時代の先導役を務めたのは，ローレンスのもう一つの機械のほうであった．その最初の実験的なサイクロトロ

ン（強力な磁場を使って核粒子にらせんを描かせるもので，スピードが上がるにつれて半径が大きくなる）は 1931 年に製作された．1932 年のものは，直径 11 インチの磁極面を備えており，1.2 MeV の陽子を使って 10^{-9} A の電流を生み出した．ローレンスとその共同研究者，スタンリー・リヴィングストンは「そう遠くない未来に」10 MeV の陽子ビームが生成されるだろうと自信を持って予測した．これはすぐに確かめられた予測であった．当初その機械は特に名前を与えられていなかったのだが，ローレンスのグループは自分たちが「一種の研究室スラング」と称した言葉で「サイクロトロン」という語を使った．1936 年までには，その名前が一般に使われるようになっていた．サイクロトロンは，核反応の純粋研究から産業・医療への応用にわたる，広範な領域の核物理学で際立って便利なことが判明した．それはまさしくアメリカン・テクノロジーであり，そして 1930 年代には，ローレンスと彼から訓練を受けたサイクロトロン使いにしか十分に扱うことができなかった．1934 年までには，リヴィングストンの手でコーネル大学に建造された小さなサイクロトロンを皮切りとして，その機械が合衆国内で増殖しはじめた．5 年後には，さらに 10 台の機械が運用中もしくは製作中であった．合衆国の外では，最初のサイクロトロンは 1935 年に東京の理研（理化学研究所）に設置［正確には建造が計画］され，1937 年の春に運用が始まった．ヨーロッパでは，サイクロトロンはほぼ同じ頃に導入されたけれども，合衆国よりも消極的だった．比較的導入がゆっくりだった理由の一つは資金であったが，保守主義と，新しいテクノロジーに馴染みがなかったこともその一因であった．1939 年半ばにはヨーロッパで 5 台のサイクロトロンが稼働しており，それらはケンブリッジ，リヴァプール，パリ，ストックホルム，コペンハーゲンに置かれていた．【加えて，1937 年には 6 MeV のサイクロトロンがレニングラードに設置された．】

　実験核物理学全般が，またとりわけ加速器物理学が，世界の物理学の地理的分布の変更を手助けした．注目すべきことに，ドイツの強力な物理学者コミュニティはこの発展にリーダーとして参加せず，それどころか反対に，合衆国とイギリスのみならずフランスでの発展からも取り残された．さらにまた注目に値するのは，これが起こったのはナチ体制がドイツでの物理学の条件を変えるよりも前，ドイツの物理学者が依然として物理学のほかの多くの領域ではリーダーだった頃だということである．

　1910 年頃から，フランスは世界の物理学のリーダーの一角という以前の地位

を保持することができなくなってしまっていた．ほかの大国で起こったことに比べると，フランス物理学には自慢できるところがほとんどなかった．たとえば，フランスの学術誌はもはや主導的な物理学雑誌に数えられていなかった．1934年にもっとも引用されたフランスの学術誌，『科学アカデミー紀要』（*Comptes Rendus*）は，物理学雑誌全体のうち 7 位にランクされていた（1 位は『物理学雑誌』（*Zeitschrift für Physik*）だった）．『物理学ジャーナル』（*Journal de Physique*）はそのリストの 11 位，『物理学年報』（*Annales de Physique*）は 34 位にすぎなかった．フランス物理学の国際的評価が低かったことの別の指標としては，アメリカの物理学雑誌における全参考文献のうち 27 ％がドイツ語の論文だったのに対し，フランス語の論文はわずか 3 ％だったということがある．しかしながら，核物理学の興隆は，1930 年代後半にフランス物理学が活力を取り戻し，パリが世界の物理学の重要都市として復権するのを助けた要因の一つになった．ジョリオ＝キュリー夫妻の研究所は核物理学の主導的中心地の一つとなり，多くの外国人物理学者を引きつけた．

　イギリスとフランスでなされた重要な研究にもかかわらず，核物理学が最初の目覚ましい成長を経験したのは合衆国においてであった．『フィジカル・レヴュー』における核物理学関連の論文のシェアは，1932 年には 8 ％だった．それが 1933 年には 18 ％まで増加し，1935 年には 22 ％に，そして 1937 年には 32 ％を上回った．核物理学は成長しつつあっただけでなく，だんだん高価にもなりつつあった．1935 年の『フィジカル・レヴュー』において資金援助を受けた論文全体のうち 46 ％が核物理学に関するものだったという事実が例証している通り，核研究の最前線にいるためには外部からの資金援助が必要な場合が多かった．1939 年頃には，『フィジカル・レヴュー』の核物理学に関する論文のうち 3 分の 1 が，外部機関からの資金援助を受けていた．

文献案内

核物理学についての一次文献は Beyer 1949 と Brink 1965 に再録されている．初期の核のモデルについては，特に Stuewer 1983 および 1986a を見よ．簡潔な概観は Badash 1983 で提示されている．Stuewer 1979 は 1930 年代の核物理学の歴史に関する会議の講演録である．ケンブリッジ–ウィーン論争の詳しい解説としては，Stuewer 1985a を見よ．陽子–電子モデルとその

諸問題，ならびに核物理学のその他の側面については，たとえば Pais 1986, Brown and Rechenberg 1996, Bromberg 1971, Weiner 1972 を参照のこと．初期のニュートリノの物語は Brown 1972 の中で，ハイゼンベルクの格子世界概念は Carazza and Kragh 1995 の中で取り扱われている．重陽子の発見については Stuewer 1986c および Brickwedde 1982 を見よ．最初期の核天体物理学についての私の説明は Kragh 1996b から取った．最初期についてのさらに詳しい分析は Hufbauer 1981 の中に見つかる．初期のサイクロトロンは Heilbron and Seidel 1989 で詳細に記述されており[4]，キャヴェンディッシュの高電圧機械に関する情報は Hendry 1984b の中に見つかる．核物理学へのボーアの関与についての興味深い展望は Aaserud 1990 で与えられている．

---

[4] サイクロトロンの開発史を詳しく追った邦語文献として，日野川静枝『サイクロトロンから原爆へ——核時代の起源を探る』（績文堂，2009 年）がある．

第13章

二つの粒子から多くの粒子へ

反粒子

　1930年9月のブリストルでのイギリス科学振興協会大会で，ディラックは講演を行い，その中で次のように述べた．「一つの基本的な種類の粒子からあらゆる物質を組み立てるということが，常に哲学者たちの夢であり続けてきました．したがって，我々の理論に二つの粒子が，つまり電子と陽子があるというのは，完全に満足いくことではありません」(Kragh 1990, 97)．当時ディラックは，哲学者たちが失敗してきたことに自分は成功したのだ，あらゆる物質をただ電子の表れのみに帰着させたのだと信じていた（J・J・トムソンの原子理論との，さらにもっと一般的には電気力学的世界観との漠然とした類似性に読者は気づかれることだろう）．物質についての一元的見解にディラックはいたく魅了されていたわけだが，その一元的考察の結果として——ブリストルでの講演から1年もしないうちに——三つないし四つの新たな素粒子を電子に加えて導入することになったというのは皮肉な話である．ディラックの1931年の理論とパウリのニュートリノ仮説によって，2粒子パラダイムに最初の突破口が開かれた．

　ディラックや一部の仲間たちには，1928年の相対論的な電子の理論が奇妙な帰結をもたらすことは明らかであった．その問題とは，ときに「プラスマイナスの困難」と呼ばれたもので，ディラック方程式に論拠があった．ディラック方程式には形式上，負のエネルギーを持つ解が含まれていたのである．古典物理学におけるのとは状況が異なり，こうした解は物理的でないとして無視することができず，まじめに受け取る必要があった．つまり，何とかして自然の対象物に結びつけねばならなかった．1929年の11月には，この問題に対する解決を見つけたとディラックは思っていた．「負の運動エネルギーを持つ電子という困難を避けるための簡単な方法があります」とディラックはボーアに宛てて書き，次のよう

に続けた．「電子がはじめに $+ve$ のエネルギーだったとすると，それが負のエネルギー状態に突然変化して余分なエネルギーを高振動数の放射という形で放出する確率は有限になるでしょう……もし，$-ve$ のエネルギー状態がすべて占められていて，さらに $+ve$ のエネルギーがわずかしか占められていないのなら，$+ve$ のエネルギーを持つこれらの電子は $-ve$ のエネルギー状態に遷移することができず，したがってまったく固有な振舞いをしなくてはならないでしょう……負のエネルギー状態がすべて占められているというわけではなく，多少の『孔』の隙間があると想定するのが合理的に思われます……そのような孔が，あたかも $+ve$ の電荷を持っているかのように電磁場中を動くであろうということは容易にわかります．こうした孔こそが陽子だと思うのです」(Kragh 1990, 91)．

ディラックの，電子としての陽子理論（1930年公表）では，パウリの排他原理に支配される無数の電子によって負のエネルギー状態が占められている世界が想定された．占められていないわずかな状態，つまり「孔」が，観察可能な物理的実体として現れることになるだろう．しかしなぜ，それらは陽子として現れるのだろうか？　陽子は電子より2,000倍も重いというのに．ディラックの選択には二つの理由があった．一つには，（ほとんどの物理学者が当時信じていたように）陽子と電子のみが素粒子であるとしたなら，ほかの可能性はありそうになかった．もう一つは，その仮説が古くからの，そしてディラックにとっては非常に魅力的な「哲学者たちの夢」の実現かもしれないということであった．

魅力的であろうとなかろうと，その仮説は至るところで疑いの目を向けられ，たちまち深刻な問題に陥った．たとえば，もし陽子が電子の反粒子（この名前はまだ導入されていなかったが）であったとしたなら，$p^+ + e^- \rightarrow 2\gamma$ に従って陽子は消滅するだろうと予想され，その場合，計算では物質の平均寿命が約 10^{-9} 秒と，馬鹿馬鹿しいほど短くなってしまうことが示された．この主張だけでは，自分の理論が間違っているとディラックに認めさせるには十分でなかったのだが，1931年の春にディラックは，孔が電子と同じ質量でなければならないことを了解した（ほかの人々がすでに了解していたように）．『ロイヤル・ソサエティ紀要』(*Proceedings of the Royal Society*) の注目すべき論文で登場した，その新しいバージョンでは，反電子がはじめて導入され，これは「新種の粒子で，実験物理学者に知られておらず，電子と同じ質量で反対の電荷を持つ」とされた (Kragh 1990, 103)．さらに，もはや陽子は［電子とは］別種の粒子なのであるから，ディラックに従えば，た

ぶんそれ自身の反粒子があるということになった．数年後，1933年のノーベル賞講演では，ディラックはさらに歩を進めて，全体が反粒子でできている物質について考えをめぐらせた．「地球（さらには，おそらく太陽系全体）に負の電子と正の陽子が圧倒的に多く含まれているというのは，むしろ偶然とみなさなくてはなりません．星の中にはそれと反対のものがあり，この星々が主として陽電子と負の陽子からできているというのは十分ありそうなことです．実際には，それぞれの種類の星が半分ずつあるのかもしれません．この2種類の星はまったく同じスペクトルを示すでしょうから，現在の天文学上の方法によってそれらを区別することはできないでしょう」[1]．しかしながら，1931年には反電子は純粋に仮説的な粒子であり，大部分の物理学者はディラックの理論をまじめに受け取るのを拒んでいた．ハイゼンベルクが1973年に気前よく評したように，「我々の世紀の物理学における飛躍の中でも最大の飛躍かもしれない」(Mehra 1973, 271) と認識されるようになったのは，もっと後になってからである．

　ディラックの1931年の論文は反電子を主に扱っていたわけではなく，最小の電荷が存在する理由を説明しようとする野心的な，かつ失敗に終わった試みであった．この研究を進める中で，ディラックは波動関数に可積分でない位相因子を導入することになった．ディラックの示したところでは，これは磁荷を源とする磁場を導入するのと等価であった．つまり，磁気の場合において電子に対応するものとしての，磁気単極子（モノポール）である．ディラック単極子は仮説的な粒子であって，量子力学によって禁じられていないという意味でのみ正当化された．このことは自然界に単極子が現実に存在することを保証するものではないとディラックは承知していたのだが，単極子の存在を禁ずる理論的根拠はまったくなかったのだから，「もしも自然がそれ〔その可能性〕をまったく利用していなかったとすれば驚きだろう．」思想史上，この種の議論（存在しうる実体は存在するはずである）はライプニッツにまで遡るもので，充満の原理として知られている．陽電子と異なり，磁気単極子は物理学者たちのあいだでさっぱり関心を呼ばず，ほとんどの物理学者は提案されたその粒子を無視した．しかしながら，中性子は反対の磁荷を持つ二つの単極子からなっているのでないか，あるいは，単極子が原子核の中で何かほかの役割を果たしているのではないかといった，多少の推察

---

[1] 中村誠太郎・小沼通二編『ノーベル賞講演物理学』第5巻（講談社，1978年），129頁．

はあった．単極子の理論が，その粒子の実験的探索とともに主要な研究領域となったのは，1970年代になってからである．それ以来，磁気単極子を検出したという主張が幾度かなされてきたが，どれ一つとして確証されてはいない．単極子は存在している可能性がある，もしくは，かつて存在していた可能性がある．しかし1990年代後半の磁気単極子は依然として1931年当時の地位にある．仮説的なのである（第21章も参照のこと）．

その一方，反電子の地位は1932年から33年のあいだに変化した．カリフォルニア工科大学（カルテク）では，以前ミリカンの学生であったカール・アンダーソンが宇宙線による霧箱写真の中に軌跡を見つけ，最初はそれが陽子によるものではないかと考えた．のちに1933年3月の論文で，アンダーソンは正に帯電した電子，すなわち「陽電子」(positron)——彼はそう呼んだ——を発見したと示唆した．さらに通常の電子に対しては「陰電子」(negatron)を提案したのだが，この名称は（ときどき使われたけれども）広まらなかった．アンダーソンによる陽電子の検出は，理論に触発された発見のうまい事例に見えるかもしれないが，実のところその発見はディラック理論に負うものではまったくなかった．正の電子を対生成の結果としてディラック流に解釈するのではなく，むしろアンダーソンはそれを，宇宙線の光子が入射することで原子核が分裂し，そこからはじき出されたものだと信じていたのである．アンダーソンがとりあえず与えた説明では，ディラックにも量子力学にも触れられていなかった．その説明は時代遅れの感があり，ミリカンの考えとも合う，核についての直観主義的な概念に依拠していて，ハイゼンベルクらが同時代に確立しつつあった洗練された量子モデルとはほとんど無関係であった．アンダーソンはこう記した．「核が陽子と中性子（およびα粒子）からなっており，中性子は陽子と電子の緊密な結合物を表しているという見解を維持するのであれば，質量の起源に関する電磁気学的理論により，もっとも単純な仮定は，陽子の直径が陰電子の有しているのと同じ値まで拡大するような形で一次入射［宇宙］線と陽子の接触が生じるというものではないかと思われる」(Beyer 1949, 4)．

ブラケットとイタリアの物理学者ジュゼッペ・オッキアリーニが新たな宇宙線実験を報告し，ディラックの理論に明示的に言及したときになってはじめて，アンダーソンは実はディラックの粒子を発見していたのだという了解がなされた．1年以内に，陽電子は一般に受け入れられ，理論と実験の両方において重要な粒

子の仲間入りをした．しかしながら，陽電子の好意的受容がディラックの孔理論の同じく好意的な受容を含意したわけではなく，その理論は批判され続けた．1934 年になっても，ミリカンとアンダーソンは，宇宙線の陽電子はあらかじめ存在しているか原子核内で形成されるのであって，それゆえ反電子と同一視されるべきではないという見解に固執していた．パウリを含む一部の理論家は，陽電子がボース-アインシュタイン統計を満たすのではないかと提案し，ニュートリノ（たぶん核子だろうと思われていた）は陽電子-電子の対からなるとした．陽電子——別名，反電子——が 1930 年代半ばに受け入れられたのに対して，ほかの反粒子の仮説は比較的ひっそりと存在していた．負の陽子はときどき議論の対象になったが，陽子の反粒子としてでは必ずしもなかった．たとえば，ガモフは 1934 年から 1937 年にかけての諸論文で，原子核にはディラックの反陽子とは異なる負の陽子が含まれていると示唆した．反中性子に関しては，1935 年にはじめて，イタリアの（後にはブラジルの）物理学者グレブ・ヴァタギンにより導入された．

宇宙線のもたらした驚き

　ディラックが孔理論を提唱した当時，宇宙線はなおきわめて神秘的な自然の領域だとみなされており，その成り立ちが議論の的になっていた．宇宙線粒子の中には非常に大きなエネルギーを持つものがあり——新しい加速器の供給できるエネルギーよりもずっと大きかった——この理由から，宇宙線は核物理学者と素粒子物理学者にとって興味あるものであった．宇宙線物理学は物理学の基礎理論と大いに関連があり，それと同時に，気球飛行や登山を伴っていて，自然探検の魅力もいくらか有していた．アメリカの物理学者カール・ダローが 1932 年に書いたように，この新しい領域は「現代の物理学の中でも，現象が微細であること，観測がデリケートなものであること，観測する人間の冒険的な遠出，解析の繊細さと推論の壮大さといった点でユニーク」だったのである（Cassidy 1981, 2）．陽電子の発見は，宇宙線研究を物理学の中心的分野にする上で大きな役割を果たした．このことはたとえば，『フィジカル・レヴュー』の中でこのテーマについて公刊された論文数（短報を含む）から見て取れる．1928 年には宇宙線について 2 本の論文が現れ，1929 年にはそれが 1 本しかなかった．1930 年にはその数字

が4本に，1931年には9本に増えた．その翌年に，数は30本にまで跳ね上がり，そして1933年には宇宙線あるいは陽電子について43本以上の論文が出た．

　宇宙線放射は，本物の実験室内では聞いたことのないような［高い］エネルギーを持つ粒子を自然がただで運んできてくれるということから，貧乏人の実験室として知られていた．その欠点は，当然ながら，入射粒子がまったく制御不能であり，多くの場合には未知のものですらあったということである．加速器実験と照らしての貧乏人というのは，コストと組織に関する限り正当なものであった．1930年代の宇宙線研究を，1920年代のキャヴェンディッシュ［研究所］での古典的な低コスト実験から隔てるものは，ほとんどなかった．ラザフォードであれば，宇宙線の研究に何の反対もしなかったことであろう．1933年，アメリカの指導的な宇宙線物理学者でのちにミューオンの共同発見者となったジェーブズ・ストリートは，ハーヴァードの上司だったセオドア・ライマンに，年間研究費として800ドルの助成を申請した．申請書全体は1ページの手書きの紙で，「コンプトン教授とミリカン教授によって得られた結果の一致していない性格から，宇宙線の本性に関するデータの集積が大いに望まれるのは明らかである」と論じていた（Galison 1987, 78）．ストリートは800ドルを受給し，それを賢く使ったのであった．

　宇宙線の検出器で何が起こっているのかを物理学者が理解するには，検出器が気球で運ばれるにせよ高い山の峰に置かれるにせよ，宇宙線そのものの本性を知る必要があった．ミリカンと取り巻きの学生たちは依然として「産声」理論を擁護しており，それによれば一次宇宙線とは高エネルギーの光子であった[2]．このことが含意したのは，地球磁場内における粒子の偏向の結果生じる，地磁気の緯度効果がないはずだということである[3]．そして，実際，ミリカンとその共同研究者たちはそうした効果を支持する証拠をまったく見つけられなかった．他方，アメリカ東海岸の物理学者たち，中でもアーサー・コンプトンは，緯度効果には議論の余地のない証拠があり，それゆえ一次宇宙線は荷電粒子からなっていなければならないと論じた．この不一致は大きな論争へと発展し，アメリカの新聞に

　2）一次宇宙線とは，宇宙空間を飛び交っている放射線のことである．これが大気中の粒子の原子核と衝突すると二次宇宙線になる．
　3）原著者の指示により，記述を一部改めた．

も詳しく取り上げられた．論争の結末は，概して，ミリカンの負け，コンプトンの勝ちであった．早くも1929年には，ベルリンのヴァルター・ボーテとヴェルナー・コールヘルスターが，宇宙線には自分たちが今まで思っていたような「超γ線」ではなく透過性の荷電粒子が含まれていることを実証した，と主張した．彼らの結論はフィレンツェ大学のイタリア人若手物理学者ブルーノ・ロッシにより確かめられた．ロッシは，ガイガー–ミュラー計数管を「同時計数回路」の中に連結し，すべての計数管を通過する粒子だけが記録されるようにするという，重要な手法を新たに開発した．1933年頃には，実験的証拠（本質的にはさまざまな地理的緯度での測定）が増え，ミリカンの光子理論に反するようになった．一次宇宙線の大部分の透過性粒子は帯電している，しかもなぜだかわからないが，正に帯電しているということが判明した．しばらくのあいだ，ミリカンやアンダーソンなどのカリフォルニア人がこの結論に抵抗したが，1935年頃以降，論争は終わりを迎えた．計数管によって制御された霧箱で構成される同時計数回路を用いて，イギリスでの実験により，ボーテとコールヘルスターとロッシの結論が確かめられた．1935年にストリートが示したところでは，鉛のプレートから生じるイベントのほとんどは散発的であり，したがって透過性の高い荷電粒子であって，光子に由来する粒子のシャワーないしカスケードではなかった．これが多かれ少なかれ論争を終わらせたが，関連する一つの問題もまた提起した．その粒子は何なのだろうか？

　透過性の宇宙線粒子は最初，電子だと思われたが，そのエネルギーの失い方が示すところからすると，普通の電子ではないのかもしれなかった．粒子は奇妙な振舞いをしており，カルテクのアンダーソンのグループはそれを非公式に「緑の」電子と呼んで，普通の，吸収される，「赤い」電子と区別した．1936年にはこの緑電子の本性が大いに議論の対象となったが，これは特に，その問題の可能な解答の一つが理論的なものだったからである．すなわち，現行の量子電気力学ではその現象を説明できないかもしれないというのであった．それに代わる解答は二つあるように思われた．量子力学が高エネルギーでは破綻しているか，新しい粒子であって質量が陽子と電子の中間であるようなものが関与しているか，である．ほとんどの物理学者は第一の選択肢を選んだが，謎の答は第二の選択肢にあったことが判明した．

　その粒子が陽子だという可能性はあったのだろうか？ アンダーソンとセス・

ネッダーマイヤーによればその可能性はなく，二人は1934年のロンドンでの会議で「平均海抜での高エネルギー宇宙線粒子の大部分は電子程度の質量を持つ」と結論した（Galison 1983, 287）．電子程度の質量を持つこれらの粒子がもしも電子でないとしたら，何なのだろう？ 1936年12月12日，アンダーソンは陽電子の発見に対してノーベル賞を受けた．これは神秘的な緑電子について推察をめぐらすよい機会になったかもしれなかったが，アンダーソンは推察の誘惑に抵抗した．ストックホルムでの講演で，アンダーソンは新しい宇宙線のデータに触れ，「こうした透過性の高い粒子は，正または負の自由電子ではないのですが，単位電荷を持つ正と負の粒子双方からなっているようです．そして将来の研究に興味ある題材を提供してくれることでしょう」と述べた[4]．その通りになった——1937年の春にアンダーソンとネッダーマイヤーがたどり着いた結論では，「単位電荷を持つけれども，質量（単一の値を持たない可能性もある）が通常の自由電子より大きく，陽子よりはずっと小さいような粒子が存在する」というのが，もっとも考えられる仮説であった（同, 298）．その少し後，北アメリカ大陸の反対側で，ストリートのグループが同様の結論に（ただし大きく異なる議論によって）たどり着き，また仁科芳雄に率いられた日本のグループも同様の結論に至った．ミューオンとして今日知られるものの発見はかく三つ巴だったわけだが，ただし先取権については疑問の余地がなかった．それはカリフォルニア人のものであった．電子と陽子の中間の質量を持った粒子，中間子が発見されていたのである[5]．いや，発見されていたのだろうか？ 重い電子，μ中間子，あるいはミューオンが厳密にはいつ発見されたかというのは，深く考える価値のあるような問いではほとんどない．しかし仮に深く考える価値があるとすれば，それは込み入った問いである．いずれにせよそれは，同じ頃に起こった宇宙線と粒子の物理学における別の発展と関連した問いであり，したがってこうした発展から切り離して答えることはできない．

アンダーソン–ネッダーマイヤー–ストリート粒子が実在すると認識されると，次の問題は明らかに，その質量やそのほかの特性（スピン，崩壊モードなど）を決

---

4) 中村誠太郎・小沼通二編『ノーベル賞講演物理学』第5巻（講談社，1978年），129頁．
5) ここで発見された粒子は当初「中間子」（メソン）とされ，「ミュー中間子」とも呼ばれていたが，現在では中間子に分類されず，「ミューオン」ないし「ミュー粒子」と呼ばれている．

定することであった．あまり重要ではないにせよ，それでも片づけねばならなかった問題は，その粒子の名前に関係していた．提案された名前には，中間子（メソン，meson），メソトロン（mesotron），バリトロン（barytron），重電子（heavy electron），そしてユコン（yukon）があった．最初の二つは粒子の質量に，最後のものは「重量子」（heavy quantum）に関する湯川のその頃の理論［本章で後述］に由来したものである．しばらくのあいだは，ミリカン，アンダーソン，ネッダーマイヤーの提案した「メソトロン」が一般に使われたが，1940年代には短縮形の「メソン」（ホーミ・バーバーによる提案）がそれよりもポピュラーな名前となり，国際物理学連合の宇宙線委員会で1947年に公式に承認された．1937年にストリートとエドワード・C・スティーヴンソンは，比電離能と霧箱の軌跡の長さから，メソトロンの質量の値を電子質量のおよそ130倍と見積もっており，これは湯川の核力理論における電子質量の200倍という見積もりとそれほど大きくは異なっていなかった．湯川粒子と1937年のメソトロンを同一視することは，同じ年にオッペンハイマーとロバート・サーバーにより提案された．後で見ることになるように，これは小さな災いであった．湯川の予測がメソトロンの発見以前に出版されていたという事実や，その予測がメソトロンについてのものだという物理学者たちの思い込みは，実験上の発見が中間子理論と因果的に関係していたことを示すものではない．陽電子の場合と同じように，理論と実験のあいだにはつながりが一切なかった．アンダーソンとネッダーマイヤーは湯川の予測のことを1937年の夏になるまで知らなかった．ネッダーマイヤーがのちに回想したように，「ミューオンは，陽電子と同じく，純粋に実験上の発見だった．純粋に実験上の発見というのは，どんな粒子が存在するはずか，またはするはずがないかということについての理論的考察とは，まったく独立になされたという意味においてである」(Brown 1981, 132)．

メソトロンの質量のいっそう精密な値は第二次大戦の終結を待たねばならなかった．1950年までには，質量の値が電子質量の215±6倍と決定されており，湯川中間子の質量について当時知られていた値とはっきり異なっていた．崩壊に関しては，メソトロンを湯川粒子と同一視するということは，β崩壊との類推で，$\mu^+ \to e^+ + \nu$もしくは$\mu^- \to e^- + \bar{\nu}$という崩壊図式を示唆した．ミューオン（問題の粒子は最終的にこう呼ばれるようになった）について，1930年代にはほとんど何もわかっていなかった．ようやく1941年になって，ローマ大学出身のフラン

表 13.1　粒子の発見（一部），1897〜1956 年

現行の名称	古い名称	予言	発見
電子（electron）	微粒子（corpuscle），陰電子（negatron）	1894 年；J・ラーモア	1897 年；J・J・トムソン
陽子（proton）	H 粒子（H-particle）	—	1913 年頃（発見者なし）
ニュートリノ（neutrino）	ニュートロン（neutron）	1929 年；W・パウリ	1956 年；F・ライネス，C・コウワン
陽電子（positron）	正電子（positive electron）	1931 年；P・ディラック	1932 年；C・アンダーソン
中性子（neutron）	—	1920 年；E・ラザフォード	1932 年；J・チャドウィック
反陽子（antiproton）	負陽子（negative proton）	1931 年；P・ディラック	1955 年；O・チェンバレン，E・セグレ，C・ウィーガンド，T・ウプシランティス
反中性子（antineutron）	—	1935 年；G・ヴァタギン	1956 年；B・コーク，G・ランバートソン，O・ピッチョーニ，W・ヴェンツェル
ミューオン（muon）	メソトロン（mesotron），μ 中間子（μ-meson）	—	1937 年；C・アンダーソン，S・ネッダーマイヤー
荷電パイオン（pion, charged）	π 中間子（π-meson）	1935 年；湯川秀樹*	1947 年；C・パウエル，G・オッキアリーニ，C・ラッテス
中性パイオン（pion, neutral）	π 中間子（π-meson）	1938 年；N・ケンマー	1950 年；R・ビヨルクンド，W・クランドル，B・モイヤー，H・ヨーク
ラムダ粒子（Λ^0 baryon）	V 粒子（V-particle）	—	1947 年；C・バトラー，G・ロチェスター
ケイオン（$K\pi_3$ baryon）	τ 中間子（τ-meson）	—	1949 年；C・パウエルほか

[＊湯川の中間子論の論文は 1935 年出版だが，最初の学会発表は 1934 年に行われた．]

コ・ラゼッティ（ただし当時はカナダで研究していた）が平均寿命を $(1.5\pm0.3) \times 10^{-6}$ 秒と決定した．これは現在受け入れられているのとそれほど違わない値である．その当時，メソトロンのスピンについてはしっかりした指標が何もなかった．一般的に言って，メソトロンの発見は宇宙線に含まれる粒子を理解する上で，またさらには量子電気力学の有効範囲を理解する上で役に立ったが，素粒子物理学の状況を本当に明快にしたわけではなかった．実のところ，当時は幸いにも知られていなかったのだが，それは状況をはるかに複雑にしたのである．

量子論の危機

電磁場の量子論はまずディラックによって，次いで（独立に）ヨルダンによって1927年に展開された．ヨルダンが「非常にありそうに」思ったところでは，この理論はいずれ，「光と物質の両方を，3次元空間内で相互作用する波として記述することにより，量子論的な電子の理論の自然な定式化」へと発展するであろう（Rueger 1992, 312）．しかしながら，その発展は1927年に期待されたよりもはるかに期待外れなものとなった．2年後，相対論的に不変で放射と物質波双方の量子化を含むような量子電気力学（QED）の野心的理論が，パウリとハイゼンベルクによって提案された．ハイゼンベルク-パウリ理論は数理物理学の傑作にしてのちのQED理論の基礎だったのだが，それもまた込み入っていて，大多数の物理学者には消化できなかった．前途有望に思える特徴にもかかわらず，その理論はパラドックスと発散量をはらむものだった．とりわけ，電子の自己エネルギー（それ自身の［作り出す］電磁場中での電子のエネルギー）が無限大になることがわかり，これはもちろん，受け入れられない結果であった．もっとも，ハイゼンベルク-パウリ形式の応用の多くは理論的欠陥とは無関係だったのだが．

1925年から1927年までに非相対論的量子力学が急速に発展して成功を収めた後には，量子力学の基礎に関する深刻な疑念の時期が続き，さらに相対論的に不変な電磁相互作用の理論を作り上げようとする試みが続いた．新たな量子革命，何らかの根本的に新しい考え方に基づく革命は近いと，多くの物理学者が信じていた．問題は，部分的には論理的・概念的性質のものであり，また部分的には既存の理論が新しい経験事実を説明できないことに根差していた．前者のグループの問題のうち，典型的な事例は点状電子の自己エネルギーであって，これは無限大になることが判明した．そしてこのことは，ハイゼンベルクとパウリの1929年の理論に基づく量子電気力学が直面していた深刻な問題のうちの一つにすぎなかった．この無限大の自己エネルギーにはそれと対応するものが古典的理論にあったのに対し，非古典的な性質を持つ新たな発散が相対論的な場の量子論では現れたのである．たとえば，J・ロバート・オッペンハイマーが1930年に証明したところでは，古典的な静電自己エネルギーに加えて新たな量子効果が，2次関数的に発散する項を通じて自己エネルギーに寄与することになる．オッペンハイマーが指摘したように，この発散はスペクトル線を無限に変位させてしまうだろう．

陽電子が量子場の理論に組み込まれても，無限大は残った．陽電子理論では，真空偏極の電荷密度への寄与が発散することが示されたのである．さらに別種の発散，「赤外発散」が，荷電粒子の散乱における軟光子［原文を訂正］の放出を考慮しようとする試みとの関係で[6]，1930年代後半に生じてきた．相対論的量子論の論理的一貫性もまた，電磁気学的量子場の正統性との関連で問題にされた．1931年には，ランダウとパイエルスが，場の測定は曖昧さ抜きには実行できず，それゆえ現行の量子電気力学は一貫性を欠いていると論じた．ランダウ-パイエルスの批判は1933年まで関心を引きつけたが，この年，ボーアとレオン・ローゼンフェルトが，量子電気力学の帰結は電磁場の量について可能な最良の測定と整合的であることを示した．ボーア-ローゼンフェルトの仕事は，QEDの失敗を回避できるのは，あたかも点状でない時空領域において平均化された場の量が問われたときだけであるかのように，一般には解釈された．

　QEDをめぐる理論的・概念的状況は，物理学者にとって大いに心配の種であった．1930年にはボーアがディラックに宛ててこう書いた．「我々の一般的な物理概念を改めて現在の量子力学で考えられているよりもさらに深めない限り，現在の諸問題の解決には至らないだろうと，私は……固く信じています」（Cassidy 1981, 9）．3年後には，問題はさらに差し迫ったものになっていた．ロバート・オッペンハイマーはそれを弟のフランクに宛てて次のようにまとめた．「きっと知っているだろうけれども，理論物理学は――ニュートリノの幽霊が出るやら，宇宙線は陽子だという（証拠にまったく反しているけれども）コペンハーゲンの信念やら，絶対に量子化不能なボルンの場の理論やら，陽電子に絡む発散の困難やら，それから厳密な計算がまったくもって不可能なことやらで――まずいことになっている」（Kragh 1990, 165）．1936年にはディラックが，QEDは醜悪かつ複雑な理論であり，実のところ何も説明していないのであるから捨てられるべきだという結論に達した．QEDを「ひどい」と思っていたアインシュタインは，ディラックの結論を喜んだ．

　第二のグループの問題のうちでは，実験上の変則事例，すなわち原子核と宇宙線の高エネルギー領域とを理解することから生じてきた困難がもっとも深刻であった．速い荷電粒子が物質中で停止することに関する理論は，ヴァルター・ハイ

---

6) 軟光子とは，エネルギーがきわめて小さい（極限的にはゼロの）光子を指す．

トラー（量子場の理論的計算のエキスパート）が1933年に結論したように，実験と合わなかった．ハイトラーがベーテを引き込んでさらに厳密な停止理論を展開しても，不一致は残った．「放射による理論上のエネルギー損失が，高い初期エネルギーについては大きすぎるため，アンダーソンの〔宇宙線〕実験とはどのようにしても辻褄を合わせられない」と，ベーテおよびハイトラーは1934年に書いた．「非常に興味深いことだが，速い電子のエネルギー損失は……核の外部での現象に対して量子力学が破綻しているように見える初の事例を提供している」(Galison 1983, 285)．アンダーソンとネッダーマイヤーが1934年10月のロンドン会議に提出したデータは，低エネルギーでは理論とのよい一致を示していたものの，電子の静止エネルギー（$mc^2 = 0.51\,\mathrm{MeV}$）の約150倍を超えるエネルギーに対しては全体的に一致していなかった．理論と実験の不一致を説明するために，透過粒子は電子ではなく陽子ではないかと提案された．そしてこの仮説が維持できないことがわかると，QEDは高エネルギーでは当てはまらないと結論された．ロンドン会議でのベーテの報告によれば，「宇宙線電子の鉛の通過に関するアンダーソンとネッダーマイヤーの実験は……約 $10^8\,\mathrm{V}$ のエネルギーに対しては量子論がうまく行かないように見える〔ということを示している〕」（同，288）．ベーテ，ハイトラー，オッペンハイマーをはじめとする量子理論家は，新たな粒子を導入するかQEDの破綻を受け入れるかという選択を迫られた．二つの可能性のうち，彼らは2番目のほうを採った．1937年のメソトロン（ミューオン）の発見とともに，状況はかなりましになり，多くの物理学者は量子革命など一切必要ないと結論した．だが危機感は継続した．というのも，QEDは依然として無限大に侵されていたし，1930年代後半に登場した新しい中間子場の理論はそれ特有の発散問題を抱えていたからである．

　危機の継続として捉えられたものへの反応はさまざまであった．著名な物理学者の多く（ボーア，ディラック，ハイゼンベルク，パウリ，ランダウが含まれる）は，革命的アプローチの存在を信じていた．つまり，問題は既存の理論の内側では解かれえないのであって，むしろ来るべき理論を構築するために活用されるべきである，そしてその理論は既存の量子論が古典論と異なっているのと同じくらいに既存の量子論と異なっているかもしれない，というのであった．そのほかの，より実用主義的傾向のある物理学者たち（ベーテ，ハイトラー，フェルミ，オッペンハイマーが含まれる）は，問題は技術的改良によって避けることができるか，も

しくは，既存の理論を適切に定式化し直すことで，少なくとも経験的に生じているあらゆる問題に対しては実際的な答に行き着くのではないかと思っていた．この二つの態度を歴史的潮流として認定することは可能であるけれども，「革命派」と「保守派」の違いは絶対的なものでもなければ永続的なものでもなかった．たとえば，ハイゼンベルクとディラックは概して革命的見解——既存の理論はまったく新しいもので置き換えられなければならないだろう——を好んだのだが，このことは既存の理論の修正に基づいて問題から脱出する道を探ることを妨げなかったのである．

　量子論の諸問題に対する 1930 年代の物理学者たちの態度は便宜上，四つのクラスに分けることができる．

1. 革命的精神を持った一部の物理学者は一連の危機をむしろ歓迎し，それは既存の理論の限界が真に表れたものであって，自分たちの夢見ている将来の理論の手掛かりなのだと見ていた．ハイゼンベルクの信じたところでは，無限大の項は放棄されるべきではなく，適切に解釈された形で，将来の正しい理論にも出現することになる．
2. ほかの物理学者たちは，既存の理論の枠組みを変更せずに発散を避けることに集中した．このためのやり方の一つは，高振動数の寄与を切り捨てることであった．切り捨ての手続きは頻繁に用いられ，実際上の計算には便利であることがわかったが，理論的正当化を欠いており，かつ相対論的不変性を壊していたため，一般には実用上の見せかけの解だと見られていた．信頼できないと思われる理論から信頼できる情報を取り出すもう一つのやり方は，適当な計算テクニックによって不要な項を落とすか減らすかすることであった．このアプローチは，ディラックとクラマースが先鞭をつけたもので，そこには 1945 年以降に発展したくりこみの手続きの萌芽が含まれていた．これについては第 22 章で戻ってくることになる．
3. このアプローチに関連していたのが，量子論の中で発散を直接消去してしまうか，古典的基礎を変更することでそれをしようとする試みである．第一のアプローチが追跡されたのは，グレーゴル・ヴェンツェルによる，いわゆる λ 極限法（1933 年）と，ディラックによる，負の確率ならびにヒルベルト空間への無限大計量の導入（1941 年）においてであった．古典理論

を改訂するアプローチは，ボルンとレーオポルト・インフェルトにより，1934 年の場の非線形理論において，およびディラックにより，1938 年の電子の理論において，異なるやり方で採用された．

4. 最後のアプローチは量子電気力学を捨て去り，それを少なくとも一時的に，対応原理による議論に基づいたもっと穏健な理論ないしは一連の規則で置き換えることであった．この選択肢は一時，クリスチャン・メラー，オッペンハイマー，およびベーテによって追究されたが，量子電気力学ほど根本的ではないと認識されていた．

ハイゼンベルクは，純粋に理論的な文脈と宇宙線現象への適用の両方で，QED の基礎に関する議論に対しすぐれて活発な貢献を行った一人であった．発散問題を解決する上でハイゼンベルクが好んだやり方は，1938 年にそうしたように，最小長さを導入することである．その年，ハイゼンベルクは，湯川の新しい中間子論から最小長さもしくは基本長さが導かれるはずだと論じた．古い理論が一つの極限事例として含まれており，基本長さが無限小量とはみなせない場合にだけ古い理論と異なっているような，新しい，相対論的に不変な量子論をこの土台の上に構築したいと，ハイゼンベルクは望んだのである．しかしながら，ハイゼンベルクの理論はほかの大部分の物理学者から批判され，その中には最初ハイゼンベルクの研究プログラムに協力していたパウリも含まれていた．

湯川の重量子

「量子論の現段階では素粒子の相互作用の本性についてはほとんど知られていない．」大阪帝国大学の 28 歳の日本人物理学者，湯川秀樹の論文はこのように書き出されていた．これは『日本数学物理学会記事』の 1935 年の巻の第 1 号に掲載されたが，この雑誌は日本国外ではそれほど広く知られていなかったものである．この論文は，1934 年 11 月 17 日の東京での数学物理学会例会で行われた 10 分間の講演に基づいていた．湯川は核力に関心があり，一方ではハイゼンベルクの 1932 年の核理論から，もう一方ではフェルミの 1934 年の β 放射能の理論から着想を得た．これら二つの情報源から得たアイディアに基づく推論によって，湯川は，のちに弱い相互作用および強い相互作用と呼ばれることになるものにつ

いての統一的描像を発展させようとした．この試みの中で湯川は，原子核内での交換力を媒介するような「新しい種類の量子」を，電磁場中での光子と類比的に想定するに至った．湯川の示唆したところでは，その新たな核ポテンシャルは距離とともに急速に減少し，ポテンシャルの射程はおよそ $\lambda = 2 \times 10^{-15}$ m になるとされた．これが原子核を特徴づける大きさである．湯川はさらに，この射程パラメータは $\lambda = 2\pi mc/h$ によって，荷電した「U量子」の質量と関係づけられると示唆し，そこからその質量を電子質量の約200倍と予測した．

しかし，重量子は存在するのだろうか，それとも単に数学的な仮構なのだろうか？「大きな質量と正または負の電荷を持つそのような量子は実験で一度も見つかっていないので，上述の理論は誤った方向にあるように思われる」と，湯川は注意深く述べた（Beyer 1949, 144）．だが，自分の量子が存在すると湯川が信じていたこと，新たな粒子を導入することに対する西洋の同業者たちの恐怖心を共有していなかったことには，ほとんど疑いの余地がない．重量子は普通の実験では現れないだろうが，宇宙線で生じているような高エネルギーの相互作用においては観察可能だろうと湯川は主張した．

湯川による，電子と陽子の中間の新たな素粒子の予言は，沈黙をもって受け止められた．2年以上にわたり，欧米だけでなく日本でも注目されずにいた．湯川自身ですら，1年以上この問題から離れたのである．アンダーソンとネッダーマイヤーの，変則事例となるような測定が注目を集めるようになってはじめて，湯川は1937年の1月18日に西洋の学術誌宛てに自分の理論についての覚書を送り，「アンダーソンとネッダーマイヤーの発見した変則的な軌跡は，陽子よりも e/m が大きい未知の放射線に属している可能性が高いのであるが，これは実際にそのような〔U〕量子によるものだ」と示唆した（Brown and Rechenberg 1996, 123）．『ネイチャー』の編集者は，この提案が推測の域を出ないと判断されたために，掲載を拒否した．（その4年前，この雑誌は β 崩壊に関するフェルミの論文も却下していた．）しかしながら，中間子が宇宙線の中に発見されていたことが1937年5月に公表されると，湯川の理論への反応は劇的に変化した．湯川の理論はオッペンハイマーとサーバーによって1937年6月に西洋の学術誌ではじめて言及されたのだが，彼らはこのとき，湯川の理論は人工的で正しくないと判定した．とはいえ否定的反応のほうが，ときには無反応よりもよいもので，オッペンハイマーとサーバーの批判的評価は疑いなく，日本の理論の効果的宣伝として機能した．

1937年の秋には，欧米の物理学者たちは無名の日本人物理学者の論文を研究するのに追われたのである．無関心から熱狂へという突然の態度変化の理由は明らかに，物理学者たちが湯川の予測の中に，アンダーソンとネッダーマイヤーによってその頃実験的に発見されていた，まさにその粒子を見出したことにあった．言い換えれば，メソトロンとはU量子なのであった．この同一視はおおむね受け入れられたが，問題含みであることがすぐにわかった．1937年からの数年間に，核力の中間子論は大いに関心を集め，多数の物理学者たちの手により，特に日本とヨーロッパで発展を見た．とりわけ貢献した重要な日本人には，湯川，朝永振一郎，坂田昌一，武谷三男がいた．ヨーロッパ人では，ハイトラー，ニコラス・ケンマー，ヘルベルト・フレーリヒ，パウリ，それからホーミ・バーバーがいた（バーバーはインド出身だが，イギリスで研究していた）．

核中間子は不安定で，湯川が1938年に見積もった静止状態での平均寿命は10^{-7}秒であった．同じ年，ハイゼンベルクとハンス・オイラーは，実験データの解析から，宇宙線メソトロンの寿命が2.7×10^{-6}秒であることを発見した．戦争中に最初の直接測定がなされても，値はそれほど変わらなかった．ハイゼンベルクとオイラーはこの不一致を心配することなく，一致を「かなり満足いく」ものと捉えた．中間子の質量に伴う問題も，物理学者たちに危険を告げなかった．1930年代後半の諸実験ではメソトロン質量の精密な値が得られず，それどころか相当に幅のある値が出てきた（電子質量の120倍から350倍以上まで）．それでも物理学者たちは，このばらつきを何かの警告とは捉えず，しばらくのあいだ，メソトロンは電子質量の約200倍という一意的な値を持っているのだと納得しようとした．またさらに，もし宇宙線メソトロンが湯川の重量子と同じであるなら，核と強く相互作用するはずであった．実験では，物質中での捕獲について期待されたような高い確率は示されなかったのだが，この変則事例をもってしてもやはり，物理学者たちは1中間子仮説に疑問を投げかけなかった．

第二次大戦の勃発は，当然のことながら，中間子理論や宇宙線調査のような純粋物理学の研究が大きく切り詰められるということを意味した．しかしそれが完全に止まってしまったわけではなく，イタリア，日本，アメリカを含むいくつかの交戦国では，戦時中も引き続き重要な研究が行われた．朝永と荒木俊馬が1940年に提唱した，メソトロンについての受け入れられた理論によれば，負の粒子が捕獲されて核内に吸収され，残された正の粒子だけが崩壊して電子とニュ

ートリノになるとされた．負の中間子（以下ではその粒子をこのように呼ぶ）が吸収される確率は崩壊確率よりもずっと大きかったため，この理論によれば，負の中間子はほとんど完全に吸収され，崩壊電子はまったく現れないはずだった．朝永-荒木効果は3人のイタリア人物理学者マルチェロ・コンヴェルシ，オレステ・ピッチョーニ，エットーレ・パンチーニによって1945年に，鉄を吸収剤に用いて確かめられた．しかしながら，その後の実験で黒鉛が使われたさいにはこの効果が奇妙にも消えてしまい，さらにほかの軽い元素［を使った場合］では，負の中間子が正の粒子とほぼ同じ割合で崩壊することが判明した．この結果はアメリカで1947年前半に得られ，ただちに確認されたのだが，これは本物の変則事例であった．というのも，朝永-荒木の予測と矛盾していたからである．このときになると，積み重なっていた1中間子理論の困難はもはや無視できなくなり，物事が突如進展した．イタリアの物理学者たちはこの変則事例に対して何の説明も提案しなかったが，アメリカの同業者たちはそれをしたのである．

1947年6月の第1回シェルター・アイランド会議（これについては第22章でさらに論じる）では，そのイタリアの実験が議題の一つとなった．ロチェスター大学のロバート・マーシャクは，2中間子仮説による変則事例の解消を提案した．この仮説によれば，2種類の異なる中間子が存在しており，質量と寿命に違いがある．透過性のある，弱い相互作用をする粒子は，高層大気中での強く相互作用する粒子の崩壊から生じるとされた．少し後になって，マーシャクは二つの中間子があるというブリストルの証拠［後述］に気がつき，それが自分のアイディアとうまく合うことを認識した．ベーテとともに，マーシャクはこのアイディアを然るべき2中間子論へと発展させ，その理論には重い中間子の崩壊時間をおよそ10^{-7}秒とする計算が含まれていた．日本では坂田と井上健により，ベーテ-マーシャク理論にいくらか類似したところのある提案が独立になされた．これは坂田と谷川安孝による，さらに以前のアイディアに基づくものであった．

コンヴェルシとピッチョーニとパンチーニの実験に対するもう一つの反応が，イタリア人物理学者ブルーノ・ポンテコルヴォから，彼がカナダで研究していたときに寄せられた（ポンテコルヴォはのちにソヴィエト連邦に亡命することになる）．1947年夏，ポンテコルヴォは，アンダーソン-ネッダーマイヤー中間子は重い電子であり，したがってのちにレプトン族と呼ばれることになるものに属すると提案した．中間子の原子核への捕獲が核の電子捕獲と似ていることにポンテコルヴ

ォは気づき，逆β過程$e^-+p \to n+\nu$との類推から$\mu^-+p \to n+\nu$という過程を提案したのである．電子と（μ）中間子がどちらも「弱い」粒子であるという重要な洞察には，少し後に，スウェーデンのオスカル・クラインとイタリアのジョヴァンニ・プッピも到達した．

1947年の春のあいだに，10年続いた湯川の粒子とアンダーソン-ネッダーマイヤー粒子の同一視は急速に崩れつつあった．以前の保守的な空気が「容赦ない反独断主義」に道を譲ったと，ポンテコルヴォはのちに振り返った．いまや唯一見つかっていないパズルのピースは，強く相互作用する湯川粒子の正体であった．

中間子による核の崩壊がはじめて観測されたのは1947年1月のことであり，このときロンドンの物理学者ドナルド・パーキンズは，宇宙線の事象を，中間の質量を持った「シグマ」粒子と軽い原子核の反応だとした．数週間後，ブリストル大学のセシル・パウエルのグループが，宇宙線に曝された写真乾板に別の同じような軌跡を報告した．1947年5月の『ネイチャー』への寄稿で，ブリストルのチームは「二重中間子」の観測を，つまりは停止させられた中間子から別の中間子が生じているように見えたものを報告した．しかしながら，パウエルがオッキアリーニやブラジル人物理学者セザーレ・ラッテスとともに，重い「π中間子」がそれよりも軽い「μ中間子」に崩壊すると結論づけたのは，1947年の秋になってからのことである（1947年の感光乳剤では電子の軌跡は見えなかった）．当初この3人の物理学者は$m_\pi/m_\mu=2$と結論しており，このことは，πからμへの崩壊が重い中性粒子を伴っていることを示唆していた．ラッテスがバークリーに行き，π中間子を人工的に生み出してはじめて，その質量が正確に決定された．その結果は$m_\pi/m_\mu=1.33$で，ブリストルの値と矛盾していた．その結果，パウエルのグループは，自分たちが間違っており，重い中性粒子は崩壊にまったく関与していないと結論せざるをえなかった．結局のところ，重要だったのはπ中間子（パイオン）がすでに発見されており，それが軽いμ中間子（ミューオン）とは異なることがわかったということであった．

陽電子やミューオンの発見が理論と関係していなかったように，パイオンの発見も理論とは関係がなかった．物理学者たちは核力に関わる真の中間子を歓迎し，その質量は湯川の理論とよく合っていた．しかしパイオンの発見とともに，ミューオンの地位は変化してしまい，物理理論の中にはアンダーソン-ネッダーマイヤー粒子の居場所がないように思われた．「誰がそいつを注文したんだ？」イジ

ドール・ラービはミューオンについてそう尋ねたと言われている．1947年という年は，素粒子物理学というまだ若い分野の，最初のフェーズの終わりと新しいフェーズの始まりを記していた．π中間子は一人の日本人物理学者によって予測され，湯川の理論は主としてヨーロッパと日本の理論物理学者たちの手で発展を見た．中間子についての実験はしばらくのあいだ，イタリアの得意とするところであった．1947年の発見はイギリスで，イタリア人とブラジル人を含んだ国際チームによってなされた．そしてその発見は，それ以前のあらゆる実験と同様に，中間子の源として宇宙線を使っていた．1947年以降，素粒子物理学は多くの点で変化していくことになるだろう．この領域はアメリカの物理学者たちで占められるようになり，宇宙線の役割は新しい高エネルギー加速器から挑戦を受けることになるであろう．この物語は第21章で追跡することになる．

文献案内

ディラックと陽電子についての節は Kragh 1990 に基づく．このテーマについては，Hanson 1963, Moyer 1981, Kragh 1989b, De Maria and Russo 1985, Roqué 1997a も参照のこと．初期の素粒子物理学を包括的に扱っている著作の中では，Brown and Hoddeson 1983 [邦訳1986年] が非常に有益であるが，とりわけ理論に関しては，Pais 1986 と Brown and Rechenberg 1996 もまた有益である．Rueger 1992 は1930年代の量子電気力学における諸問題について，優れた概観を与えてくれる．最小長さを導入して問題を解決しようとする試みは Kragh 1995 で分析されている．この時期の宇宙線物理学とミューオンの発見，ならびに理論と実験の関係は，De Maria and Russo 1989, Galison 1983, 1987, 1997 および Cassidy 1981 で分析されている．中間子の発見と初期の中間子論については，Brown 1981, Darrigol 1988a, Brown and Hoddeson 1983 [邦訳1986年], Brown and Rechenberg 1996 を見よ．この時期の重要な論文のうちいくつかのリプリントは，Cahn and Goldhaber 1989 ならびに，宇宙線研究に関しては Hillas 1972 で見つけることができる．

第14章

量子力学の哲学的含意

不確定性と相補性

　1925年に引き続く数年のあいだ，小規模な量子物理学者のグループは，理論を発展させて新しい領域に適用することだけでなく，理論の概念的基礎を理解することにも熱心に取り組んだ．暗に，また少数の事例では陽に，物理学者は哲学者として振舞ったのである．シュレーディンガーは，すでに見たように，波動力学を当初は電磁気学的に解釈しようとしていたのだが，この解釈を取り続けることはできないと認めざるをえなかった．ほかの物理学者たちは，電磁気学よりもむしろ流体力学のほうを，波動力学の半古典的理解を与える土台になりうるような，適切な連続体理論として提案した．たとえば，1926年にはドイツの物理学者エルヴィン・マーデルングが，シュレーディンガーの理論の基本的特徴をいくらか——すべてと言うにはほど遠いが——再現するような流体力学的モデルを開発した．そうしたモデルやアナロジーは第二次世界大戦の前後まで提案され続けたのだが，それほど成功したわけではなく，量子物理学者の多数派はまったく注意を払わなかった．1926年の秋以降は，ボルンの確率解釈が大部分の物理学者に受け入れられた（もっとも，この解釈の正確な理解とその含意は議論されるべき問題だったけれども）．ド・ブローイは——その仕事が波動力学の出発点だったわけだが——多数派の見解に与するのは気が進まなかった．1927年には代案として「二重解理論」を提案したが，これはシュレーディンガー方程式に対する二重の解の系に基づくものであった．ド・ブローイの理論によれば，粒子はエネルギーがぎゅっと集まった波束として記述することができるのだが（特殊解に対応），さらにその粒子は，ボルンの確率的見解に従って解釈される連続的なΨ波（「パイロット波」）によって導かれることになる．このようにして，ド・ブローイはミクロな物理学の決定論的な理論を，量子過程全体の確率的性質に関するボルンの

洞察を放棄することなく，定式化することができた．ド・ブローイの理論は1927年のソルヴェイ会議でパウリから痛烈に批判され，シュレーディンガーもアインシュタインもそれを支持しなかった．失望し，さらにパウリの反論にも答えられなかったド・ブローイは，自分の理論を放棄してしまった．1928年までには，ボルン，ハイゼンベルク，ボーアらの好んだコペンハーゲン解釈をド・ブローイもすでに受け入れていて，それから20年以上にわたり，彼は忠実なコペンハーゲン主義者であり続けた．

　1952年になってド・ブローイは二重解理論の修正版に立ち戻り，それ以降，彼独自の道を進んでいった．同じ年，ド・ブローイと似たアプローチが，デイヴィッド・ボームによって採用された．ボームは若手のアメリカ人物理学者であり，そのときまでは量子論の見解においてオーソドックスな道をたどっていた人物である．「量子ポテンシャル」と呼ぶものを導入することにより，ボームは，非古典的ではありつつも古典的特徴をいくらか保持しているような量子論を定式化することができた．たとえば，因果律に従いながら特定の軌道に沿って運動する粒子といった特徴である．ボームの理論は無視されたか，不要だとして批判されたかのいずれかだった．というのも，それは通常の量子論によって知られている結果を単に再現しただけだったからである．ハイゼンベルクによればそれは「イデオロギー的」だったし，パウリはそれを「人工的な形而上学」とみなした．ボームの理論が広く議論されるようになるまでにはおよそ25年を要し，かつその時点でもなお，少数派の物理学者によって検討されただけであった．

　戦後の時期まで少し寄り道をしたところで，輝かしい1920年代に戻るとしよう．粒子の位置と運動量といった正準共役量間の可換性が失われているということには，どんな深い意味があるのだろうか？　これこそが，わけても，1927年春の有名な不確定性原理によってハイゼンベルクが答えたところであった．（我々は「不確定性」（uncertainty）と「非決定性」（indeterminacy）を区別せずに使うことにするが，いくらか異なる意味を持つとされることもある．）この基本原理の大まかな考え方はしばらくのあいだ取りざたされ，一例を挙げると，パウリがハイゼンベルクに宛てて書いた1926年10月の手紙で議論された．「最初の問題は，なぜpだけが任意の正確さで記述することを許され，そしてどんな場合であってもpとqの両方が許されないのかということです」とパウリは述べた．「世界をpの眼で見ることはできるし，qの眼で見ることもできるのに，両方の眼を同時に

開けると道に迷ってしまうのです」(Hendry 1984a, 99 [邦訳 126-127 頁]).ハイゼンベルクは同意し,こう返した.「定まった速度を持つ粒子の位置について語るのは意味がありません.ですが,あまり正確でない位置と速度というものを受け入れるなら,それは確かに意味を持ちます」(同,111 [邦訳 141 頁]).同じテーマがディラックの 1926 年 12 月の変換理論にも入り込んできたが,これはのちの不確定性原理にとって重要な出発点の一つだった.ディラックは次のように結論したのである.「q_{ro}〔位置〕と p_{ro}〔運動量〕双方の数値に言及する量子論に基づいていては,どんな問題にもまったく答えられない……〔もし〕座標と運動量に数値を与えることによって任意の時刻における系の状態を記述するのであれば,そのさいには実のところ,これらの座標および運動量の値の一対一対応を最初に設定することができず,後続する時刻でのそれらの値を設定することはできない」(Kragh 1990, 42).

　ハイゼンベルクはディラック,ヨルダン,パウリとの議論に負うところもあったが,彼自身を不確定性原理の定式化に導いたのは何といっても,量子力学の基礎に関するボーアとの議論だった.ハイゼンベルクが不確定性論文の第 1 稿をボーアに提出したさい,このデンマークの物理学者はそれを気に入らなかった.「ボーアは私に,第 1 稿にあるいくつかの主張は依然として正しく基礎づけられていないと指摘しました.それで,彼はいつもあらゆる細部にわたって容赦ない明晰さを要求していたものですから,こうした点が彼には不快だったわけです」と,ハイゼンベルクは回想した.「数週間議論をしまして,ストレスのないものではありませんでしたけれども,私たちはじきに,特にオスカル・クラインが参加してくれたおかげで,我々は実のところ同じことを言っている,そうして不確定性関係というのはもっと一般的な相補性原理の特殊事例にすぎないのだと結論しました」(Wheeler and Zurek 1983, 57).

　ハイゼンベルクの[1927 年の]論文は,1925 年論文(量子力学がはじめて導入された)の動機になっていたのと同種の実証主義的議論を特徴としていた.彼の出発点は明らかに哲学的だった.「『対象の位置』,たとえば電子の位置という言葉で何が理解されるべきかについてはっきりわかりたいというときには,それによって『電子の位置』を測ろうとしている特定の実験を挙げねばならない.そうでなければ,この言葉は意味を持たない」[1].ハイゼンベルクが不確定性関係を哲学的教義として述べたわけではなく,量子力学からそれを導き,思考実験によ

第 14 章　量子力学の哲学的含意　269

ってその意義を示したのだということを認識しておくのは重要である．それは量子力学の帰結だったのであり（今でもそうである），理論の概念的基盤ではなかった．粒子の位置における最小の非決定性［Δq］が運動量における粒子の非決定性［Δp］と $\Delta q \Delta p = h/4\pi$ という表式によって関係づけられることを，ハイゼンベルクは示した．さらに，ある量のエネルギー測定における不確定性［ΔE］と，それに対応する時間測定の不確定性［Δt］とのあいだに，それと対応する関係が存在することも示した．すなわち $\Delta E \Delta t > h$ である．

　ハイゼンベルクの関係は多くの物理学者にすぐさま取り上げられ，議論され，拡張や修正が試みられた．そうした物理学者の中には，シュレーディンガー，エドワード・コンドン，それからハワード・ロバートソンがいた．ロバートソンは，宇宙論での仕事のほうが有名なプリンストンの物理学者だが，あらゆる共役変数の対に有効な，より一般的な形の不確定性関係を 1929 年に証明した．ハイゼンベルクとその他大勢の物理学者たちの見解によれば，不確定性関係は二つの不確定性の積と必然的に関係している．一方の量（たとえば q）が精密に決定されたのであれば，そのときには他方（p）がまったく決定されないことになるだろう．不確定性関係を明瞭化・一般化しようと試みられた一方で，この見解にはさまざまな物理学者が疑問を呈した．変数のうち片方の不確定性とは関係なしに，もう片方の変数の不確定性はどうしても一定の値より小さくなれない，と彼らは主張したのである．この見解は 1928 年に，アメリカ合衆国のアーサー・ルアークとイギリスのヘンリー・フリントによって擁護され，両者はともに $\Delta q = h/mc$ を提案した．この関係とそれに対応する最小時間間隔 $\Delta t = h/mc^2$ は 1928 年から 36 年にかけてかなりの評判を呼び，この時期には，あまり高名でない多くの物理学者のみならず，パウリ，ド・ブローイ，シュレーディンガーなどの権威からも支持を得ていた．しかしながら，このアイディアが興味深い物理学上の応用をもたらすことにはならず，1930 年代後半までには，大部分の物理学者がこれを捨て，従来の見方に戻っていった．

　不確定性関係は量子力学から出てくるのだから，事実上すべての物理学者に受け入れられたことになる．しかし数学を受け入れることと，その意味や哲学的含

---

1) ハイゼンベルク「量子論的な運動学および力学の直観的内容について」河辺六男訳，『世界の名著　現代の科学 II』（中央公論社，1970 年），325-355 頁，当該箇所は 328 頁．

意について同意するのとはまったく別であった．$\Delta q \Delta p = h/4\pi$ というその無邪気な見た目は実のところ何を意味していたのだろう？　ハイゼンベルクが1927年の論文で明らかにしたところでは，それは一つには，古典的な因果性の概念を放棄しなければならないことを意味していた．現在ある原因から未来の結果を推論するのが真っ当でないからというのではなく，物理系が決して正確には定められないからである．我々は量子力学の与える制限の中でしか現在を知ることができないのだから，未来についても不正確にしか知りえない．「あらゆる実験が量子力学の諸法則に，またそれゆえ不確定性関係に従っている以上，量子力学によって因果律の不成立が決定的に確立される」とハイゼンベルクは論じた．「原理的にでさえ，我々は，現在を測定で知り尽くすことができない．それゆえ知覚することはすべて，たくさんの可能性からの選択であり，将来の可能性の限定である」(Wheeler and Zurek 1983, 83)[2]．もちろん，何らかの深いレベルでは世界が因果的になっていて，非因果性は現象世界のみに限られると想像することはできただろう．しかしハイゼンベルクの実証主義的観点からすれば，この反論は何の違いも生まなかった．「だがそのような思弁は——このことを我々は明確に強調するが——非生産的かつ無意味であると我々には思われる．物理学は知覚のあいだの関連だけを形式的に記述すべきなのだ．」だがそれでも，不確定性関係が厳格な決定論と因果性を閉め出したわけでは必ずしもなかった．1930年代を通じて，この問題は多くの物理学者や哲学者によって議論されたし，またこれは，ハイゼンベルクがその原理を提唱してから70年以上を経てもなお議論の的となっている問題である．

　ハイゼンベルクの不確定性原理が量子力学の帰結なのだとしても，ボーアの相補性原理はそうではない．これは相当に幅のある，相当に不明瞭な教義であって，主として哲学的な性質のものである．この原理の定式化が，量子的な不確定性に関わるハイゼンベルクの仕事に負うものだったのはほとんど疑いないところだが，相補性の概念はハイゼンベルクの原理の単なる哲学的一般化ではなかった．それは，ハイゼンベルクがその仕事を始める前からボーアが温めていた，量子論についての省察から発生してきたのである．ボーアは，相補性についての自分の考えを，1927年の秋にコモであった物理学の国際会議（ヴォルタの没後100年を記念

[2) 同書，354頁．次の引用も同じ．

したもの）ではじめて提出した．そのさい，量子的世界では古典的世界と異なり，系の観察が系を攪乱せずには決して行えないという点をボーアは強調した．しかしそうすると，私たちは系の状態をどのようにして知ることができるのだろうか？　量子論の公準は，観察者と観察されるものとのあいだの古典的区別がもはや成り立たないことを含意しているようにも思われた．だとすれば，客観的な知識を得ることはどうすれば可能なのだろうか？　こうした問いやそれと関連する問いについての省察に導かれて，ボーアは相補性という概念を，相補的だが相互に排他的な観点を自然の記述において利用することを意味するものとして，導入するに至った．2年後，ボーアは相補性原理を「古典的概念のいかなる適用でさえもが，別の脈絡では現象の解明にとって同じく必要となるほかの概念の同時的使用を排除する，という意味で……新しい記述様式」と定義した（Jammer 1974, 95［邦訳 113 頁］）．これが，不明確にして多義的なことで悪名高い教義，相補性原理のもっとも明確な定式化について述べたものである．波動記述と粒子記述は相補的で，したがって対立関係にある．しかしボーアが主張したところでは，物理学者は依然として自分の実験を曖昧さなしに説明することができる．というのは，この物理学者こそが，何が測定されるべきかを選択しており，そうすることで［測定対象と］対立する面が現実化する可能性を破壊するからである．ハイゼンベルクに同意して，ボーアは，物理学の目的は実験結果を予測して整理することにあり，現象世界の背後にある実在を発見することにあるのではないと強調した．1929 年には次のように書いた．「我々の自然の記述において，その目的は現象の本質を開示することではなく，我々の経験の多様な諸相どうしの関係を可能な限り追いつめることなのだ」（Heilbron 1985, 219）．

　波動-粒子の二重性が相補性のスタンダードな例であるには違いないが，ボーアやその弟子たちにとって，この原理はそれよりもずっと広い重要性を持っていた．ボーアはやがてこれを，物理学のほかの領域や生物学上の問題に，心理学に，さらには文化の問題一般に適用した．たとえば，1938 年の国際人類学民族学会議では，情動とその知覚が相補的関係にあり，原子物理学における測定の状況と類似していると説明した．コペンハーゲン・プログラムに関わっていたほかの物理学者はさらに先へ進んだ．ヨルダンは特に，相補性を心理学，哲学，生物学へと誇張した形で外挿し，困惑したボーアが，この考え方は生気論と何の関係もないし，反合理主義や唯我論を擁護すると受け取ることもできないと念を押さなく

てはならないほどだった．ヨルダンによる測定プロセスの極端な解釈には，観察は測定される量を乱すというのみならずそれを文字通り生み出すということが含まれていた．「我々自身が事態を生じさせているのだ」と，ヨルダンは 1934 年に強調していたのである（Jammer 1974, 161 ［邦訳 191 頁］）．

相補性原理は，のちに量子物理学のコペンハーゲン解釈と呼ばれるようになったものの礎石となった．パウリは，量子力学は「相対性理論」との類比で「相補性理論」と呼ばれてもよいとまで述べた．またパイエルスは後年，「君がこの力学のコペンハーゲン解釈に言及しているときには，本当は量子力学のことを言っているのだ」と主張した（Whitaker 1996, 160）．しかしながら，正確に言えば，コペンハーゲン解釈とは何であるかが相補性原理そのものの本性よりも明確だということは決してない．要するにコペンハーゲン解釈も明確ではないのである．それは今なお，哲学者や，哲学的関心のある少数の物理学者によって議論されている問題である．実のところ，「コペンハーゲン解釈」（Copenhagen interpretation）という用語は 1930 年代には使われておらず，1955 年にはじめて物理学者の辞書に加わった．その年にハイゼンベルクが，ある種の非正統的な量子力学解釈を批判する中でこれを使ったのである．

1930 年代の，多くの重要な物理学者たち——パウリ，ハイゼンベルク，ヨルダン，ローゼンフェルトがそれに含まれる——がボーアの相補性哲学の熱心な支持者になり，それを量子力学の真なる概念上の核だと見た．ボーアの観点を明示的に受け入れた物理学者がほとんど皆ボーアと個人的な接触を持ち，彼の研究所に滞在したことがあったというのは注目に値する．コペンハーゲン・サークルの外側では，相補性哲学の受け取り方はわりに冷ややかで，敬遠されたか，少数の事例では敵対的だった．ディラックはコペンハーゲンの人々と近しいつながりがあり，ボーアを大いに尊敬していたのだが，相補性についての話には何物も認めなかった．それは新しい方程式を生み出さなかったし，ディラックが物理学そのものだと考える傾向のあった計算には役立ちえなかったのである（第 11 章も参照のこと）．また，ボーアの研究所の人々が皆，相補性哲学に帰依したというわけでもなかった．1926 年から 1932 年にかけてこの研究所で研究を行い，人生の活動的な時期を通じてそこにとどまっていたクリスティアン・メラーの事例を考えよう．メラーはコペンハーゲン学派の生んだ典型で，その研究精神に深く影響されていたのだが，相補性の議論は出版された彼の著作中にその跡をまったく残

さなかった．メラーは当然，こうした議論に親しんでいたが，ボーアの強調した広範な概念上の問題にはそれほど興味がなかった．1963 年のインタビューで回想したように，「こうしたこと〔相対性と測定問題〕についての話を私たちはそれこそ何百回も聞きましたし，それに興味はありましたけれども，誰一人として，もしかするとローゼンフェルトは別かもしれませんが，このことにそれほど時間を費やしてはいなかったと思います……若いときにははっきりした問題に挑戦するほうが面白いものです．何が言いたいかと言えば，これはとても一般的で，ほとんど哲学的だったと」(Kragh 1992, 304)．

　これはまた，多くの若い量子物理学者の態度でもあった．特にアメリカ合衆国ではそうで，同国では量子の賢者としてのボーアの名声はヨーロッパよりもずっと限定的だった．「ほとんど哲学的」であった問題は魅力的とみなされなかった．アメリカの物理学者は，ボーアの仲間たちの多くと比べ，より実用主義的で非哲学的な態度を，物理学に対して取っていた．彼らは実験と具体的計算に集中しており，こうした目的に相対性原理はまったく使い物にならなかった．これはアメリカ人のあいだに基礎の問題への関心がまったくなかったということではなく，単にそれが別の方向に向かっていて，デンマークやドイツほど大がかりでなかったと言っているにすぎない．不確定性原理は多数のアメリカ人物理学者によって熱心に取り上げられたが（これにはケナード，ルアーク，ヴァン・ヴレック，コンドン，ロバートソンが含まれる），彼らはボーア的な相補性にはほとんど関心を示さなかった．相補性原理の当時における重要性が比較的ささやかなものだったことは，学生が量子論を学ぶ教科書からも見て取れる．ほとんどの教科書執筆者は，ボーアの考えに共感を覚えていたとしても，相補性についての節を取り入れ，かつ正当化するのには困難を覚えた．1928 年から 37 年にかけて出版された量子力学の教科書 43 点のうち，40 点が不確定性原理の取り扱いを含んでいたが，相補性原理に言及していたのはそのうち 8 点のみだった．世界の物理学者のかなりの部分がコペンハーゲン解釈を承認していなかった，というよりむしろ問題にしていなかった，という事実にもかかわらず，それに対する反対は弱く，散発的だった．理由はどうあれ，コペンハーゲンの見解を量子力学の支配的哲学として確立することに，ボーアは 1930 年代半ばまでに見事に成功した．

コペンハーゲン解釈に抗して

　20世紀の物理学史の中で一番有名な，そしてもっとも美化されているエピソードは，ひょっとすると量子力学の解釈をめぐるアインシュタインとボーアの論争かもしれない．学識深い伝説的な二人の科学者・哲学者のあいだでなされた一連のソクラテス的問答は，物理学者の伝承の一部に，そして実のところ，知的伝承一般の一部になってきた．彼らの議論の詳細がどうあれ，この二人は西洋思想史上，たとえば約300年前のニュートンとライプニッツの論争にも比肩しうるような地位を占めている．ときには，ボーアとアインシュタインがほとんど20年間にわたり，よく顔を合わせて断続的に議論したかのような印象が持たれている．実際には，この二人の物理学者は数回しか直接会ったことがないし，彼らの議論の重要性は20世紀の最終四半期に書かれた多くの解説では誇張され，美化されている．

　量子力学はアインシュタインが1905年から25年にかけて行った量子論への根本的貢献に負うところがあったけれども，アインシュタインは当初，この新しい理論にそれほど興味を示さなかった．アインシュタインの態度は総じて懐疑的なもので，科学的というよりは哲学的理由から，ミクロな世界が統計的にしか記述できないということを否定していた．ボルンに宛てた1926年12月の有名な手紙の中で，アインシュタインは自身の「内なる声」について書いた．その声が自分に告げているところでは，量子力学は「神の秘密のさらに近くまでは私たちを連れて行ってくれそうにありません……神はサイコロを振らないと私は確信しております」（Jammer 1974, 155 ［邦訳177頁］）．統計的解釈に対するアインシュタインの不満から，1927年前半にプロイセン科学アカデミーで口頭発表された論文が生まれた．その草稿は，「シュレーディンガーの波動力学は系の運動を完全に決定するのか，それとも統計的な意味においてのみか？」と題されており，マーデルングの流体力学的理論にいくぶん似たところのある，一種の隠れた変数理論を素描したものだった．しかしアインシュタインはこの代案が不満足なものだと気づいたに違いない．というのも，この草稿を決して印刷に付さなかったからである．

　アインシュタインはヴォルタ会議に参加していなかったが，1927年10月にあった第5回ソルヴェイ会議の参加者の一人ではあった．その席ではボーア，ディ

ラック，ハイゼンベルク，パウリ，シュレーディンガーをはじめとする指導的物理学者たちが，量子力学の基礎を論じた．ボーアが相補性についての新しい考えを講演し，アインシュタインははじめてそれを聴いた．アインシュタインは納得せず，ボーア-ハイゼンベルクの解釈は——それによれば，量子力学は個々のプロセスの完全な理論であるが——相対性理論と相容れないと主張した．不確定性関係が必ずしも正当でなく，また原子レベルの現象がハイゼンベルクの関係によって特定される以上に詳しく分析できることを証明したいと考えて，アインシュタインはさまざまな思考実験を論じた．アインシュタインの議論は成り立たないとボーアが示すと，アインシュタインは新しい思考実験を考え出し，それに再びボーアが反論した．ボーアによれば，量子力学（不確定性関係を含む）は観察可能な現象を説明する可能性をすべて尽くした完全な理論だった．ボーアが1927年の議論の「勝者」として立ち現れ，ほとんどの参加者がその議論の頑強さを認めたのは疑いない．「ボーア〔は〕誰よりも抜きん出ていた」と，エーレンフェストは会議の後で書いた．「ボーアとアインシュタインの会話のあいだずっとその場にいられたのはとても愉快だった．チェスの対局のように，アインシュタインはその間ずっと新しい例を手にしていた……ボーアは哲学の煙雲の中から絶えず道具を探しては次々とそれを破壊していった．アインシュタインはびっくり箱のようで，毎朝生き生きと飛び出してきた．そのなんとすばらしかったことか．けれども私はほとんど留保なしで，ボーアに賛成，アインシュタインに反対だ」（Whitaker 1996, 210）．

　アインシュタインはボーアが聡明な論敵であることは認めたけれども，その見解が正しいとは認めなかった．ソルヴェイ会議の半年後にシュレーディンガーに宛てた手紙の中で，アインシュタインはコペンハーゲン解釈を皮肉って「ハイゼンベルク-ボーアの鎮静作用のある哲学——それとも宗教？」と記した．その上で，「これは，そこからそう簡単に起こされることのない，本物の信者にとって心地よい枕になっています」と付け加えたのだった（Jammer 1974, 130［邦訳153頁］）．有名なボーア-アインシュタイン論争の第2ラウンドは，次のソルヴェイ会議のあいだに起こった．1930年10月，ボーアの相補性の考えがヨーロッパの物理学者たちのあいだで力を増していた頃である．今回は，アインシュタインはエネルギーと時間の不確定性関係（$\Delta E \Delta t > h$）に照準を合わせ，これを論駁しようとした．論駁の手段は3年前と同じ，思考実験であった．のちに光子箱の実験

として知られるようになった新しい思考実験の中で，アインシュタインは特殊相対論の質量-エネルギー関係，$E=mc^2$ を利用し，光子のエネルギーとスクリーンへの到達時間が限りなく正確に予測できる，すなわち不確定性関係に矛盾すると主張した．しかしボーアは見事にこの挑戦に応えてみせ，今回はアインシュタインの一般相対性理論の赤方偏移公式を持ち出した．論争の第2ラウンドの結果は第1ラウンドと同じだった．ボーアの量子力学理解が強化され，アインシュタインの懐疑主義は認められないように思われた．この時点まで，アインシュタインは不確定性関係が誤っていると示すことで量子力学を論駁しようという望みを抱いていた．究極的な因果性に関するその信念は揺さぶられることがなく，1930年代には反論の焦点を不整合性から不完全性へと移していった．

　波動関数の統計的意味合いは，未発見のパラメータによって個々の原子レベルの出来事が決定されているという可能性を必ずしも排除しない．そのように明瞭に定義される下位のパラメータがあるという一般的仮説は物理科学の中で長い歴史を有していて，量子力学よりもはるか以前にまで遡る．一つの例にだけ触れておくと，放射能を因果的に説明しようとする20世紀初頭の試みが，この仮説の一形態を利用していた（第4章を見よ）．「隠れた変数」の可能性は量子力学の初期段階で認められていたが，仮説上のパラメータが物理的重要性をまったく持たない以上，それについてはあまり考察されなかった．それでもそれは，コペンハーゲン解釈を嫌う人々にとって一つの可能性であり，かつ魅力的な可能性であった．もし量子力学が隠れた変数を使って定式化できたなら，そしてもしそれが標準的理論の結果のすべてを再現できたとするなら，原子世界のコペンハーゲン的描像を受け入れるよう物理学者に強制する理由は何もないように思える．

　隠れた変数の問題は，ハンガリー系アメリカ人数学者のジョン・フォン・ノイマンが『量子力学の数学的基礎』と題した1932年の本で検討した問題の一つだった．フォン・ノイマンは，量子力学の基礎の数学的に厳密な定式化を与え，ヒルベルト空間の利用にその基盤を求めた．1933年のある著作の中で，フランスの物理学者ジャック・ソロモンも独立に同じ結論へと到達した．すなわち，隠れた変数は受け入れられている量子力学の形式と整合的でない，というのである．

　その重要な本のうちの少しの部分で，フォン・ノイマンは，隠れた変数に基づく量子力学の因果的理解は不可能だと証明した．同じΨ関数によって記述される二つの系を想像してみよう．同じ測定が一般には異なる結果を導くだろうが，

これは標準的解釈によれば，量子力学が非因果的であることに起因する．しかしもし，二つの系では何らかの隠れたパラメータに違いがあり，それが測定の結果を決めているとすれば，このことは説明されるのではないだろうか？　これこそ，それはありえないとフォン・ノイマンが証明したところであった．フォン・ノイマンによれば，「したがってそれは，しばしば想定されているような，量子力学の再解釈の問題ではない．素過程の記述が統計的以外のものでありうるためには，現行の量子力学の体系が客観的に誤っているのでなければならない」(Pinch 1977, 185)[3]．その一方，量子力学は間違っているかもしれないというわずかな可能性をフォン・ノイマンは認めた．物理理論である以上，それは数学的には証明できないのだった．「もちろん，そのことによって因果性が捨てられてしまったというのは言いすぎであろう……量子力学は経験との輝かしい一致を示し，また世界の質的に新しい側面への認識をひらいてくれるとはいうものの，我々はその理論について，それが経験によって証明されたなどということは決してできない．言えるのはただ，知られている限り最良の経験の総括だということである」(Jammer 1974, 270 ［邦訳 324 頁]) [4]．

　フォン・ノイマンの注意書きにもかかわらず，その数学的証明は広く受容され，コペンハーゲン解釈の証明だと受け取られることも中にはあった．実際には，ボーアの立場とフォン・ノイマンの解釈とではかなりの違いがあったのだが，その差異にはめったに注意が払われなかった．たとえば，「観測問題」というのはボーアとフォン・ノイマンにとって同じでなかった．ボーアはそれを，実験の記述においてどちらとも必要になる二つの相容れない古典的概念間の矛盾を避けるべく，古典的枠組みを一般化する問題として捉える傾向にあった．彼の解答は相補性であった．他方フォン・ノイマンにとって，観測の問題とは，観察者と対象のあいだの「切れ目」をどこに置いても［量子力学の理論の］形式が同じ予測を与えることを証明するという，数学的問題を意味していた．測定プロセスにおける人間の意識の役割は 1930 年代における量子論の哲学における議論の一部であった．フォン・ノイマンは意識という要素は排除できないと論じたし，また 1939

---

3) J・v・ノイマン『量子力学の数学的基礎』井上健・広重徹・恒藤敏彦訳（みすず書房，1957 年），260 頁．
4) 同書，262 頁．

年の専門書でフリッツ・ロンドンとエドモンド・バウアーは明示的に，波動関数の収縮は人間精神の意識活動の結果だと主張した．「まるで，測定の結果がそれを実行する人の意識と密接に結びついているかのように，そうして量子力学が我々を完全な唯我論へ押しやっているかのように見える」と彼らは書いた．しかしそれでも，観察する意識の新たな役割というのは結局のところ，客観性を掘り崩すものではないと彼らは主張した．実証主義の精神に則り，二人は満足げにこう注意した．「測定状況における何ものによっても，我々は実験結果の予測と解釈から遠ざけられることはない」(Wheeler and Zurek 1983, 258)．

コペンハーゲンが覇権を握るに至った過程でフォン・ノイマンの不可能性証明がどれほど大きな役割を果たしたのかには議論の余地がある．というのも，ほとんどの物理学者にはすでに，ボーアとその仲間たちの立場を支持するだけの十分な経験的理由があったからである．他方で，フォン・ノイマンの数学上の影響力はその過程を大いに手助けしたし，彼の証明がこの問題への最終宣告として言及されることもよくあった．物理学者はほとんど誰もその証明の批判的研究を行わなかったし，また，証明に言及した物理学者の多くはおそらく，それにざっと目を通したことしかなかった（もしくは単に聞いたことしかなかった——1955 年まで，フォン・ノイマンの本はドイツ語でしか存在していなかった）．それを批判するだけの能力と勇気があったごく少数の哲学者たちはまじめに取り合ってもらえなかった．隠れた変数の議論が復活した 1950 年代になってはじめて，フォン・ノイマンの議論が批判的検討の俎上に載せられた．それで判明したのは，1960 年代半ばにイギリスの物理学者ジョン・ベルによって示されたとおり，フォン・ノイマンのいわゆる証明は実のところ，隠れた変数を用いたあらゆる理論を閉め出しているわけではない，ということだった．ベルは量子力学の解釈をめぐる論争で主導的な役割を果たしたのだが，彼はボームの理論から着想を得ており，隠れた変数理論に概して好意的であった．

量子力学は完全か？

1930 年の「敗北」の後も，アインシュタインは量子力学の認識論的状況について深く考え続けており，正確で因果的な自然現象の記述が可能に違いないと確信していた．1935 年の春（この時点ではもうアメリカ合衆国に落ち着いていた），ア

インシュタインはプリンストンの若手の同僚だったボリス・ポドルスキーおよびネイサン・ローゼンとともに,「物理的実在の量子力学的記述は完全だとみなされうるか?」と題する,短いが有名な論文を発表した.論文の最終稿はポドルスキーの手で書かれ,アインシュタインが全面的に賛同したわけではないような形で定式化されていた.3人の著者たちは,物理学の概念は物理的実在の諸側面と対応していなければならないと述べることから始めた.実在の基準はこうであった.「一つの系を決して攪乱することなく,ある物理量の値を確実に(すなわち,1に等しい確率で)予言できるならば,そのとき,この物理量に対応する物理的実在の要素が存在している.」この対応が,物理理論が完全であることの必要条件につながった.すなわち,「物理的実在のあらゆる要素は,その物理理論の中に必ず一つの対応物を持っていなければならない.」アインシュタインとポドルスキーとローゼン(EPR)はここで,量子力学に実在性基準を結びつけると矛盾が導かれること,そして量子力学的実在の記述は完全でないと認めることが唯一の代替策であることを主張した.EPR論文の議論は,代案を示すことなく量子力学の標準的見解を掘り崩そうと試みたという意味で,本質的に後ろ向きなものであった.結論部で,アインシュタインらは「そのような〔完全な〕記述といったものが存在するのかどうか,現時点では何とも言えない」とし,こう付け加えた.「だが,我々は,そのような理論が可能であると信じている」(Wheeler and Zurek 1983, 138-141)[5].

ボーアはEPRの議論にたいへん当惑し,再び反論を展開しはじめた.これは彼が5ヶ月ほどの期間を経て準備を整えたものであった(几帳面に物事を考えるボーアにしてみれば,これはすばやい).ボーアの議論の主眼は,アインシュタイン,ポドルスキー,ローゼンによって提案された物理的実在の基準を退けることにあった.ボーアはこの基準が成り立たないと見たわけだが,その理由は,対象と測定装置が区別されて別々に分析できると前提されていたことにある.これはコペンハーゲンの見解に従えば可能でない.この見解では,それらは単一の系をなしているのである.ボーアの注意深い,しかし複雑極まるスタイルで言えばこうな

---

[5] A. Einstein, B. Podolsky, and N. Rosen「物理的実在についての量子力学的記述は完全であると考えることができるであろうか」,湯川秀樹監修,井上健・谷川安孝・中村誠太郎訳『アインシュタイン選集1 特殊相対性理論・量子論・ブラウン運動』(共立出版,1971年),184-194頁.

る．

　……アインシュタイン，ポドルスキーおよびローゼンによって提唱された前述の物理的実在の判定基準の言い回しでは，「系をいかなる仕方でもかき乱すことなく」という表現の意味に曖昧さが含まれていることがわかる．確かに，すぐ上に見たようなケースでは，測定過程の最後の決定的な段階では，考察している系に対して力学的攪乱が加わっていないことは明らかである．しかしこの段階でさえ，その系の将来の振舞いに関していかなるタイプの予言が可能なのかを定める諸条件そのものに対する影響という問題が本質的なものとして存在するのである．「物理的実在」という言葉を与えることが正当と考えられるどの現象に対しても，この諸条件がその現象の記述に不可欠の要素を構成しているのであるから，上述の著者たちの立論は，量子力学的記述が本質的に不完全であるという彼らの結論を正当化するものではないことがわかる．（同，148. 強調は原文）[6]

　EPRの議論は1960年代以降にきわめて有名になったが，それに対して1930年代には，このボーア-アインシュタイン論争の第3ラウンドは物理学者のあいだでそれほど関心を呼ばなかった．コペンハーゲン解釈を放棄するよう物理学者を説得することにEPR論文は成功しなかったし，一般的な印象は，ボーアがアインシュタインの反対を三たび申し分なく論駁したというものだった．そのことは単に，主流派の量子物理学者たちに，彼らがいつも思っていたところを確証してみせたにすぎなかった．すなわち，アインシュタインとその仲間たち——「保守的な，老いた紳士方」と，パウリはシュレーディンガーへの手紙の中で表現した——は，事態の進展にどうしようもないほど適合できなかったのである．物理学者の多数派は，単純に関心がなかったようだ．物理学者としての日々の仕事に何の関係もない哲学的議論を理解しようとするよりももっと良いことを，彼らは簡単に見つけることができた．

　しかしながら，シュレーディンガーを含む，より哲学志向の物理学者たちは，

---

6)［ニールス・ボーア］「物理的実在の量子力学的記述は完全と考えうるのか？」山本義隆編訳，『ニールス・ボーア論文集1　因果性と相補性』岩波文庫（岩波書店，1999年），113-114頁．

EPR の議論が非常に興味深いと思った．1935 年に寄せたいくつかの書き物で，この波動力学の父はアインシュタインの見解を支持し，量子論に関するボーアの立場に対して彼独自の反論を展開した．そうした寄稿の一つで，シュレーディンガーは量子力学の完全性に反対する，EPR とは異なる議論を提出した．よく知られているように，シュレーディンガーは自分の言わんとするところを，かわいそうな猫を使った思考実験で解説した．猫は箱の中に，いくらかの量の放射性物質と悪魔のような装置とともに閉じ込められており，装置は［放射性物質の］崩壊を引き金として致死的な青酸ガスを放出する．シュレーディンガーの逆説的な結論は次のようなものだった．「この系全体を 1 時間放置しておいたとすると，仮にそのあいだに原子が一つも崩壊しなかったのなら猫はまだ生きていると言われるだろう．［しかし］最初の原子崩壊で猫は毒に侵されてしまうだろう．系全体の Ψ 関数はこのことを，(こんな表現で申し訳ないが) 生きた猫と死んだ猫を混ぜ合わせるか，等しい部分に塗り分けるかして表現することになる」(Whitaker 1996, 234)．仮にコペンハーゲン解釈から，猫が「半分死んでいる」というのが可能であり，波動関数 $\Psi_{猫} = (1/2)(\Psi_{生} + \Psi_{死})$ を割り当てることができるという話になるのだとしたら，これは何かほかの解釈のほうが好ましいはずだということを示していないだろうか？　シュレーディンガーの猫のパラドックスは 1970 年頃から非常によく知られるようになり，学校の生徒の T シャツその他にまで登場したのだが，1930 年代にはそれほどの議論を引き起こさなかった．ボーアはこれに反応しなかった．それはもしかすると，その前提が明らかに間違っていると思ったためかもしれない．結局のところ，ボーアの見解によれば，猫や青酸ソーダ入りの瓶といった巨視的物体に波動関数を割り当てることはできなかった．コペンハーゲン解釈の枠組みの中では，解かれるべきパラドックスは存在しなかったのである．シュレーディンガーも，猫のパラドックスを本当に逆説的だとは全然思っていなかった節がある．彼はそれを「まったく馬鹿げた例」として記述しており，その教訓は実在を表現するものとして「ぼやけたモデル」を素朴に受け入れることへの警告だとみなしていた．シュレーディンガーが指摘したように，「それ自体としては，それ［猫の事例］は，明らかでないものや矛盾したものを何ら体現してはいないだろう．ブレたかピントが外れたかした写真と，雲あるいは海上濃霧のスナップ写真とは違うのだ」(同頁)．

文献案内

量子［力学の］哲学についての文献は膨大にあるが，ほとんどは非歴史的である．1920 年代および 30 年代の状況を扱っている歴史的な著作には，Hendry 1984a［邦訳 1992 年］，MacKinnon 1982, Jammer 1966［邦訳 1974 年］がある．Whitaker 1996 は準歴史的でおおむねテクニカルでない良好な解説．Jammer 1974［邦訳 1983-1984 年］は今なお最良の歴史的・哲学的概観である．相補性の歴史のさまざまな側面については，Beller 1992, Heilbron 1985, Holton 1988 を見よ．【1927 年の重要なソルヴェイ会議における議論は，Bacciagaluppi and Valentini 2009 で詳しく分析されている．】フォン・ノイマンの不可能性証明は Pinch 1977 と Caruana 1995 の中で批判的に再検討されている．Cushing 1995 は量子力学の諸解釈を歴史的・哲学的に詳しく吟味しており，特にボームの立場を強調している．Wheeler and Zurek 1983 には，1926 年から 1980 年までの時期から選ばれた重要な一次資料の多くが再録されている．

第15章

エディントンの夢, その他の異端

　1930年代の物理学は, 量子の世界をより完全にかつ正確に理解していくための新発見と理論上の展開が絶え間なく続いていた, というようなものではなかった. 核物理学が花開き, 量子論に伴うさまざまな問題はあれ最終的には進歩がみられた, というのと同時に, こうした領域とはまた異なる研究プログラムに基づく仕事も, 数多く試みられていたのである. それらのうちのあるものは相当に野心的なものであって, 物理学に新たな土台となるものを与えようとすることを狙ったものだった. こういったもろもろの試みというのは明らかに正統的なものではなく, 当時からして正統的ではないものとして受け止められていたのだが, にもかかわらずそれらは大方の興味を引くようなものでもあった. こうした試みはさまざまであったが, 物理学と宇宙論とを密接に結びつけようという共通点を有する, いくつかの試みがある. 哲学的にいうと, これらは合理主義とア・プリオリな論拠づけということを明らかに志向しているものだった. こうした傾向は何と言ってもイギリスの現象である——ヨーロッパ大陸および北米の物理学者も何人か啓発はされたものの, この傾向が重要性を保ち続けていたのはイギリスにおいてのみであった. 新たな宇宙物理学を構築しようという試みは失敗し, 今日ではおおむね忘れ去られている. ではなぜそれらに注意を払うのかと言えば, 一つには, 科学の進歩というものを単純に直線的に理解してしまうという症状を予防することができるからだ. 科学史のあらゆる時期を通じて, 王道の物理学といえどももろもろの異端的な見解による挑戦を受けてきたのであり, 何が進歩に通ずる大通りを歩んでいたのか, 何が行き止まりの誤った小道を歩んでいたのかということは, しばしば後になってみないとわからないものである. もう一つには, 1930年代の宇宙物理学における, 失敗に終わった革命が持っていたアプローチやその狙いのうちのいくつかは, 戦後に至ってもそれなりの役割を果たしており, 現代の物理学者や天文学者のうち何人かにとっても未だに興味深いものとしてあ

り続けているからである．

エディントンの本源主義

　アーサー・エディントンは世界でもっともすぐれた理論天文学者の一人であったというだけでなく，宇宙論の先駆者でもあり，一般相対性理論の権威でもあった（ついでに言えば，科学や哲学を一般向けに広めることに成功を収めた著述家でもある）．アインシュタインの理論に魅せられるあまり彼は，テンソル計算，すなわち一般相対性理論の数学的方法こそが，物理学をそのもっとも根本的な水準において研究するための唯一のありうべき方法であると確信するに至った．そのため彼は，ディラックが1928年に提示した電子の方程式がテンソル形式で表現されていないことを知ったときに大いに気を悪くし，同方程式を一般化して再解釈しようとした．ディラックの方程式を一般相対性理論の数学的枠組みの中で定式化しようとする試みは1930年前後の数理物理学者たちのあいだではお馴染みのものだったが，エディントンのそれは，物理学の世界をまるごと記述する，より統一的な理論に向けての出発点だったのである．彼はこの試みに着想を得て，根本的に新しい類の物理理論を発展させ，1944年の死に至るまで続いたプログラムに乗り出すことになった．

　エディントンによれば，電子は孤立した粒子とみなすことはできず，宇宙におけるほかのあらゆる電子との関連において記述されるべきものであった．この見解こそが，ミクロな物理学と宇宙論との深いつながり（と彼が信じたもの）への道を開いたのである．統一を志向する先行世代の論者たちに従いつつエディントンがしようとしたことの一つは，自然の記述における偶発性を少なくしようとすること——たとえば，物理学の基本定数を単なる実験的データとして受け入れるのではなく，説明することによって——である．こうした定数の一つが，微細構造定数 $\hbar c/e^2$ であった．これはディラック理論にしばしば登場するもので，およそ 1/137 であることが知られていた．1930年頃に根本的な重要性を持つと信じられていたほかの無次元定数としては，物質の二つの建材たる電子と陽子の質量比（$M/m = 1{,}838$）が挙げられる．エディントンが論ずるところでは，微細構造定数の逆数は，整数 136 となるはずだという．その数が 137 に近いことをそれ以後の実験が示したため，エディントンは1936年に，当該の数を 1 だけ増やさ

なければならないと論じはじめた．陽子と電子の質量比について言うならば，エディントンは，この数が 2 次の質量方程式 $10m^2 - 136m + 1 = 0$ の ［二つの］解のあいだの比であることを指摘した．これらの数は小さく，大宇宙と直接に関連してくるものではないにせよ，エディントンは，自然の定数は宇宙的な量ともおそらく関連していると想定し，そしてこうした量のうちもっとも重要なのが「宇宙数」であると考えた．この N という数は，宇宙の観測可能な部分にある電子の（あるいは陽子の）数と等しく，その値はおよそ 10^{79} である．この数は宇宙の平均密度から推定することができるが，エディントンは，これを自らの理論から演繹できる，すなわち $N = 2 \times 136 \times 2^{256} = 3.15 \times 10^{79}$ だと主張した．さらに，彼は宇宙数が，$\pi e^2 / GmM = (3N)^{1/2}$（$G$ はニュートンの重力定数）といった式によってほかの自然定数と関連づけられると主張したのである．

　宇宙の定数と原子の定数とのあいだにある関係を引き出そうとするエディントンの方法は，彼の研究プログラムが発達するに従って変化していった．それに伴ってエディントンが得る結果も変化していったのだが，大きくは変わっていない．1936 年，彼は自らが得た結果を取り集めて，著書『電子と陽子の相対性理論』を完成させた．この著書は劇的な野心作であったと同時に，劇的な失敗作でもあった．エディントンによれば，ミクロな側面と宇宙的な側面双方において宇宙を適切に理解するということの中には，素電荷，プランク定数，電子質量や陽子質量，重力定数，光の速度，そして宇宙定数といった基本定数群が持つ意味を引き出すということも含まれていなければならない．エディントンは，自らの見解をあえてピタゴラス的およびケプラー的な論拠とも関連させつつ，1935 年にこう書いている．「したがって我々は，宇宙を，ちょうど音階上の七つの音で演奏される音楽と同様の，七つの根源的な定数によって演奏される交響曲とみなさなければならない」（Kragh, 1982a, 82）．エディントンのプログラムの要諦は，自然定数を組み合わせて導ける無次元の数の値を，認識論的な考察から出発して演繹し，また究極の巨大数たる宇宙数と関連づけようとしたことにあった．

　エディントンの方法を数行で記述するのは無理である．それは複雑であるだけでなく，研究が進展するにつれて変化も遂げていた．とはいえ認識論的な基礎はおおむね変わらないままであった．この基盤とは，電子の波動方程式と膨張する宇宙の一般相対論的な場の方程式とが対称的に成り立つという意味で，電子（あるいは陽子）と宇宙全体との構造的な関係を記述しているのがディラック方程式

なのである，ということであった．物理学の本質は実体よりもむしろ構造なのである．より一般的に言うならば，自然の根本的な諸法則についての知識は，人間の精神が持つ特性から得ることが可能だとエディントンは信じていた．彼はこう書いている――「通常基本的なものとして分類されるような自然法則は皆，認識論的な考察を行うならば十全に予見することができるのである．それらはア・プリオリな知識に相当するものであり，それゆえ，まったく主観的なものなのだ」（同，84．強調は原文）．

　エディントンの見解は，「選択的主観主義」として，すなわち，我々の感官や知的能力が選択的な効力を持っている――それが自然界についての我々の知識をおおむね決定づけているという意味で――という考えであるとして，特徴づけられてきた．彼とて客観的世界の存在を否定はしなかったが，しかし彼は，客観的世界とは物理学者たちによって経験的に探究される現象世界ではなく，意識世界・精神世界の謂いであるとした．もし自然法則がもっぱら物理学者たちの主観的な構成物であるとするなら，基礎物理学において経験的・帰納的な方法が占める地位はほとんど，あるいはまったくない，ということになる．エディントンによれば，彼の理論は「観測によるテストに……依拠していない．マクロな理論というよりも，純粋に認識論的なものである．……自然という書物の中に答えを探し求めるまでもなく，数学的な定式化と回答が正しいかどうかということは，判定できるはずなのだ」（同頁）．

　エディントンにあっては，経験と合致しているかどうかは何ら重要な役割を果たしていなかったわけだが，むろん彼とて，1930年代に起こった経験的知識の増大をまったく無視することはできなかった．たとえば，彼はもともと素粒子として勘定できるのは電子と陽子だけであると想定していたのだが，新しい粒子群（陽電子や中性子）が発見されたとき，どうにかしてそれらを自らの体系の中に組み入れねばならなかった．ただ，組み入れてはみたものの，明らかにアド・ホックで大方の物理学者たちの目にはわざとらしく映る，そのようなやり方によってそうしたのであった．同様に，量子力学的な原理を彼が用いるとき，それは量子力学の通常の理解からは外れた仕方によってであった．エディントンは，量子力学が宇宙全体についての考察を含んでいること，孤立した物理的対象は測定可能な特質を持ちえないことを主張するさいに，ハイゼンベルクの不確定性原理に依拠した．しかし彼の不確定性原理の利用法は，通常の量子力学解釈からはいちじ

るしく外れたものであった．同様のことが，パウリの排他原理の風変わりな利用についても言える．エディントンは，排他原理に基づいてあらゆる基本的相互作用の理論を構築しようとしていたのだ．

エディントンは膨大な量の論文や著書において彼なりの宇宙物理学体系を展開していったが，ほかの物理学者たちの多くにそれがまともなものであると確信させるには至らなかった．わずかな例外を除けば，彼の理論を待ち受けていたのは疑念あるいは無関心であった．終生，彼は自身の理論について包括的かつ改正された解説を書こうと気ぜわしくしていたのだが，この仕事が完成される前に死んでしまった．死後，1946 年に『根本理論』と題された本が刊行された．何人かの物理学者や哲学者がこの本を研究しており，一握りの数理物理学者たちがこれをさらに発展させようと目論んだものの，その影響力は限られたものであった．以前のエディントンの理論と同様に，それは難解で，風変わりで，曖昧である――同時に魅力的でもあるが――といった評を得ている．1936 年と 1946 年の二つの書物は広く知られるようになっていったが，それは科学上の利点があったからというよりはその曖昧さのゆえであった．

エディントンは失敗したとはいえ，彼の壮大なプロジェクトは誰も啓発しなかったというわけではなく，いくぶんかの支持も得ていた．シュレーディンガーはエディントンが採ったアプローチに魅力を感じており，1930 年代末には量子力学と相対論的宇宙論の統一理論を構築するために，それをしきりに取り上げていた．シュレーディンガーの目的は，宇宙を支配している相対論的な場の方程式によって量子化を説明するというものであり，この意味では，量子的な非連続性よりも場の古典論のほうに優先順位を置こうとするものであった．ゾンマーフェルトに宛てて 1937 年に彼はこう書いている．「世界は有限であり，それゆえに原子的です．というのも，有限な系は，離散的な固有振動数を持つからです．このようにして，一般相対性理論は量子論を生み出したのです」（Rueger 1988, 395）．シュレーディンガーはこうした統一に向けた構想を実行に移すことはできなかったものの，これを試みたことによって，静止モデル・膨張モデル双方の閉じた世界における量子波に関して，先駆的な仕事を成し遂げることができた．ほかのいくつかの結果とともにシュレーディンガーが発見したのは，膨張する宇宙にあっては粒子が真空から作り出される可能性があるということである．その当時はこうしたことやその他の結論は評価されないままだったものの，後から見れば，量子

場と重力場の相互作用についての研究が開始される起点となったのであった．こうした種類の研究が興味深い領域であると認められるようになった——天体物理学者たちと重力の量子論の専門家たちのあいだで——のは，ずっと後の1970年代になってからのことである（第27章を見よ）．

宇宙数秘術，その他の思弁

自然定数を組み合わせた無次元の数が重要なのかもしれない，ということに注意を向けたのはエディントンが最初というわけではなかったが，多くの物理学者をして同様の研究に取りかかるように仕向けたのは何と言っても彼の仕事であった．こうした物理学者の例をみてみよう．ドイツの世評高い物理学者ラインホルト・フュルトは1929年，エディントンの理論を自分なりに改訂して，陽子・電子の質量比が1838.2であることを純粋に理論的に演繹した．さらに，彼は［当時まだ］仮説的な存在だった中性子——陽子-電子の複合系——の質量が $M_n = 16^{16}(hc/\pi G)^{1/2}$ という式で表されると論じた．フュルトは，こうした数秘術的な論議をまじめに行った，当時多くいた物理学者たちのうちの一人にすぎない．エディントンの追随者のうちある者は，ミクロの物理学と小さな数に注意を向け，ある者は宇宙論と非常に大きな数に注意を向け，そして多くの者が原子の領域と宇宙の領域における量の数的な関係性を定立しようとした．アルトゥル・ハース——オーストリアとアメリカの物理学者で，早くも1910年に原子理論に作用量子を導入していた（第4章）——もまた，多作なるエディントン主義者であった．1934年，彼は『物理学の宇宙論的諸問題』を公刊し，2年後，ウィーンを去って米国に移住した後に，宇宙の質量を基本的な（ただし恣意的な）仮定から導出した．

フュルトとハースの研究に例示されている数秘術的思弁は，1930年代にある程度の人気を博したが，主流に属する物理学者たちのほとんどはこれは説得力をまったく有していないと考え，したがって彼らを無視した．あるいは彼らは，たとえばハンス・ベーテ，グイード・ベック，ヴォルフガング・リーツラーが1934年にドイツの定期刊行誌『自然科学』（*Die Naturwissenschaften*）に発表した風刺を込めた論文で行ったように，嘲弄もした．3人の若い物理学者たちは，絶対零度が $T_0 = -(2/\alpha - 1)$ であることをエディントンの理論から導出したと触

れ込んだのである（αは微細構造定数）．彼らが嬉しそうに記しているように，「$T_0 = -273$ とおけば，$1/\alpha$ は 137 という値になることを得る．これは，これとまったく独立した方法で得られた値とも，誤差の範囲内で完璧に一致している」というわけである．この論文が冗談であることがわかったとき，同誌の編集者は3人の物理学者たちの不作法をわび，このパロディーは「近年における理論物理学のある種の諸論文——まったく思弁的で，疑似的な数的調和に基づいた——を特徴づけようとしたものだった」のだと弁明した．

とはいえ，思弁と実り豊かな想像力との距離にはしばしば遠からぬものがある．そしてエディントン風数秘術も，二流の物理学者をのみ魅了した，というわけではない．後で見るように，ディラックは数的な一致がたいへん重要であると信じていた．粗雑な思弁になど魅了されることのなかった物理学者であったゾンマーフェルトも，1929 年のある論文で，エディントンの微細構造定数の導出を「きわだって美しい，申し分のないもの」と評していた．ほかの傑出した物理学者たち——ルイス，ランダウ，ガモフ，ヨルダン，チャンドラセカールを含む——も，エディントンが展開したような数秘術的推論に心惹かれることを認めていた（彼らのうち誰も，エディントン理論を受け入れはしなかったのだが）．

1930 年代に興隆した思弁的理論は，数秘術という形だけを取ったわけではない．たとえば，1920 年代半ばまで（そして源流はさらに昔にまで）遡ることができる目立たない伝統があった．それは離散的な時空という仮説を扱ったものである．この仮説はさまざまな形態をとっているが，通常は，最小の長さと，それに伴う原子時間あるいは最小の持続時間，といった概念を採用していた．1930 年前後，何人かの物理学者たちは時間の原子性という概念を提唱し，宇宙線中の諸現象，最大の化学元素番号，量子電気力学における無限量その他の問題を説明するためにこれを用いようとした．第 13 章で述べたように，ド・ブローイ，シュレーディンガー，インフェルト，パウリ，ランダウ，そしてハイゼンベルクは皆，時間と空間が絶対的な量子論的不確定性——それは典型的には，$\Delta q = h/mc$ と $\Delta t = h/mc^2$ の形で表される——に支配されているのではないかという仮説を，大まじめに議論していたのである．

ただし，ほかにもあまり有名ではない物理学者たちが離散的な時空に関する理論を発表してはいるものの，それは実験物理学や量子力学における当時の理論的問題とはほとんど関係がなかった．ある場合には，このような諸理論はエディン

トンによる極微と極大の統一理論を確立しようとする試みに刺激を受けていた．離散的な時空という概念に基づいた新たな物理学を作ろうとするもっとも手の込んだ試みはおそらく，ポーランド系アメリカ人の物理学者ルードヴィク・シルベステーンのそれであろう．彼はこの主題に関して，1936年に著書を出版している．シルベステーンによれば，相対性理論を含むあらゆる物理学の法則は10^{-18}秒のオーダーの時間では破れるという．彼はこうしたことがとりわけ問題含みだとは考えなかった．というのは，「現代の物理学者は皆，そのような状況にあっては，我々の通常の物理学——時間空間概念も含めた——が通用しないということを信じるにやぶさかではなかろう」(Kragh and Carazza 1994, 460) からである．1930年代の指導的物理学者たちにとっては，極小の距離にあっては連続的な時空というものを捨てねばならないだろうという一般的なアイディアは，馴染みのないものではなかったとはいえ，そうしたアイディアを大まじめに受け取った者はほとんどいなかった．この仮説はついぞ，経験的に実り豊かな理論にまで成長するということがなく，基礎的理論とのつながりも持たないままに終わった．にもかかわらず，エディントンの本源主義も，離散的な時空という理論も，物理学の舞台からまったく消え去ってしまった，というわけではない．第二次世界大戦以降になっても，こうしたものは，延々と続く失敗の記録にもめげない少数の物理学者たちによって，追究され続けてきたのである．

ミルンと宇宙物理学

エドワード・ミルンは29歳にしてマンチェスター大学の教授に任命され，1929年以降はオックスフォードの教授となった才気あふれる天体物理学者であり，彼独自の宇宙物理学の体系を発展させた．いくつかの点において，彼の体系はエディントンのそれとは大幅に異なっていた．たとえば，宇宙物理と原子物理との統一がエディントンのプログラムの中核を占めていたのに対し，ミルンはこうした統合の試みを興味深いものだとか，あるいは有益だとはみなさなかった．ただし，こと科学的に正当な論拠づけについての根本的な問題ともなると，彼らの体系には共通するところが多かった．いずれも壮大なプロジェクトであり，通常の物理学理論というよりは世界観とでもいうべき野心的な再構成のプロジェクトであった．そしてエディントンもミルンも，ア・プリオリな諸原理——そこ

から合理的な推論によって自然の諸法則が演繹できるような——に基づいたある種大局的な考えである演繹主義を擁護していた．ミルンはその宇宙論的な議論を 1933 年に錬成しはじめ，物理学のほかの側面も包摂できるようなものとして，そうした議論を次第に拡大していった．1948 年には彼は自身の理論についてまとまった形で示したが，そのときにはすでに，同理論への関心は薄れてしまっていた．

ミルンは一般相対性理論を，哲学的にだけでなく数学的にも奇怪なものだとみなしていた．彼からすれば，空間とは観測の対象ではなくて参照系なのであり，したがって湾曲していたりしていなかったりする構造など有していないものなのである．1935 年の体系的な理論書『相対性，重力，世界構造』において，彼は宇宙物理学のあらゆる根本的諸法則が非常に少ない諸原理から演繹できると論じ，そうした原理のほとんどは，時間的な経験を秩序づけて，光学的な信号という手段を用いてそれらを関連づけるような諸概念を分析することによって得られるのだ，と論じた．このような思考から得られた物理学は，ミルンが自分自身の体系について「運動学的相対論」と言ったようなそれになるはずだった，というのはこの手の物理学は，動力学的あるいは重力的な仮定をあらかじめ推定するということをまったくしないからである．

ミルンの世界体系の基本的な前提条件は，光速度の不変性と宇宙論的原理であり，これらによれば世界は巨視的には一様であり等方的である．ミルンはこれら二つの原理に基づき，また一般相対性理論の場の方程式は利用せずに，一様に膨張する世界モデルを導出しており，またニュートンの重力定数が実際には不変ではないとした．ミルンによれば，重力定数は時間とともにゆっくり増大していく——すなわち $G \sim t$ である．しかしながら，この比例関係が持っている物理的な意味というのはあまり明確ではなく，ミルンもこれが検証可能であるとは思っていなかった．ミルンの体系全体はまったく規約主義的なものであって，彼自身，場合により異なる時間基準を用いていた——それぞれ，物理的な意味はあるのだが，原則に言えばそのうちいずれも基準として自由に使ってかまわない規約だった——からである．関係 $G \sim t$ は「運動学的な時間」(t) において成り立ち，通常のニュートン的な時間基準（τ）においてではない（後者をミルンは「動力学的な時間」と呼んだ）．二つの時間基準は対数を用いて，$\tau = \log(t/t_0) + t_0$ という関係式で結ばれる（t_0 は現在を示す）．したがって，動力学的な時間基準を取るなら

ば，G は定数ということになり，宇宙は定常かつ無限に遠い過去から続いているということになるだろう．二つの時間軸のうちどちらが真の宇宙を表しているものなのか，という問いについて言えば，ミルンはこれを無意味な問いとみなした．彼によれば，二通りの記述があるということは，単一の物理的実在が二つの異なる方法によって記述されていることにすぎないのであり，何が「本当に生じたのか」というのは科学的に妥当な問いではないという．

　ミルンの運動学的相対論の体系は，伝統的な物理学とは，その結論におけるのみだけでなくその方法論によってもきわだって異なっていた．その方法論とは，実証主義と合理主義との奇妙な混合体であった．彼は，宇宙が無限個の粒子を有していると考えていたが，これは検証可能な結果ではないということは承知しており，自分の世界物理学は究極的には哲学的推論に依拠しているということを強調していた．たとえば彼は言う．「宇宙の中に対象物が有限個だけ存在するというのは，観測によって検証できることであると思われる一方，無限個存在するということは確証できるようなことではないだろう．通常の物理学では，純粋な観測と実験が権威を持ち支配的であるにもかかわらず，世界物理学は，観測によってではなく純粋理性によってでしか答えることのできないような，客観的かつ非形而上学的性格を持った問いを提出するのだ——自然哲学は把握可能な観測の総体よりも何かしら大きいものなのである．こうした事実を，哲学者たちは愉快に思うことだろう．」そして1937年には彼は自分のプログラムについて，こう述べている．「個々の観察者にとっての時間的経験，すなわち時間的前後関係の感覚が存在する，ということを除いては，私は，〔自身の理論の〕結果を展開するにあたって，何らの経験的手法にも訴えませんでした」（Kragh, 1982a, 78）．ミルンの体系は，何よりも宇宙論であると捉えられたが，彼はまた，動力学も電磁気学も，原子理論ですら，純粋に運動学的な理論から演繹できる，と信じていた．彼が強調するところによると，こうした演繹的なアプローチは通常の経験的・帰納的なアプローチに対立するもので，宇宙の諸法則を把握するのに原子理論に訴えようとする還元主義的な試みとも対立するものであるという．けれども，ミルンによる物理学の再建の試みは，宇宙論以外の領域では例を見ないほどの失敗に終わったし，物理学分野の同僚たちからは，全然まじめに受け止められなかった．

　1938年6月，ワルシャワで，「物理学における新理論」をめぐる会議が，国際連盟下の委員会であった国際知的協力機関[1]の後援のもと，また国際学術連合会

議の後押しもあって,行われた.ここでは,[エディントンやミルンなどの]宇宙物理学者たちが,より正統的な物理学者たちと顔を合わせた.量子論が持つさまざまな側面についての諸報告が,ボーア,フォン・ノイマン,ド・ブローイ,クラマース,クラインそしてブリルアンによって行われ,これらは 1939 年に出た会議論文集『物理学における新理論』に収められている[2].エディントンの報告「量子論の宇宙論的応用」には,アインシュタイン宇宙の大きさ(400 Mpc[メガパーセク]),ハッブル定数(432 km s^{-1} Mpc^{-1}),宇宙数(3.145×10^{79})の導出やら,$N/R^2 = 50 m_p m_e c/3\hbar^2$ といった数的な関係等を見てとることができる.この報告はクラマース,フォン・ノイマン,ローゼンフェルト,ボーアその他の人々からの反論にあい,彼らのうち誰も,エディントンによる量子力学の利用法を受け入れようとはしなかった.ミルンの報告「原子核動力学へのアプローチの可能な方法」——彼自身は欠席し,チャールズ・ダーウィンにより代読された——も同様に不評だった.エディントンに賛同しつつ,ミルンは「[素]粒子が宇宙のほかの部分と結ぶ関係は,このような議論[粒子間の相互作用]においては常に,無視できない」と主張した(p. 207).エディントンとは異なり,ミルンは核力を論ずるにあたって量子力学をあっさり無視していた.「波動力学,電子のスピン等々は私には理に適ったものとは思われないので,私は自分なりのやり方で問題を理解しようと試みざるをえない.得られた結果は部分的なものであるが,宇宙に関する物理学の一部分が合理的な基盤に基づいて再構築されたことには満足したい.この再構成は,方程式が皆,内容を持った命題であるような仕方でなされる」(p. 219).

　ミルンの風変わりな体系は,量子物理学の観点からすれば奇人の作品とでも言うべきものだったかもしれないが,一方,それが宇宙論に適用されたときには,その評判と影響力はかなり違った様相を見せていた.実際ミルンは 1930 年代にはもっとも影響力ある宇宙論者の一人だった,と確言することができるし,理論的宇宙論の議論のための場を設定したのは相当程度,彼の見解だった.1932 年から 1940 年にかけて,ミルンの理論に何らかの仕方で関わってくる論文はおよ

---

1) ユネスコ(UNESCO,国連教育科学文化機関)の前身.
2) International Institute of Intellectual Co-operation *et al.*, *New Theories in Physics : Warsaw, May 30th–June 3rd 1938*, 1939.

そ 70 本ほど出版されているが，このことは，同理論が同時期には目立った地位を占めていたことを物語っていよう．ミルンは宇宙物理学の学派を作ることこそなかったものの，イギリス，そして一部のほかの地域におけるもっとも重要な理論家たちの多くが，ミルンの発想によって立てられた問題の領域で仕事をしていた．こうした人たちの中には，ジェラルド・ホイットロウ，ウィリアム・マクリア，アーサー・ウォーカー，ジョージ・マクヴィティーらが含まれる．彼らは皆，宇宙論において重要な仕事をなしたが，ミルンの世界体系に深く影響されてもいた．この体系がのちの定常宇宙論に対して持っていた重要性もまた，少なからぬものがあるが，戦後はこの体系は勢いを失い，1950 年のミルンの死とともに，これに対する関心もまた消え去っていった．ミルンの世界物理学理論は，この手の発想が受け入れられやすい精神的雰囲気の一環として栄えたのだが，戦後に知的雰囲気が移ろい変わると，同理論は骨董品のごとくみなされるようになったわけである．ミルンにとって，彼の体系は単なる物理理論でも，単なる哲学的理論でもなかった．それは物理学と哲学の双方を含んでおり，宗教もまた含んでいたのだ．宇宙論の古い諸学派と同様に，彼は自身の宇宙論的な体系が，そしてそれのみが，キリスト教における神そして創造主の存在を証明することができると信じていたわけである．

現代のアリストテレス主義者たち

　ディラックは，明らかにエディントンとミルンに触発された 1937 年の短報において，無次元の巨大数——自然の基本定数群から導ける——に基づく宇宙論を再検討しようと提案した．ディラックは根本的な仮定を巨大数仮説に置いていた．すなわち，自然界において導出される非常に大きな数はなべて相互に関連しているというのである．彼がとりわけ重要な数として注目したのは，10^{39} および 10^{78} のオーダーを持ったそれであり，それは次のような理由に基づいていた．e^2/mc^3 で与えられる単位時間を使えば，宇宙の年齢（ディラックは 2 億年と見積もった）は 10^{39} ということになるが，これは陽子と電子とのあいだに働く静電気力と重力との比 e^2/GmM にほとんど等しい，すなわち，$T/(e^2/mc^3) \approx e^2/GmM$ である（T はハッブル時間，すなわちハッブル・パラメータの逆数）．もしディラックが推定したように，数的な一致が重要であって，かつ電荷と質量とが時間によって

変化しないものであるなら，重力「定数」は原子的な［単位で測られる］時間が経つとともに $G \sim t^{-1}$ の割合で減少するということになる．すなわち，ミルンが重力は漸増するとほのめかしたのに対して，ディラックは重力が減少すると考えたのである．ディラックは次元なしの巨大数によって示される調和が単なる偶然的なものであるとは考えず，その点においてエディントンに賛同したが，エディントンをはじめとするほとんどの人々が宇宙の膨張（あるいは宇宙時間）と定数とが無関係であると信じていたのに対して，ディラックはそれらを，宇宙の歴史にも依存している偶然的な量だと考えた．

巨大数仮説によるもう一つの帰結は，定数 $\rho (cT^3)/M$ から導かれた．ρ は物質の平均密度であり，$cT=c/H$ は観測可能な宇宙の半径，ハッブル半径である．この定数，すなわち宇宙に存在する粒子の数の値はエディントンの宇宙数である 10^{78} のオーダーであり，これは原子時間を単位にとったさいの経過時の2乗であるため，ディラックは，粒子数が $N \sim t^2$ の法則に従って増大するであろうと結論づけた．これらの二つの仮定，すなわち時間が経つに従って重力定数が減少するという仮定と，物質がひとりでに生み出されるという仮定のいずれも，相当に非正統的であり，一般相対性理論に抵触する．翌1938年，ディラックは，宇宙内の物質は結局のところ保存されるのだろうと考えるに至った．彼は，物質の保存と巨大数仮説とは両立すると主張し，重力定数の減少というアイディアのほうは保持し続けた．

ディラックが宇宙物理学においてなした冒険は，同時代の宇宙論に対してすぐさまのインパクトはほとんどもたらさなかった．ほとんどの天文学者や物理学者はディラックの非正統的な理論を黙殺したか，さもなければ困惑した．しかし長期的に見れば，ディラックの想定はミルンが提案して盛んに議論された理論よりも影響力を持つことになった．ずっと後の時期になって明らかになったが，影響力を与え続けたのは，同理論のなかでも巨大数仮説そのもののほうであり，重力定数が変化するというアイディアや特定の宇宙モデルのほうではなかった．

自然定数をあれこれ組み合わせて得られる数のあいだに根本的な相互関係が存在するという壮大なアイディアは，戦後の宇宙論そして基礎物理学において，相変わらず魅力を放ち続ける源となっていることが明らかになった．パスクアル・ヨルダンはディラックのアイディアに1930年代に着目した数少ない物理学者の一人であり，それをすぐさまより包括的な理論へと発展させ，一般相対性理論と

調和させようとした．ヨルダンのバージョンによれば，重力定数が時間とともに減少するだけでなく，物質もまたひとりでに，エネルギー保存則を破らないような仕方で生み出されるのであった．

　合理主義的宇宙物理学の興隆を日に日に不満げに見るようになっていった科学者たち・哲学者たちは，エディントン，ミルン，ディラック，ヨルダンそのほかの人たちによる理論を，好意的には受け止めなかった．主流に属する物理学者たちのほとんどはこうした潮流を無視しようとする傾向があったが，しかしこうした潮流の唯一の牙城たるイギリスでは，それはあからさまな敵意にも曝され，1930年代の終わりには一種の「文化闘争」[3]を引き起こした．天体物理学者にして科学哲学者であるハーバート・ディングルは，新しく出てきた「筋の通らぬ宇宙神話の疑似科学」に対して，また，「現代のアリストテレス主義者たち」のバランスを失ったア・プリオリ主義的方法と彼がみなしたものに対して，真っ向から反対した．ディングルの見解によれば，エディントン，ミルン，ディラックの方法を受け入れることは，ガリレオの時代以来知られてきた経験的物理学の終焉を意味するのであった．ディングルによると，物理学の基盤を形作っているのは経験的知識であって，ア・プリオリな諸原理ではない．一方ミルンは，自然を完全に合理主義的に説明することが望ましくもあり可能であると主張した．1937年，ディングルに答えるにあたって，彼は次のような見解を表明した．「宇宙は合理的である．私がこのことによって言いたいのは，いったん『存在するもの』（what is）についての記述が与えられさえすれば，それが従う法則は推論の過程によって演繹しうるということである．それゆえ，〔物質と法則の創造という〕二つの創造があるわけではなく，一つの創造があるのみである．そして，ホワイトヘッドの表現を借りるなら，創造という最高次の不合理のみが残されるべきなのだ．我々がこうした信条をテストできるのはただ自制という振舞いによって，経験的に確証されるような法則にはできる限り訴えず，『存在するもの』が従っている法則を，まさに『存在するもの』の記述から導出する可能性を追究することによってである．そのようなわけなので自然法則は，幾何学の公理と同様恣意的なも

3）「文化闘争」（Kulturkampf）とは，1870年代にドイツ帝国の宰相ビスマルクがカトリック教徒に対して行った弾圧政策，およびそれに伴う政府とカトリック教会のあいだの争いを指す．ここで著者は1930年代のイギリスの状況を表現するため，比喩的にこの言葉を用いている．

のではない．神の創造も，神がそれ以上勝手に動かすことのできない諸法則に従うものとなろう」(Kragh 1982a, 100)．

　1930年代後半の宇宙物理学に関するイギリスの論争は，近代物理科学に起こったまれな事例の一つである——物理学の基盤そのものが議論されたのだ．議論された基盤の中には，社会的・イデオロギー的諸問題に関わってくるようなものもあった．ディングルは，現代のアリストテレス主義者たちの見解が，科学にとってだけでなく，より広い意味での批判的・科学的精神にとっても害をなすような知的雰囲気を作ってしまうのではないか，と懸念していた．「理念の価値をそれの理解しがたさ如何によって測るように教え込まれ，また古い科学をそれが理解可能であるがゆえに蔑むよう教え込まれた公衆の精神状態はいかがなものとなろうか」と彼は問いかけた．「経験に対してもっとも合理的な関係を持っているようなアイディアではなく，見せかけの深遠さという装いでもっとも強い印象を与えるアイディアが最適者として生き残りやすいということがあるような精神的雰囲気のもとで，のうのうと休んでいられるほど，今は良い時期なのではない．『経験に頼らずに合理的に』導出された理論がいかなる帰結をもたらすか，ヨーロッパ大陸ではその証拠はいくらでも見出せよう」(Kragh 1982a, 102)．おそらくディングルは，大陸でのナチス・ドイツやソヴィエト・ロシアのような独裁状況を念頭に置いていたのだろう．ディングルの警告には，マルクス主義科学者であるバナールも共感を示していた．バナールは1938年，エディントンとミルンには特に言及することなく，彼の重要な著書『科学の社会的機能』の中で，科学そのものにまで深く入りこむに至った「神秘主義および合理的思考の放棄」について論じた．「宇宙全体や生命の本質に関する科学風の諸理論，とりわけ形而上学的で神秘主義的な諸理論——18, 19世紀の宮廷でも一笑に付されて追い払われたであろうそれ——が，科学として認められるべく舞い戻ろうと試みている」(Bernal 1939, 3 [邦訳3頁])．ディングルやバナールの警告は妥当なものだったろうが，宇宙物理学におけるこうした潮流は短命であり，実際のところ，実験に基盤を置いた通常の物理学を脅かしはしなかった．いずれにせよ，イギリスの物理学者たちはすぐさま，ほかの心配事を抱えるようになった．1939年9月以降，彼らは軍事志向の物理学に集中し，これに成功を収めるようになった．こうした分野は，合理主義的で観念論的な物理学からは数光年かけ離れたものだった．『物理学の新理論』への序文において，ワルシャワ会議の議長は「ドイツ・イタ

リア・ロシアの同僚たちの不在」を嘆いた．「彼らは，世界中の学者たちに兄弟愛を抱いているにもかかわらず，置かれている状況が，彼らの参加を妨げているのだ．」いまや我々は，こういった状況に目を移していくこととしよう．

文献案内

1930年代の宇宙物理学における潮流については Kragh 1982a で分析されており，この章の一部は同論文に基づいている．エディントンの理論については Kilmister 1994 を，彼の科学哲学については Yolton 1960 を見よ．シュレーディンガーがエディントンから受けたインスピレーションについては Rueger 1988 で実証されている．ミルンの体系は Harder 1974 および Urani and Gale 1993 で，ディラックの宇宙論的見解については Kragh 1990 で，それぞれ扱われている．自然定数間の数的関係については Barrow 1981 および Barrow and Tipler 1986 で概観されている．

《訳者紹介》

有賀 暢迪（ありが のぶみち）
- 2010年　京都大学大学院文学研究科博士後期課程研究指導認定退学
- 現　在　国立科学博物館理工学研究部研究員
- 専　門　古典力学の歴史，明治・大正期の物理学，計算科学の歴史

稲葉 肇（いなば はじめ）
- 2012年　京都大学大学院文学研究科博士後期課程研究指導認定退学
- 2015年　同上修了．京都大学博士（文学）
- 現　在　日本学術振興会特別研究員PD（東京大学大学院総合文化研究科）／マックス・プランク科学史研究所客員研究員
- 専　門　19世紀後半から20世紀初頭における熱力学と統計力学の歴史

小長谷大介（こながや だいすけ）
- 2009年　東京工業大学大学院社会理工学研究科博士後期課程修了．東京工業大学博士（学術）
- 現　在　龍谷大学経営学部准教授
- 専　門　19世紀末の熱輻射実験の歴史，三高・四高等の実験機器，理論物理学研究所史，素粒子論グループの歴史

杉本 舞（すぎもと まい）
- 2010年　京都大学大学院文学研究科博士後期課程研究指導認定退学
- 2013年　同上修了．京都大学博士（文学）
- 現　在　関西大学社会学部准教授
- 専　門　20世紀前半における情報科学と計算機の歴史

山口 まり（やまぐち まり）
- 2009年　東京大学大学院総合文化研究科博士後期課程進学
- 現　在　同在学中
- 専　門　高分解能の顕微鏡（電界イオン顕微鏡，電子顕微鏡および走査型トンネル顕微鏡）の歴史

金山 浩司（かなやま こうじ）
- 2007年　東京大学大学院総合文化研究科博士後期課程単位取得退学
- 2010年　同上修了．東京大学博士（学術）
- 現　在　北海道大学スラブ・ユーラシア研究センター非常勤研究員
- 専　門　20世紀物理思想史，ロシア・ソ連の科学技術史，日本の科学技術思想史

中尾麻伊香（なかお まいか）
- 2012年　東京大学大学院総合文化研究科博士後期課程満期退学
- 2015年　同上修了．東京大学博士（学術）
- 現　在　立命館大学衣笠総合研究機構専門研究員
- 専　門　核をめぐる科学文化史，ポピュラーサイエンス

《監訳者紹介》

岡本拓司（おかもとたくじ）

1989年　東京大学理学部物理学科卒業
1994年　東京大学大学院理学系研究科科学史・科学基礎論専攻単位取得退学
現　在　東京大学大学院総合文化研究科准教授，東京大学博士（学術）
著　書　『科学と社会――戦前期日本における国家・学問・戦争の諸相』
　　　　（サイエンス社，2014年）
　　　　『日本におけるイノベーション・システムとしての共同研究開発は
　　　　いかに生まれたか』（共著，ミネルヴァ書房，2014年）
　　　　『昭和前期の科学思想史』（共著，勁草書房，2011年）他

20 世紀物理学史　上

2015 年 7 月 15 日　初版第 1 刷発行

定価はカバーに
表示しています

監訳者　岡　本　拓　司

発行者　石　井　三　記

発行所　一般財団法人　名古屋大学出版会
〒 464-0814　名古屋市千種区不老町 1 名古屋大学構内
電話 (052)781-5027／ＦＡＸ(052)781-0697

Ⓒ Takuji OKAMOTO et al., 2015　　　　　Printed in Japan
印刷・製本 ㈱太洋社　　　　　　　　ISBN978-4-8158-0809-9
乱丁・落丁はお取替えいたします。

Ⓡ〈日本複製権センター委託出版物〉
本書の全部または一部を無断で複写複製（コピー）することは，著作権法上
での例外を除き，禁じられています．本書からの複写を希望される場合は，
その都度事前に日本複製権センター（03-3401-2382）にご連絡ください．

ヘリガ・カーオ著　岡本拓司監訳
20世紀物理学史 下
―理論・実験・社会―
菊判・338頁
本体3,600円

杉山直監修
物理学ミニマ
A5・276頁
本体2,700円

福井康雄監修
宇宙史を物理学で読み解く
―素粒子から物質・生命まで―
A5・262頁
本体3,500円

大島隆義著
自然は方程式で語る　力学読本
A5・560頁
本体3,800円

大沢文夫著
大沢流 手づくり統計力学
A5・164頁
本体2,400円

佐藤憲昭／三宅和正著
磁性と超伝導の物理
―重い電子系の理解のために―
A5・400頁
本体5,700円

篠原久典／齋藤弥八著
フラーレンとナノチューブの科学
A5・374頁
本体4,800円

國分征著
太陽地球系物理学
―変動するジオスペース―
A5・292頁
本体6,200円

早川幸男著
素粒子から宇宙へ
―自然の深さを求めて―
四六・352頁
本体2,200円

隠岐さや香著
科学アカデミーと「有用な科学」
―フォントネルの夢からコンドルセのユートピアへ―
A5・528頁
本体7,400円

J. R. マクニール著　海津正倫／溝口常俊監訳
20世紀環境史
A5・416頁
本体5,600円